2022年湖北省社科基金一般项目（后期资助项目）HBSK2022YB432

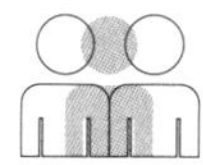

人格心理研究丛书

Series on
Personality Psychology

主编　郭永玉

人格的生理基础

贺金波　著

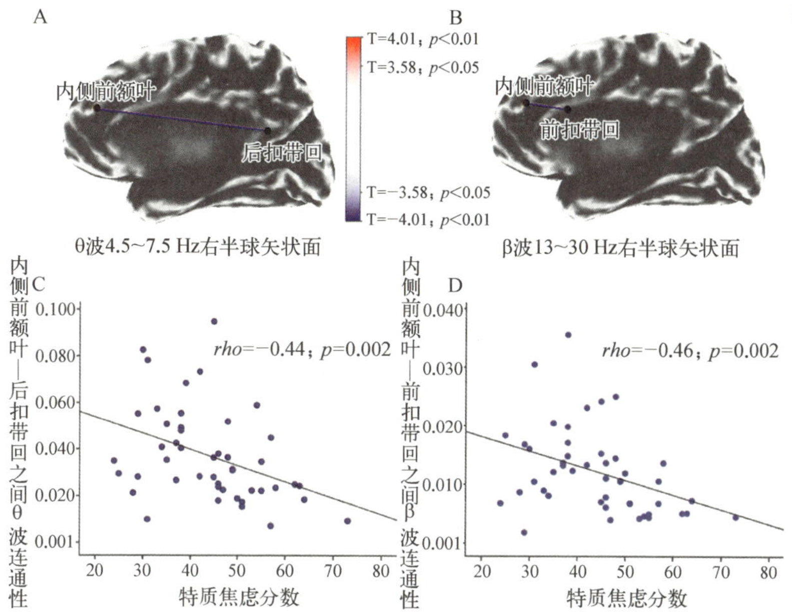

图 1.2　高、低特质焦虑者右半球 θ 波和 β 波脑区连通性的差异
(Imperatori et al.，2019)(见正文第 15 页)

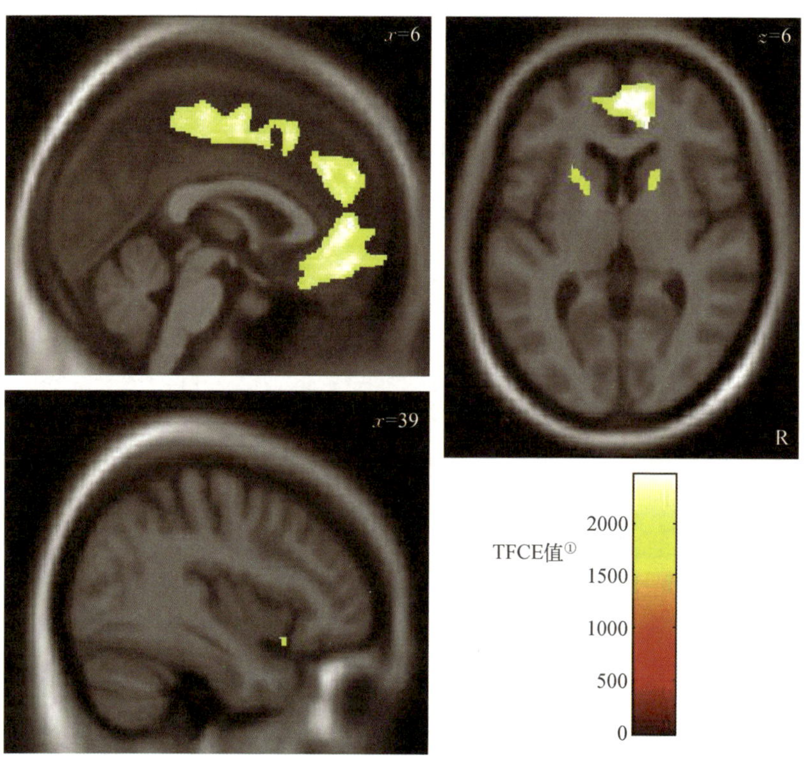

图 1.6　灰质体积与内控分数呈正相关的几个脑区(前扣带回、纹状体、前脑岛)(Hashimoto et al.，2015)(见正文第 26 页)

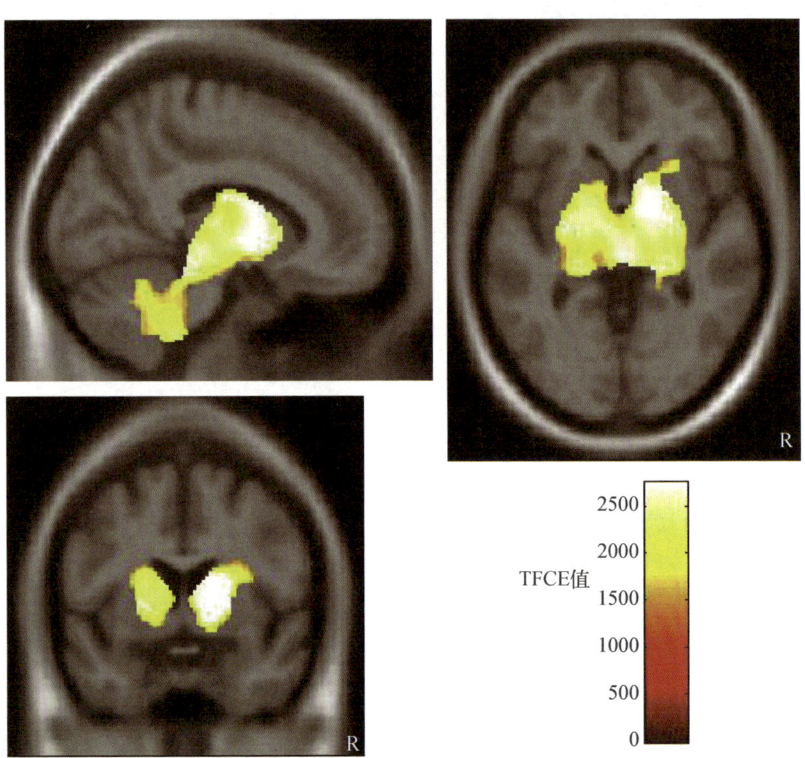

图 1.7　白质体积与内控分数呈正相关的主要脑区(纹状体)
(Hashimoto et al.，2015)(见正文第 27 页)

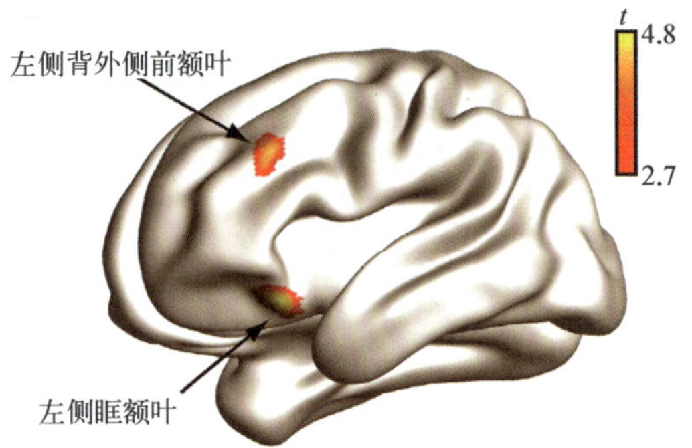

图 1.8　与艾宾浩斯错觉效应量相关显著的脑区
(郝磊,等,2015)(见正文第 27 页)

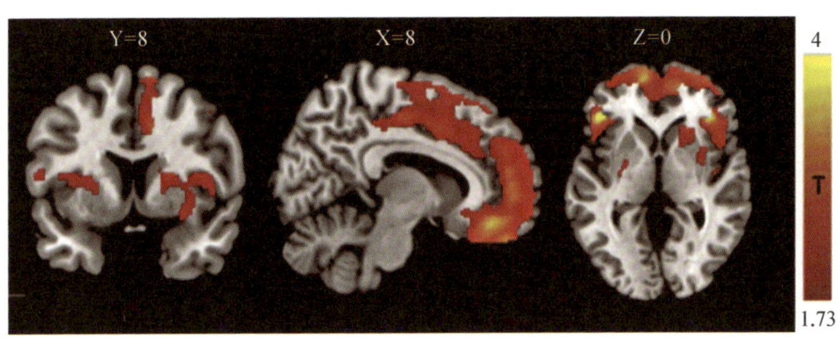

图 1.11　与伤害避免特质呈正相关的右侧大脑激活区域体积
(Tuominen et al.，2013)(见正文第 32 页)

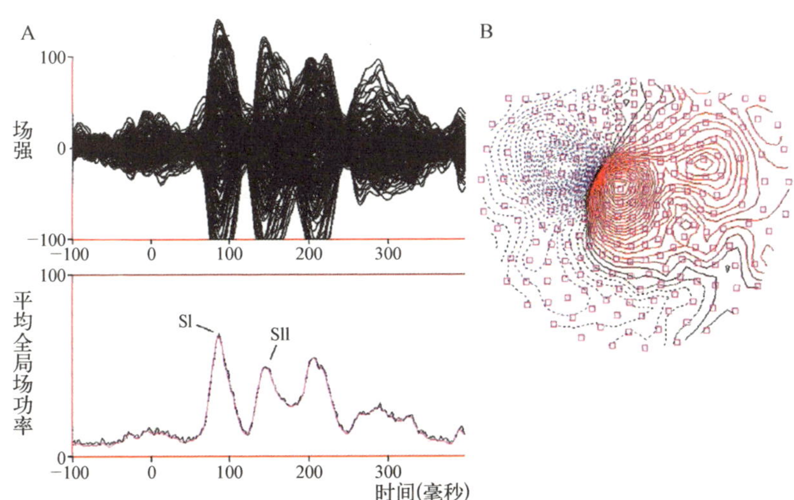

图 3.3　手指触觉诱发的躯体感觉中枢脑磁图(见正文第 81 页)
(A 上：148 个传感器叠加的脑磁图；A 下：平均全局场功率；B：等高线磁电位图)

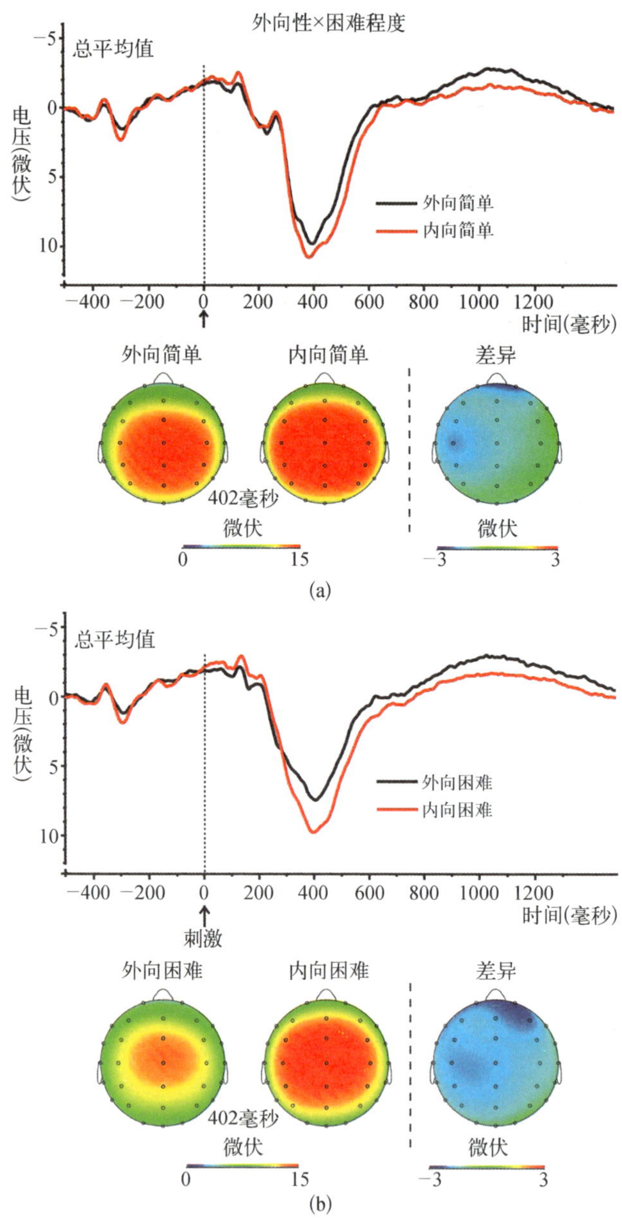

图 3.6　不同外向性的个体面对不同难度任务时的 P3 反应

(Pascalis et al., 2018)(见正文第 88 页)

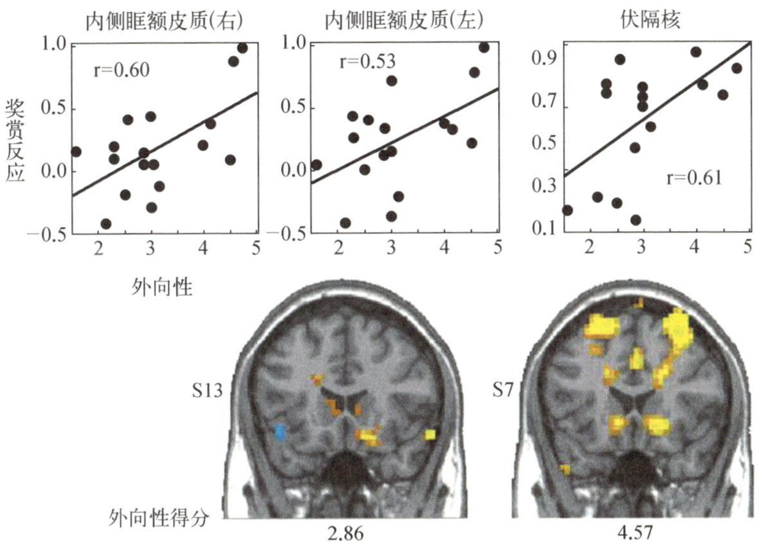

图 3.9 外向性得分显著预测大脑部分区域对奖赏信息的反应

(Cohen et al.，2005)(见正文第 93 页)

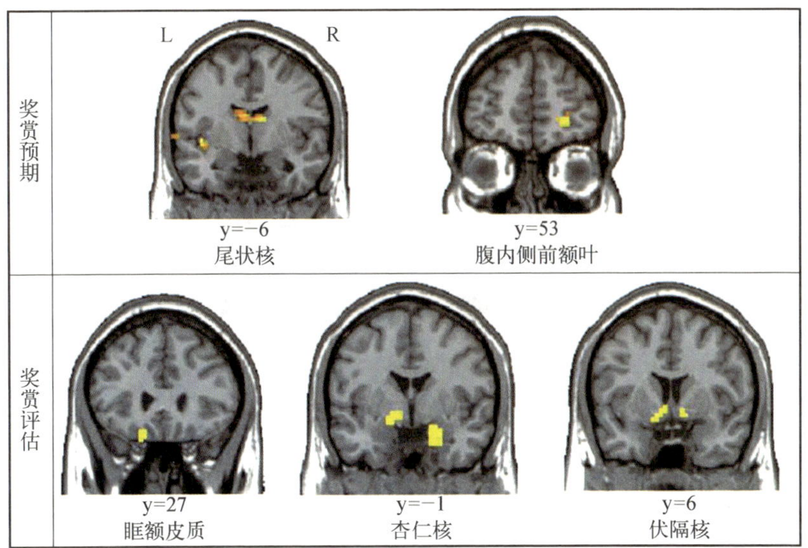

图 3.10 不同奖赏信息加工阶段大脑的激活状态

(Cohen et al.，2005)(见正文第 94 页)

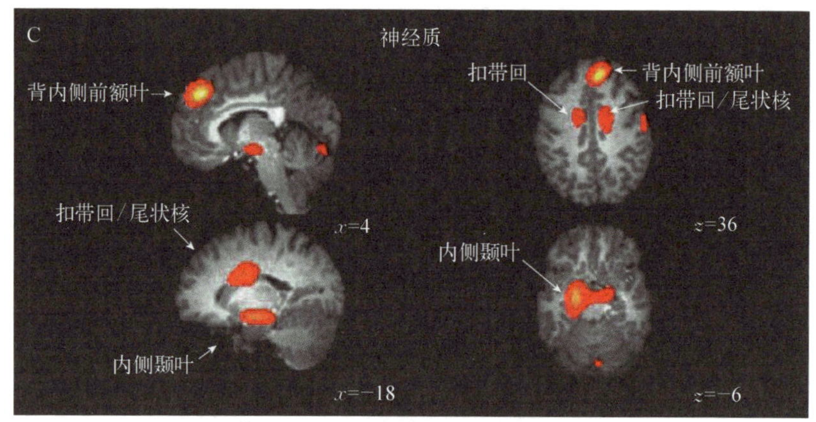

图 4.6　神经质与大脑边缘系统相关脑区的磁共振成像激活度
(Deyoung et al.，2010)(见正文第 113 页)
(较浅的颜色代表较大的效应值,较深的颜色代表较小的效应值)

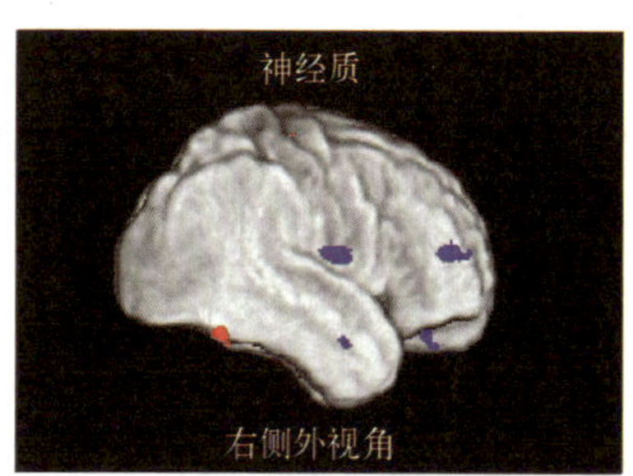

图 4.7　神经质与大脑相关区域灰质体积的关系(Kapogiannis，Sutin，Davatzikos，Costa，& Resnick，2013)(见正文第 114 页)
(红色：正相关;蓝色：负相关)

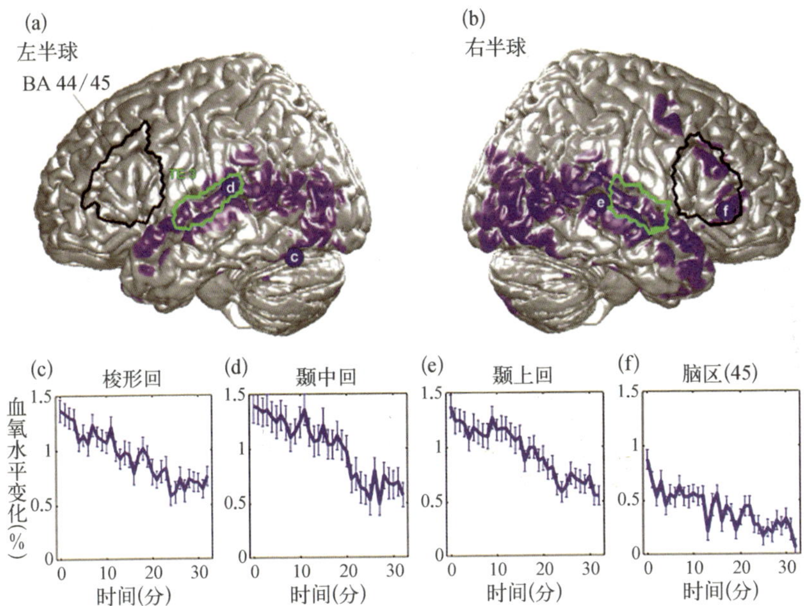

图 4.10　观看婴儿哭闹视频时被试功能性磁共振成像血氧水平变化图
(Mutschler et al.，2016)(见正文第 117 页)

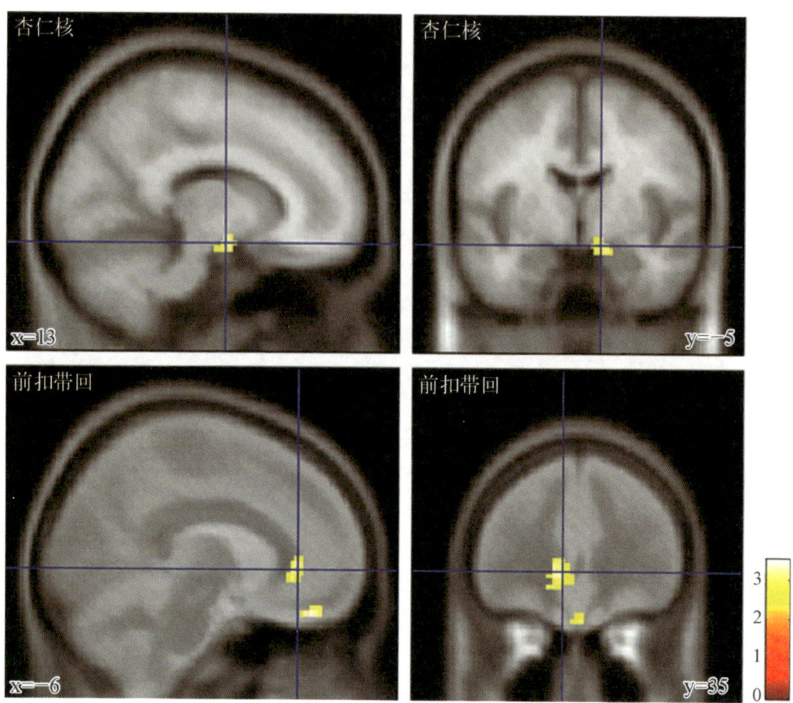

图 4.12　高、低神经质者观看婴儿哭闹视频时脑区激活的差异
(Mutschler et al.，2016)(见正文第 118 页)

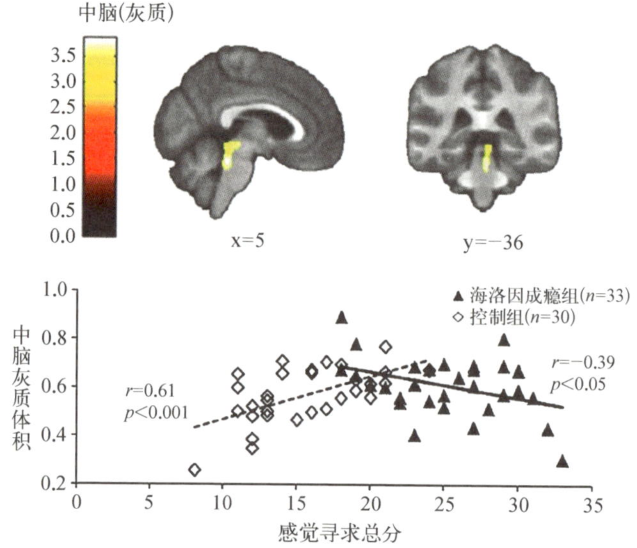

图 5.4　海洛因成瘾者的中脑灰质体积与感觉寻求总分呈负相关
(Cheng et al.，2015)(见正文第 143 页)

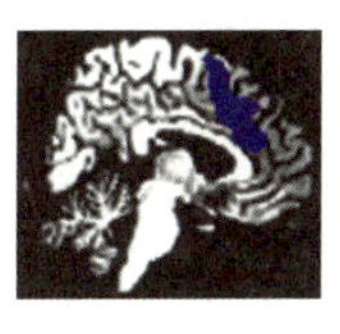

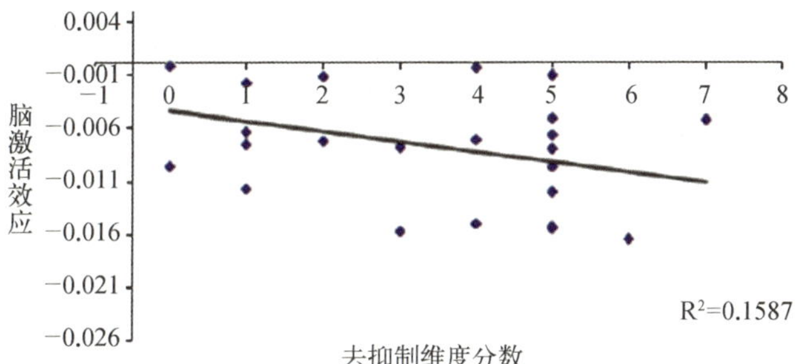

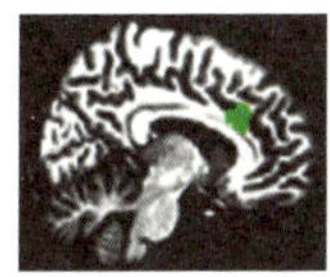

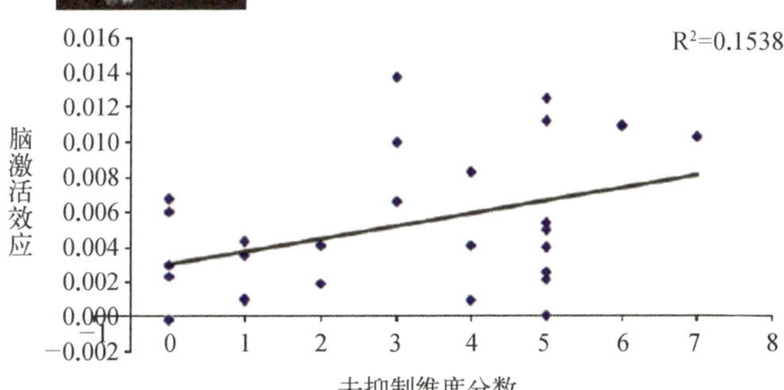

图 5.14　奖赏寻求和奖赏反馈阶段去抑制得分与腹内侧前额叶、前扣带回的激活相关(Bogg et al.，2012)(见正文第 158 页)

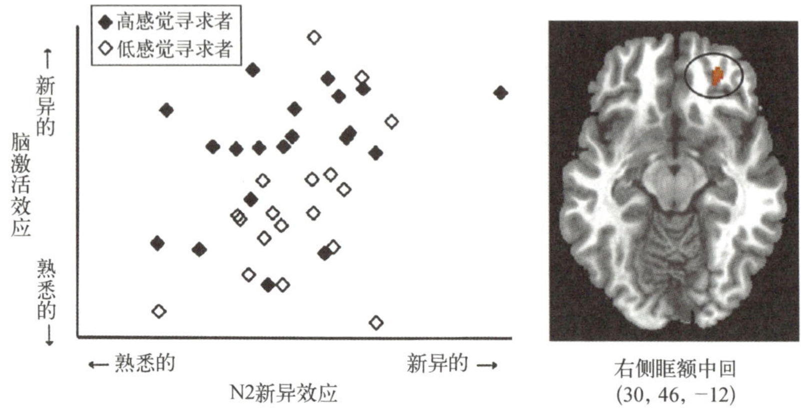

图 5.15　N2 新异效应与眶额中回新异效应呈显著相关

(Lawson, Liu et al., 2012)(见正文第 162 页)

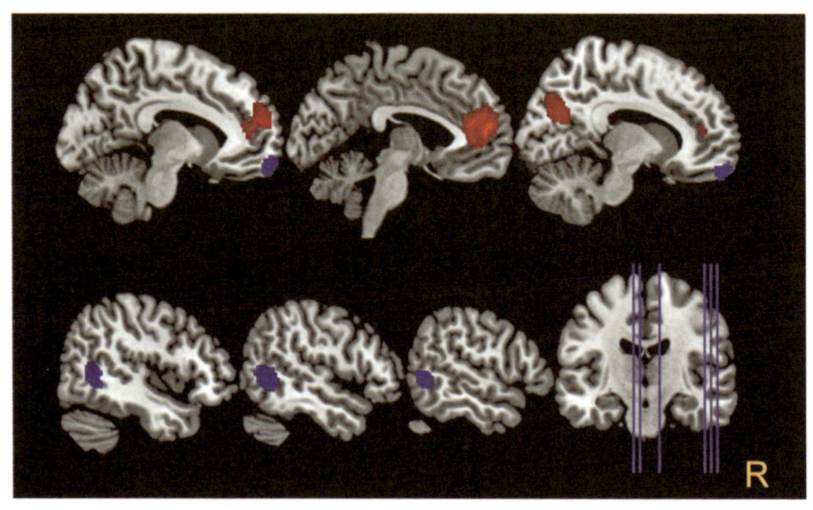

图 6.2　静息状态下边缘型人格障碍患者激活增强和减弱的脑区

(Visintin et al., 2016)(见正文第 190 页)

(R: 右侧;红色区域: 激活增强;蓝色区域: 激活减弱)

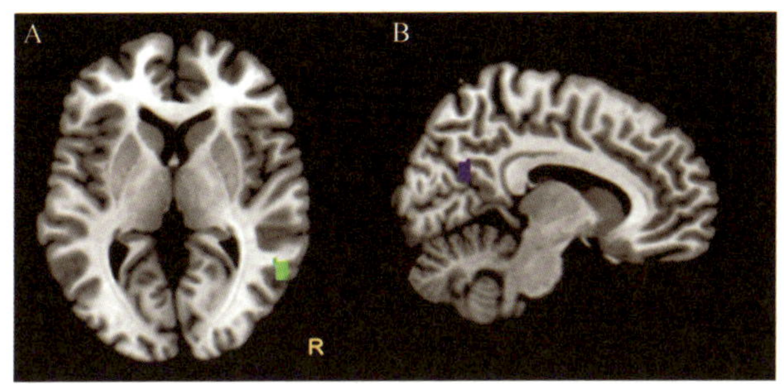

图 6.3　边缘型人格障碍患者相关脑区的磁共振成像变化
(Visintin et al.，2016)(见正文第 190 页)
(R：右侧；A：右颞中回激活减弱、体积减小；B：完成情绪任务时激活增强)

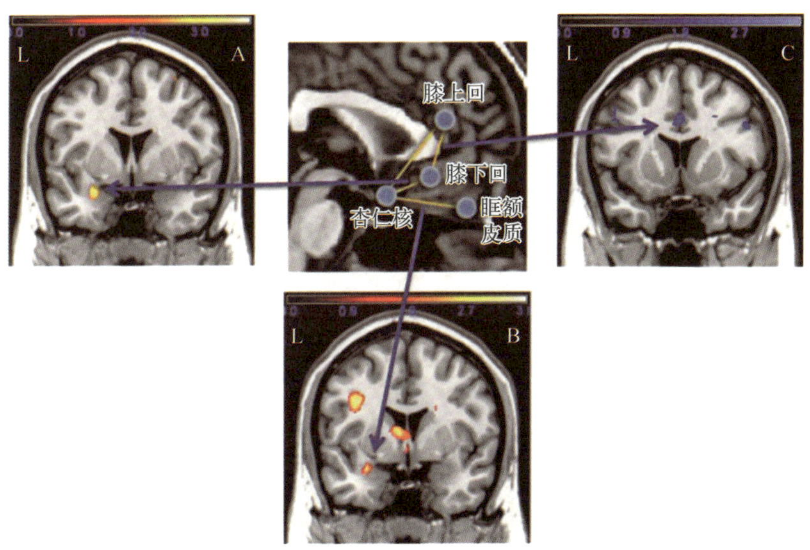

图 6.4　边缘型人格障碍患者以背侧前额叶种子为预测因素的情绪调节连通性(Kamphausen et al.，2013)(见正文第 198 页)
(A：膝下前扣带回与左侧杏仁核的连通；B：内侧眶额皮质与左侧杏仁核的连通；C：膝下前扣带回与背侧前扣带回的连通)

A
振幅(微伏)
健康对照组
消极词汇
积极词汇
时间(毫秒)
B
振幅(微伏)
边缘型人格障碍患者组
消极词汇
积极词汇
时间(毫秒)
−1微伏/平方米
4微伏/平方米

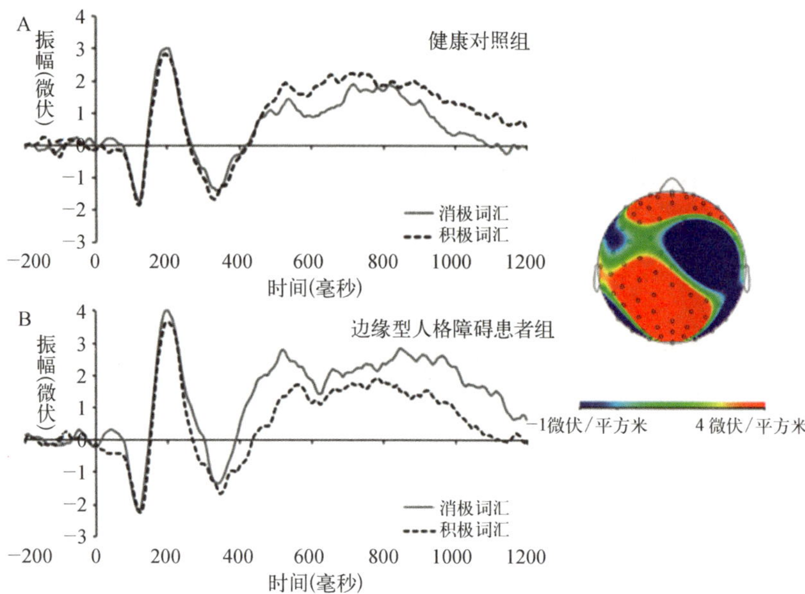

图 6.5　女性边缘型人格障碍患者对消极词汇的加工偏向

(Auerbach et al., 2016)(见正文第 200 页)

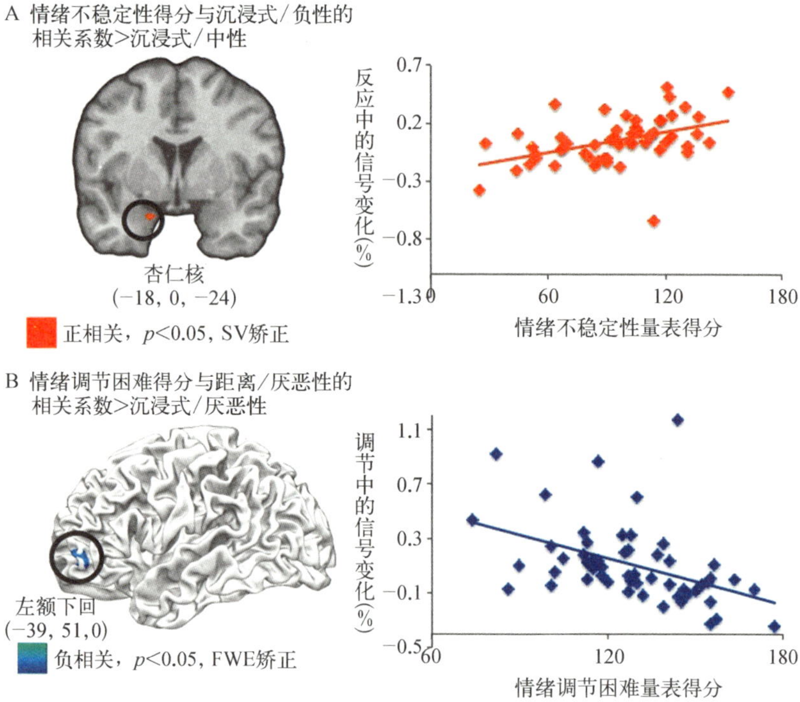

A 情绪不稳定性得分与沉浸式/负性的相关系数>沉浸式/中性
杏仁核
(−18, 0, −24)
正相关，p<0.05, SV矫正
反应中的信号变化(%)
情绪不稳定性量表得分
B 情绪调节困难得分与距离/厌恶性的相关系数>沉浸式/厌恶性
左额下回
(−39, 51, 0)
负相关，p<0.05, FWE矫正
调节中的信号变化(%)
情绪调节困难量表得分

图 6.6　边缘型人格障碍患者部分额叶与杏仁核之间的认知—情绪失调(Silvers et al., 2016)(见正文第 201 页)

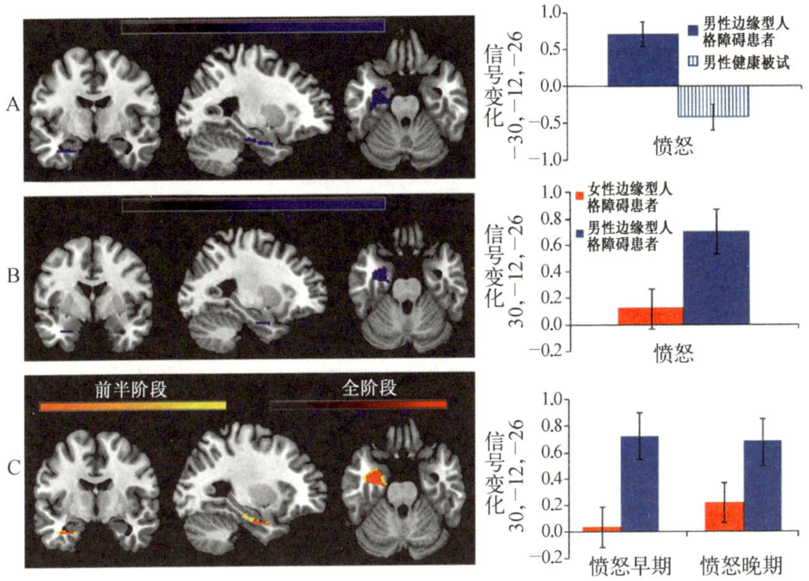

图 6.8　愤怒诱发下男、女边缘型人格障碍患者与健康被试左侧杏仁核激活差异(Herpertz et al.，2017)(见正文第 204 页)

(图 A：男性边缘型人格障碍患者与健康被试比较；图 B：男性与女性边缘型人格障碍患者比较；图 C：愤怒早期与愤怒晚期比较)

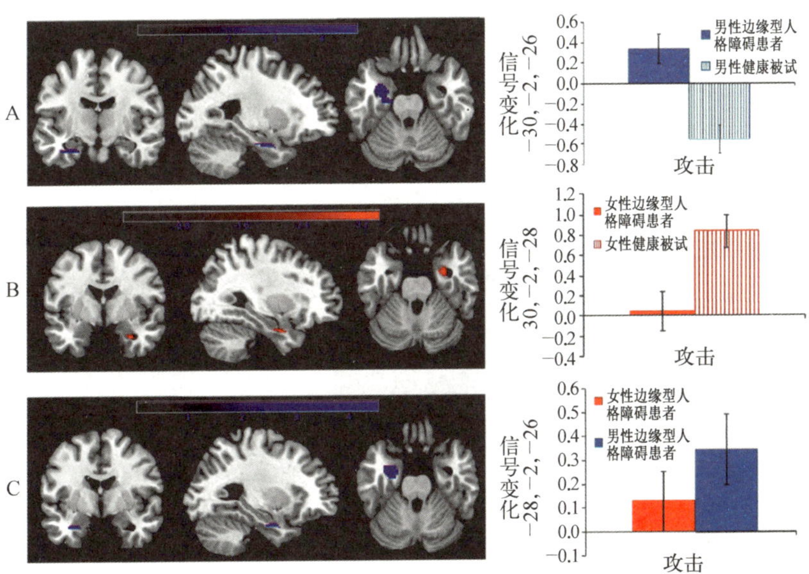

图 6.9　攻击诱发下男、女边缘型人格障碍患者与健康被试左侧杏仁核激活差异(Herpertz et al.，2017)(见正文第 205 页)

(图 A：男性边缘型人格障碍患者与健康被试比较；图 B：女性边缘型人格障碍患者与健康被试比较；图 C：女性与男性边缘型人格障碍患者比较)

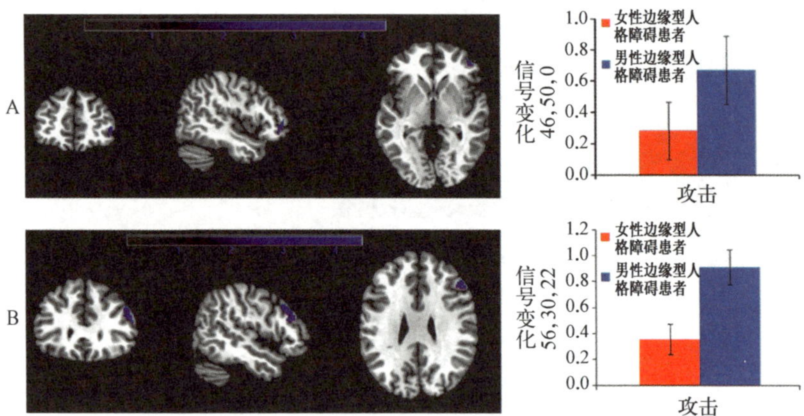

图 6.10　攻击诱发下男、女边缘型人格障碍患者的前额叶激活差异
(Herpertz et al.，2017)(见正文第 205 页)

(图 A：男、女边缘型人格障碍患者后眶额皮质激活差异；图 B：男、女边缘型人格障碍患者背侧前额叶激活差异)

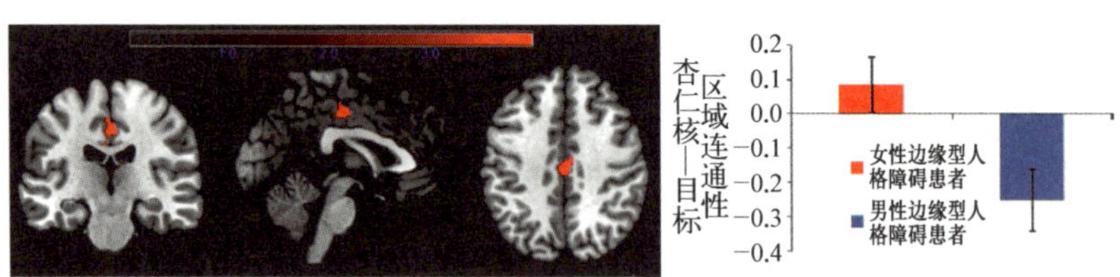

图 6.11　后中部扣带回被攻击行为激活时男、女边缘型人格障碍患者的差异
(Herpertz et al.，2017)(见正文第 206 页)

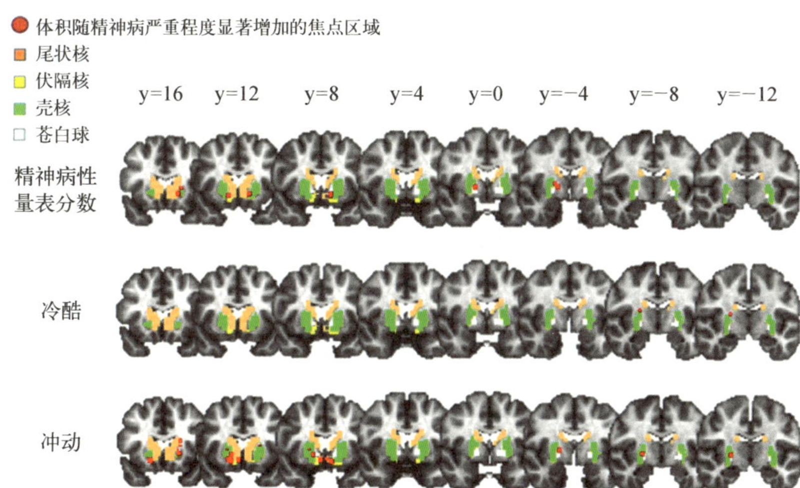

图 7.1　反社会型人格障碍患者纹状体亚区体积与冷酷和冲动呈正相关的焦点区域(红色)(Cole et al.，2017)(见正文第 224 页)

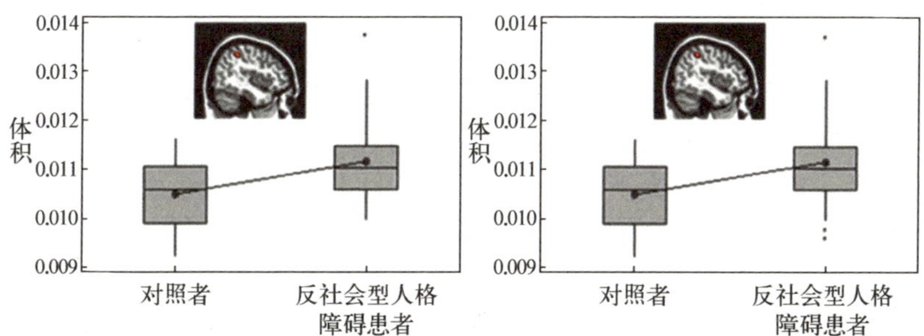

图 7.2　反社会型人格障碍患者右顶下小叶(左)和右楔前叶(右)的体积大于健康被试(蒋伟雄，廖坚，刘华生，唐艳，王维，2012)(见正文第 225 页)

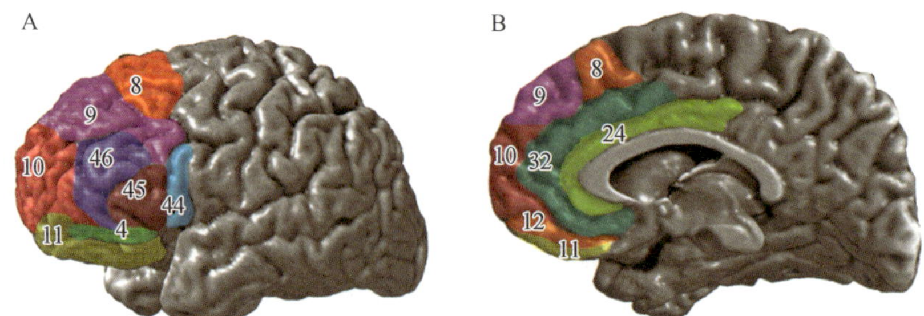

图 7.3　背外侧前额叶、眶额皮质等与反社会行为相关的布罗德曼分区（Yang & Raine，2009）（见正文第 227 页）

（眶额皮质包括 11、12 和 47；背外侧前额叶包括 8、9、10 和 46；腹外侧前额叶包括 44 和 45；内侧前额叶包括 8、9、10、11 和 12；前扣带回包括 24 和 32）

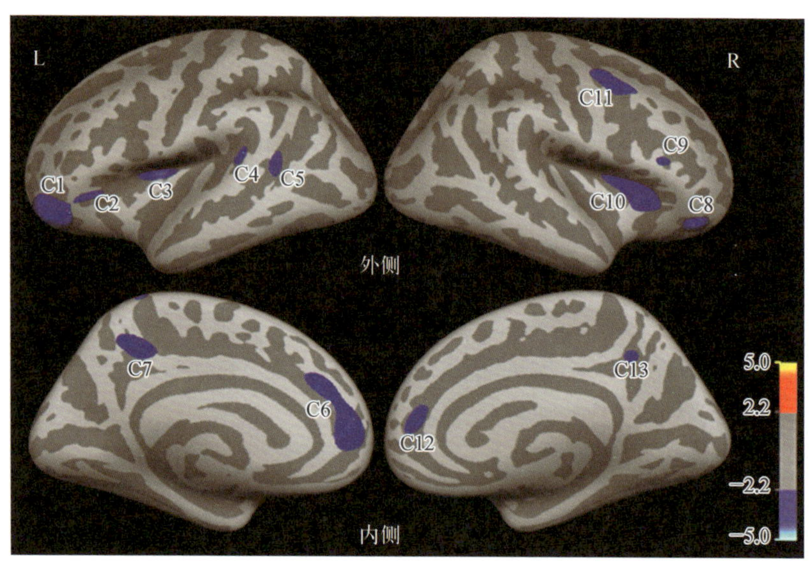

图 7.11　反社会型人格障碍患者左、右半球相关脑区皮质厚度显著减小的区域（Jiang et al.，2016）（见正文第 244 页）

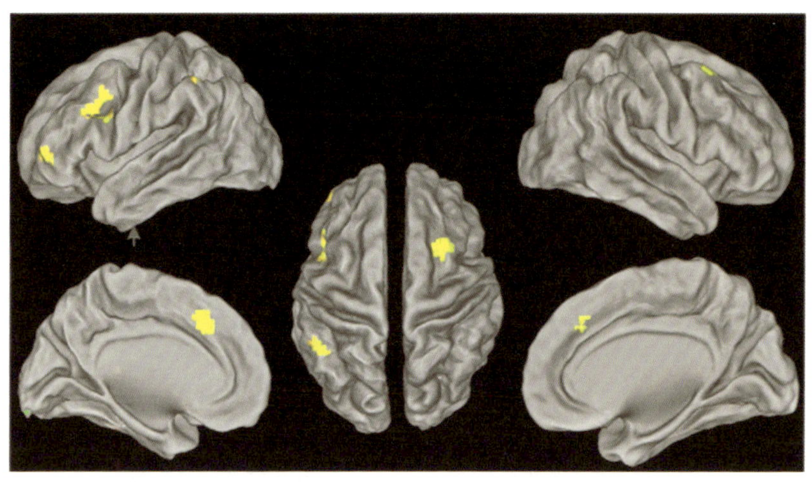

图 7.13　反社会型人格障碍患者说谎时明显激活的大脑区域
(Jiang et al.，2013)(见正文第 246 页)

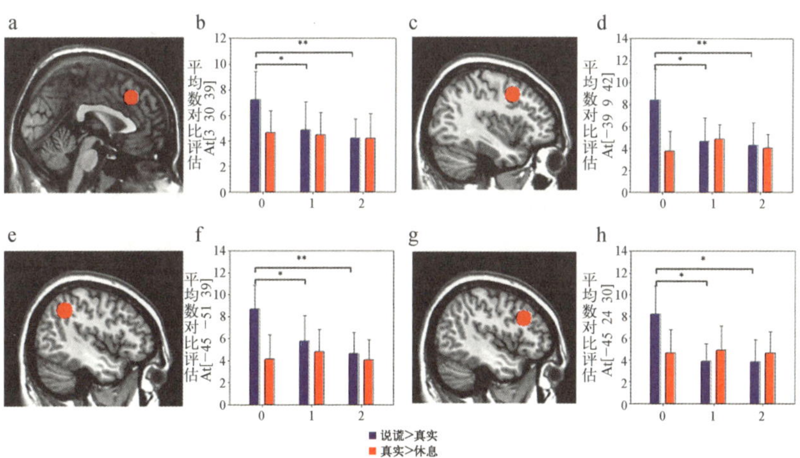

图 7.14　反社会型人格障碍患者的说谎能力与说谎时脑区激活呈负相关(Jiang et al.，2013)(见正文第 247 页)

[0～2：说谎能力；a、b：右侧额内侧回(3　30　39)；c、d：左侧额中回(−39　9　42)；e、f：左侧顶叶下小叶(−45　−51　39)；g、h：左侧额中回(−45　24　30)]

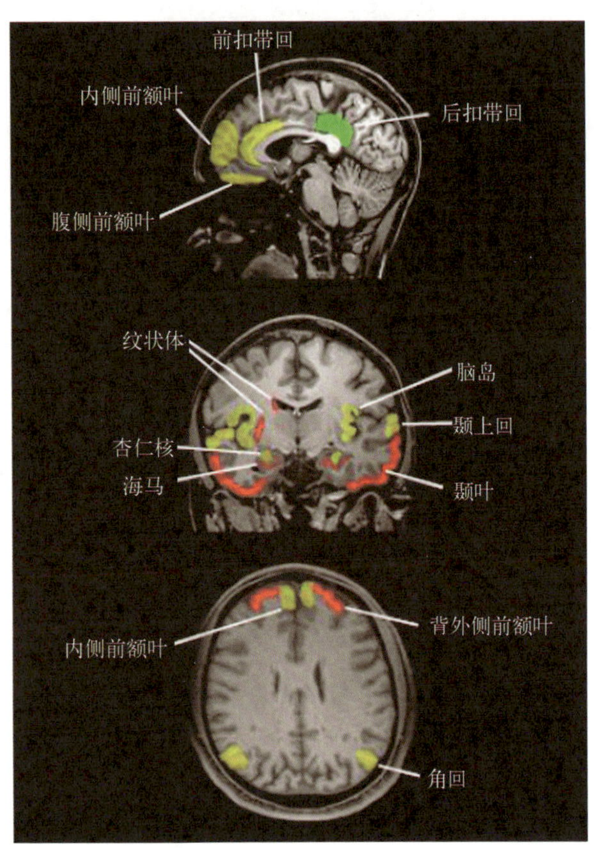

图 7.15 反社会神经道德模型(Raine，2019)(见正文第 248 页)

(红色：反社会群体受损；绿色：道德决策激活；黄色：反社会行为和道德决策共同激活)

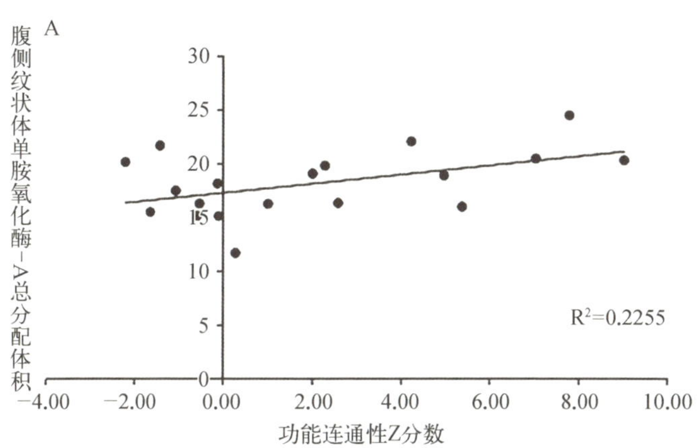

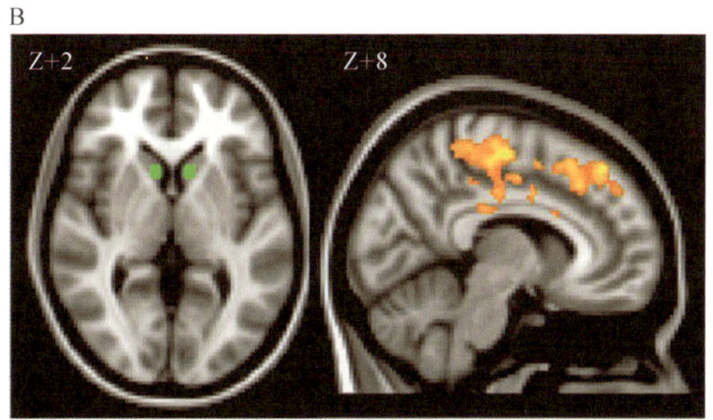

图 7.17　反社会型人格障碍患者腹上侧纹状体功能连通性与单胺氧化酶-A 总分配体积呈正相关(Kolla et al.，2016)(见正文第 251 页)

(黄色：腹上侧纹状体的功能连通性区域;绿色：与单胺氧化酶-A 总分配体积呈显著正相关区域)

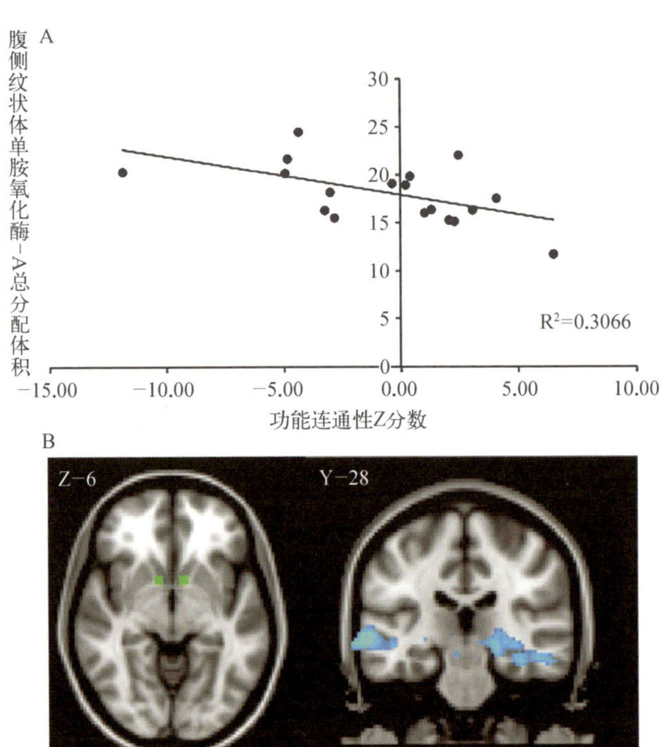

图 7.18　反社会型人格障碍患者腹下侧纹状体功能连通性与单胺氧化酶- A 总分配体积呈负相关(Kolla et al.，2016)(见正文第 252 页)

(蓝色：腹下侧纹状体的功能连通性区域;绿色：与单胺氧化酶- A 总分配体积呈显著负相关区域)

总　　序

《人格心理学：人性及其差异的研究》(中国社会科学出版社 2005 年版)一书出版后,我就开始酝酿一个计划,就是以此书的体系为框架,编写一套人格研究丛书。就是说此书尽管很厚,但就人格心理学这一丰富而宽泛的领域而言,仍然是概略性的。如果将每一章扩展成一本书,就可以讲得更明白而翔实一些。但这个计划从酝酿到现在实现,已经十几年过去了。之所以如此"难产",原因当然很多,其中最主要的是中青年作者队伍的形成。因为人格心理学虽然在西方是心理学的一个基础性领域,已经有了深厚的积累,但在中国,由于历史的原因,人格心理学一直是一个薄弱的分支。

在那个心理学即使被允许存在的年代,"人格"一词在相当长的时间里也是避免使用的。在普通心理学课程中,有关人格的内容讲的是气质和性格,更奇怪的是,把气质又归结为巴甫洛夫的神经活动类型,把性格归结为对人、对己、对集体、对社会的态度。这些内容与西方的普通心理学或心理学导论课程中的人格章节的内容几乎没有相同之处,是另外一套说辞。总之就是回避"人格"一词。直到现在,我也很难解释这件事,只能笼统地理解为"人格"大概属于"资产阶级的东西,姓资不姓社"。这种情况是"冷战"时代意识形态指导学术的一个很小的例证。20 世纪 80 年代初期,由北京大学周先庚先生组织全国同行协作翻译的克雷奇(David Krech)等人编著的《心理学纲要》(文化教育出版社 1981 年版),涉及人格和心理健康的部分是没有被译出的,也就是说该书只是个节译本。这种情况直到 80 年代后期才有所改变,周先庚先生主持翻译的希尔加德(E. R. Hilgard)等人编著的《心理学导论》(北京大学出版社

1987 年版)，就没有整章缺漏的情况了。

人格心理学在中国被视为一个独立的分支，具体而言就是在心理学专业课程体系中被作为一门课程，要比其他基础性分支晚得多。就教科书而言，高玉祥的《个性心理学》(北京师范大学出版社 1989 年版)和叶奕乾、孔克勤的《个性心理学》(华东师范大学出版社 1993 年版)，是将动机和价值观，以及气质、性格和能力(智力)等都归在"个性"概念之下，将西方心理学中有关人格的知识纳入其中，将人格说成个性或者性格，总之是在"苏联心理学"的概念框架下吸收西方的人格心理学知识，但仍然尽量避免使用"人格"一词。

难能可贵的是，同样在那种背景之下，陈仲庚、张雨新的《人格心理学》(辽宁人民出版社 1986 年版)和叶奕乾的《人格心理学》(青海人民出版社 1990 年版)则是采用西方心理学的体系，以各大派别的人格理论为主线。黄希庭的《人格心理学》(台湾东华书局 1998 年版，浙江教育出版社 2002 年版)将这种体系加以整合完善。至此，人格心理学教材在体系和内容上才与国际接轨。而此时，"冷战"早已结束，作为特殊话语体系的所谓"苏联心理学"也早就寿终正寝了。当然，单从学术本身而言，人格心理学是具有社会性和文化性的学科，不同国家、地区乃至学术机构和具体学者都可能有不同的理论或体系，但这与"冷战"背景下形成的美苏两大学术壁垒或阵营是两回事。

进入 21 世纪，人格心理学的教学和研究也发展到更高的水平。在黄希庭等教授的倡导下，2005 年 10 月中国心理学会第九届第一次常务理事会决定成立人格心理学专业委员会。从此，人格心理学的发展进入新的阶段。在教育部颁布的《高等学校本科专业类教学质量国家标准》的心理学部分，人格心理学被规定为心理学类专业的核心知识领域。我有幸作为这些事件的参与者，见证了这一学科发展的若干个里程碑时刻。

尽管如此，整体而言，人格心理学的教学和研究人员一直很少，招收人格研究方向研究生的导师屈指可数。因此，某种意义上，我是在等待愿意并能够承担这套丛书写作任务的中青年学者队伍的形成。直到近五年，时机逐渐成熟了。一批以人格为研究方向的年轻学者成长起来，他们大体在2010年前后五年内获得博士学位并成为教学科研骨干。2015年，我觉得丛书编写的计划可以付诸实施了，于是在上海教育出版社谢冬华先生的积极推动下，丛书写作任务开始落实。

丛书的选题依据基本上是以我在本文开始所言的那本书为蓝本，每一章扩展成一本书。为此，这里简要回顾一下那本书的框架。我当年在自序中说：

> 本书试图较系统地总结人格心理学的主要理论和研究成果，特别是体现这一领域从理论流派的纷争到深入的问题研究这一重大转向。我将主要以1990年代以来的文献为依据，以人格心理学的理论和实证研究成果为基础，整合人格心理学领域的最新研究成果，进而打通各理论派别间的界限，沟通各个研究主题间的联系，将已有的理论和实证研究成果整合到一种新的架构中，使人格心理学的知识体系接近历史与逻辑相统一的标准。

那本书包括六部分：第一部分探讨人格的概念及人格心理学的对象、任务、方法和历史，回顾传统的人格理论。在本丛书中，《人格理论》和《人格研究方法》就属于这一部分。

第二部分探讨人格的形成与发展，分别探讨生物学条件（生理、遗传、进化）和社会文化条件，以及发展历程（年龄阶段）和机制（天性与教养的相互作用）。在本丛书中，包括《人格的生理基础》《人格的遗传学解释》《进化人格心理学》《人格与社会》《人格与文化》和《人格的毕生发展》。

第三部分是人格的整体功能研究，包括认知、情绪、动机和自我，即信息的获取与处理、情绪的反应与适应、行为的动力与目标，以及自我的统合与完善。在本丛书中，包括《认知风格与生活》《人格与情绪》《动机与目标》《自我调节》和《自我》。

第四部分是人格的具体功能研究，分别探讨潜意识、攻击、利他、人格与健康。在本丛书中，包括《人格与健康》《人格障碍》《人格中的恶》《利他主义》《人格与道德》和《人格与创造》。这部分与那本书的章目不完全对应，其间虽有内容上的重叠交叉，但每本书都围绕一个专题展开，各自有其独立成篇的合理性。

第五部分是人格的群体差异研究，包括性别差异和文化差异这两个最大的群体差异。在本丛书中，包括《性别与人格》和《中国人的人格》。

第六部分是总结性的，探讨人格测评的理论和方法，并在最后一章探讨人格理论中的人性观、人格理论分歧的维度、人格研究的方法论问题，以及人格心理学的未来走向。在本丛书中，有《人格评鉴》。

这里列的书目是迄今为止已经明确任务的，随着工作的进展，可能会有个别变动，有的可能因为各种原因不能如期完成，有的专题这里没有提及，但内容很好又有合适的作者，可能会新加入进来。但这些变动不会改变这个大的框架。定稿后的书名可能有变化，但内容基本就是这些。

人格心理学是一个丰富、有趣又富于挑战性的领域。我们期待这套丛书能够较完整地展现这一学科的面貌，也期待有更多的年轻人进入这一研究行列。当然，也期待着读者坦率地指出丛书编撰中存在的问题甚至错误。

郭永玉

2019 年 2 月

于金陵随心斋

自　序

时光荏苒，自2003年弃医改学心理学以来，师从郭永玉教授学习人格心理学已经18年。如果按照当下流行的“真心话大冒险”的游戏规则，我给导师写的第一个关键词一定是“学者”。“才高八斗”“学富五车”“腹有诗书气自华”几乎就是导师的原型。记忆中郭老师好像是2000年左右开始对人格感兴趣，2001年在武汉大学跟随邓晓芒先生做博士后时开始深入研究人格问题。18年来，无论是与导师单独面谈，还是集体讨论，“人格”“教材”“专著”等词总是高频出现。每次到导师办公室，首先看到的就是满满十几个大书柜的书。翻译、编书、写书成为导师的很多研究生读研期间的主要记忆内容。有时候想，如果没有导师这些年的辛勤耕耘，中国人格心理学方面的教学和研究资料一定会贫瘠很多。每有此念，对导师深深的敬意和敬仰之情总是油然而生。

因为学医的缘故，读研究生时导师给我作了两个安排。一是学习事件相关电位（event-related potential, ERP）技术，二是研究人格的生理机制。现在想来，我还算是一个听话的学生，这18年来的心理学教学和研究工作似乎就在做这两件事。学习事件相关电位技术让我这个大龄研究生在大学谋到教职，可以养家糊口；研究人格及其生理机制让我更为深刻地理解自己和他人，收获了内心的成长和幸福。因此，2015年郭老师向我们几个学生提出他的“人格心理研究丛书”出版计划时，我虽然不太自信是否能胜任《人格的生理基础》一书的写作，但还是硬着头皮应承下来。

接下来的三年，先后有三届我的部分研究生参与了相关文献的收集和总结工作，结果大大出乎我的意料。原来以为国内外有关人格的生理方面的实证研究可能较为薄弱，但学生给我反馈的结果是资料很多，仅近20年内的相关文献就有上千篇之多，而且研究的关注点是“乱花渐欲迷人眼”，数次努力想找到某种理论框架以最大限度把这些研究囊括进来，但都不尽如人意。静心思考后觉得，本书的写作策略似乎只有两种选择：要么“追大求全”予以描述，但结果肯定是泛泛而谈；要么“求主舍次”，深入介绍较为成熟的部分研究，但会牺牲一些研究文献的内容。反复权衡之后，决定选择后一种策略。

因此，最后选择的人格特质都具有三个方面较为完整的生理基础研究成果：静息态的脑结构、诱发态的脑功能，以及体液态的神经递质和内分泌激素。这些人格特质中，有三个是共同特质：外向性、神经质和感觉寻求。有两个是心理障碍性特质：边缘型人格障碍和反社会型人格障碍。考虑到人格的生理基础的研究源于古希腊时期的体液说，而且后来在不同历史阶段曾经流行过颅相学、体型说和手指长度比例理论，因此增加了一章“身体结构与人格”。这样的安排是想既纵向反映人格的生理基础研究的发展历史，又重点介绍近年来这方面最新的且较为系统的研究成果。

也许是因为掌握的资料还不够齐全，目前我们查阅到的人格的生理基础研究的专著只有朱克曼(Marvin Zuckerman)的《人格心理生理学》(*Psychobiology of Personality*，剑桥大学出版社，1991年初版，2005年再版)。因为编写的年代较早，加上当时认知神经科学刚起步，因此朱克曼的这本专著基本只介绍了人格的生理基础科学研究最早期的一些成果。为了避免重复，我在撰写本书时对朱克曼在其专著中已经详细介绍的内容基本不再介绍或者仅简单带过，但提供了相关参考文献，方便有兴趣的读者查阅。

本书总结和介绍的基本是21世纪以来人格的生理基础领域的最新研究成果。就目前总体研究结论来看，我们每个人的人格在一定程度上是由生理因素决定的。我希望并相信，无论是对想了解人格形成奥秘的普通读者，还是专门从事人格研究和应用工作的专业人士，本书都会有所帮助。

跟导师郭永玉教授相比，我较为缺乏写书和编书经验，加上能力和时间有限，书中缺点和错误肯定不少，非常希望能得到导师、同仁和热心读者的支持和赐教。

贺金波

2021 年 2 月

于武昌桂子山

目录 | Contents

绪 论

人格是心理学中最具吸引力的概念之一。日常生活中,人格以丰富多彩的个性面貌为突出表现,成为个人心理属性的标签,是人的魅力所在和动力之源。每个人都需要一个鲜明而稳定的人格来标识自我、维护自我和发展自我。任何性质或程度的人格缺失、停滞或分裂都会造成严重的心理障碍,引发心理痛苦或社会功能损害。因此,几乎每个人都想拥有一个满足自我需求的“理想人格”,希望此人格既能让自己内心幸福,又能让别人喜欢和尊重,还能帮助自己更好地适应环境和取得成就。多少人穷其一生去寻找,努力改变或者塑造,千方百计进行“印象整饰”,但所谓的“理想人格”又像是一个可望而不可即的“理想存在”。

人格的改变或塑造为何不容易?就现代心理学的研究结果来说,这在很大程度上与一个人独有的生理特性有关。这些生理特性既是人格形成的基石,又是影响人格改变的难以绕开的惰性因素。影响人格形成和发展的生理因素虽然可以随着年龄增长和经验作用有所变化,但受制于基因的决定性,人格变化的范围和程度存在较大的局限。因此,探究人格的生理基础和生理机制,不仅是人格建构的理论需要,更是帮助人们找到突破这些限制的实践需要,具有重大的理论意义和实践价值。

理论上,人格的生理基础几乎涉及人体所有的生理结构和机能,要想进行全面的研究很难。基于心理是神经系统特别是中枢神经系统活动的产物,近现代关于人格的生理基础研究几乎都围绕中枢神经系统特别是大脑开展。20 世纪中叶开始兴起的无创性认知神经科学研究技术和方法(例如事件相关电位技术、功能性磁共振成像技术、正电子发射断层扫描技术等）对人格的生理基础研究起了很大的推进作用。本书第一章“研究方法”对相关知识作简单而必要的介绍。

亚里士多德（Aristotle）说，人是社会性动物。自从有了人类社会，如何知人、识人和用人就成为普通人的梦想和科学家研究的目标。人们最早是想通过外显可测的身体指标来探寻如何评测人格。古希腊著名医学家希波克拉底（Hippocrates）借鉴哲学家恩培多克勒（Empedocles）的“四根说”，提出观察人格的“四液说”，古罗马医生和哲学家盖伦（Galen）将此发展成“体液气质学说”，即沿用至今的四种气质类型理论——多血质、胆汁质、抑郁质和黏液质。18 世纪加尔（Franz Joseph Gall）的颅相学、20 世纪谢尔登（William H. Sheldon）的体型说，以及近年来依然是研究热点的 2D∶4D 手指比例理论，都是这类思想的延续。本书第二章“身体结构与人格”对此进行系统介绍。

第三章至第五章分别介绍了外向性、神经质和感觉寻求三个人格特质的生理基础的研究成果。第六章和第七章分别介绍了两种人格障碍——边缘型人格障碍和反社会型人格障碍的生理基础的研究成果。

为什么选取外向性、神经质和感觉寻求这三个特质？这主要基于如下两个因素的考虑。

第一，这三个特质构成人格最基本的特质。人格是一个人知、情、意、行的高度整合和统一。一个人独特而稳定的行为模式（人格行为）的形成源自其内部动机，内部动机的核心是知、情、意、行的统一。以外向性特质为例，外向性特质得分高的人是外向者，外向者独特而稳定的行为模式是倾向于寻求外在刺激（感知觉），因为外在刺激能满足人的内在需要（如提升唤醒），使人产生积极的情绪体验（情绪）。长此以往，某些外在刺激与积极情绪之间就逐渐形成一些固定的神经—心理—行为联结（情感），促使人更加主动地寻求这些外在刺激因素（意志行为）。如此形成的习惯或行为模式及其内部动机就是外向者的人格形态和动力系统。在诸多人格特质中，外向性是反映人对内外刺激类型的偏好性特质，神经质是反映人受到内外刺激后情绪和情感稳定性的特质，感觉寻求是反映人对内外刺激的强度、新奇性、复杂性和变化性寻求倾向的特质。这三个特质是其他人格特质如随和性、开放性和尽责性等的基础。

第二,近50年来,围绕这三个特质的认知神经机制的研究最多,也最为成熟。尽管也有文献报道其他特质的生理基础研究,但就我们搜索的文献比例来看,近50年来这三个特质的生理基础研究几乎占到80%以上。对这三个特质的生理机制研究,不仅涉及脑结构、脑功能,而且涉及神经递质和内分泌激素,研究体系比较完整。其他特质的研究则多是分散或者零碎的,还没有形成一个完整的理论体系。

为什么选取边缘型人格障碍和反社会型人格障碍?这主要基于如下两个因素的考虑。

第一,这两种人格障碍非常重要。来自医学和心理学的统计数据显示,虽然这两种人格障碍在人群中的占比并不是最高的,但对它们开展的研究数量最多。究其原因,很大程度上是因为它们的危害性较大。边缘型人格障碍是引发青春期和青年期情绪困扰最常见的人格因素之一,因其早年发生,持续数十年,又难以取得较好的治疗效果,因而也成为困扰心理咨询师和心理治疗师的常见问题,在申请督导的案例中占比很高。反社会型人格障碍则因其严重的社会危害性而引起极大的关注和重视。各个国家经常见诸报端的残忍的、令人发指的群体伤害事件的肇事者,往往是反社会型人格障碍者。

第二,这两种人格障碍的生理基础研究数量较多,结论较为一致。根据我们对文献的统计,人格障碍的生理基础研究中,这两种人格障碍的比例几乎占到90%以上。而且,同外向性、神经质和感觉寻求这三个特质的生理基础研究一样,这两种人格障碍的研究也形成较为完整的脑结构、脑功能、神经递质和激素的理论框架,得出一些较为一致的结论,具有较好的理论和实践意义。

综上所述,本书共七章,第一章是研究方法,第二章是身体结构与人格,第三章是外向性的生理基础,第四章是神经质的生理基础,第五章是感觉寻求的生理基础,第六章是边缘型人格障碍的生理基础,第七章是反社会型人格障碍的生理基础。第三至第七章从脑结构、脑功能、神经递质和激素三个层面分别阐述相关人格特质或人格障碍在生理基础方面的主要研究结果和结论，具有较为统一的内容结构。

本书由贺金波总体设计和组织。第一章和第三章由贺金波独立撰写；第二章、第四章、第五章、第六章和第七章分别由研究生潘婷、李元慧、聂余峰、倪舜敏和杜贺敏撰写初稿，孟亚运参与校稿，贺金波审阅、修改和定稿。

得益于认知神经科学的快速发展，近年来人格的生理基础研究的焦点主要集中在脑机制方面，这决定了本书的内容和形式具有较强的专业性特点。尽管我们力求用较为通俗的语言、丰富的图表来呈现和表述，尽量帮助读者理解这些专业的内容，但对非专业人士来说，可能还是存在一定的阅读困难。因此，本书比较适合接受过基础的心理学研究训练及以上学术基础的读者，特别是对人格研究感兴趣的硕士生、博士生和相关专业人员阅读。

限于时间和能力，本书只是对广博的人格的生理基础研究的部分总结和分析，远达不到全面和系统，更没有达到理想的理论高度。因此，错误和缺憾在所难免，恳请读者批评指正。

1　研究方法

探究人格的生理基础的研究几乎都采用实验的方法。但是，由于人格具有稳定性特征，在实验研究中将人格作为自变量存在较大的局限性。因此，现阶段人格的生理基础的实验研究多采用组间实验设计，比较不同人格类型的被试，或者同一人格特质得分不同组的生理指标差异，由此造成这一领域的研究方法几乎都根据测量人格生理指标的技术来分类。譬如，测量周围神经系统活动的方法主要是生理多导技术，测量中枢神经系统结构和功能的方法主要是眼动技术、脑电技术、磁共振成像技术、正电子发射断层扫描技术、正电子发射结合 CT 断层扫描脑成像技术和近红外脑成像技术等。本书介绍的数百项研究主要采用生理多导技术、眼动技术、脑电技术、磁共振成像技术和正电子发射断层扫描技术。此外，还有检测神经递质、内分泌激素的生物化学研究方法。下面逐一介绍这些技术或研究方法，以帮助读者阅读后面的相关研究内容。

1.1　生理多导技术

生理多导技术是指，采用生理多导记录分析仪器来测量和分析人外周神经活动时的多项生理指标，测量仪器既有针对某项指标的、单独的记录分析仪器，如皮肤电测试仪和肌肉电测试仪等，也有综合的多指标采集分析仪，如多导生理记录仪。常用的记录和分析指标有皮肤电、肌电、心率、脉搏、血压和呼吸频率等。在人格的生理基础研究中，采用皮肤电和心率作为记录和分析指标最为常见。

1.1.1 皮肤电

人是导体,具有生物电,有电压、电流和电阻。人体电阻分为皮肤电阻和内部组织电阻,其中皮肤电阻系数最大,血液电阻系数最小。人体内部组织的电阻一般为1 000 Ω左右,决定人体电阻的主要因素是皮肤,即表皮干燥电阻就大,表皮湿润电阻就小。每个人的身体电阻大小都不一样,大致范围为1 000～2 000 Ω。

外表可测的皮肤电阻受皮肤内血管的张缩和皮肤汗腺分泌汗液的影响较大,汗腺分泌不仅与气温和运动有关,而且对自主神经系统(autonomic nervous system, ANS)的活动、应激反应和情绪状态非常敏感,因而皮肤电(简称皮电)常用来反映人体自主神经系统的唤醒、应激反应和情绪波动。只要人体受到内外界因素刺激并产生情绪波动,皮肤上就会有电阻值的变化。此时,皮肤的任意两点之间就存在电位差,尽管这种电位差很微弱,但灵敏的仪器可以将这种微弱变化的电位差通过低噪声高放大倍数的电路(放大器)放大,再反映到电表上,使主试知道被试在受到某一刺激时发生的自主神经系统活动和情绪变化。早期测谎仪的原理就是如此。

目前,对皮肤电的测量基本上都采用直流电压法。也就是说,把两个电极分别接到皮肤的两个部位,并把电极与电流计和外接电源串联。电路接通后就会在人体构成的回路中产生一个电流传导,使电流计指针偏转。如果此时再施加刺激引起被试的心理兴奋,则会降低电阻值而增大电流。多种皮肤电测试仪就是根据这一原理实时记录皮肤电阻的变化,从而间接反映人体自主神经活动和情绪基线及其唤醒水平的变化。

人格生理研究中常用的皮肤电指标有:(1)皮肤电导(skin conductance, SC)。用一个恒定电压可以在表皮上测出皮肤电导的大小,其单位是微西门子(μS),由于用一个外加电压来测量皮肤电导,因此这种测量又称外源性测量。皮肤电导值的倒数就是皮肤电阻(skin resistance, SR)。(2)皮肤电导水平(skin conductance level, SCL)。皮肤电导水平是跨越皮肤两点的皮肤电导的绝对值，也可称作基础皮肤电传导。一般认为，它是平静状态下生理活动的基础值。(3) 皮肤电导反应(skin conductance response, SCR)。在皮肤电导水平中出现的一个瞬时的、较快的波动，是由内外刺激引起的生理—心理激惹状态。

目前研究发现，许多人格特质(如外向性、神经质、感觉寻求等)的不同水平存在皮肤电导水平和皮肤电导反应的差异。图 1.1 显示不同外向性特质(内向和外向)的被试在不同效价奖惩线索条件下的皮肤电活动变化差异，从中可以看到，内向者在中性、奖励和惩罚三种条件下的皮肤电活动变化值均显著大于外向者，说明同内向者相比，外向者的皮肤电活动对外在奖惩线索的敏感性较低。由于皮肤电主要反映自主神经活动和情绪波动，因此结果表明，外向者的情绪稳定性明显高于内向者(白学军，朱昭红，沈德立，刘楠，2009)。

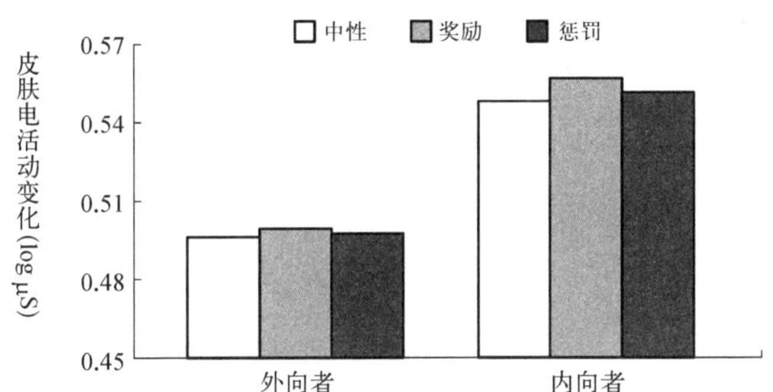

图 1.1 内向者和外向者在不同效价奖惩线索条件下的皮肤电活动变化差异(白学军，朱昭红，沈德立，刘楠，2009)

1.1.2 心率

心率(heart rate, HR)是指每分钟心脏跳动的次数。心率测量较为简单，技术要求低，已经存在几千年。通常，休息时心率较慢，活动或运动时心率较快。

人格的生理基础研究中较少单独采用心率指标，更多关注心率变异性(heart rate variability, HRV)。心率变异性测量心脏连续跳动(如

R－R间期)之间的时间变化,以毫秒(ms)为单位。

一般来说,心率变异性低表明机体具有较弱的耐受应激能力或处于来自内部或外部压力源的作用之下,心率变异性高表明机体具有较强的耐受应激能力或处于从先前压力中恢复的过程。因此,从健康角度来说,人在静息状态时,心率变异性高通常是有利的,心率变异性低则通常是不利的。当处于活动状态时,心率变异性相对较低通常是有利的,心率变异性高则可能是不利的。

心率变异性测量中包含许多不同的计算和分析方法。正确应用这些计算,可以精确测量自主神经系统的活动情况。自主神经系统与身体的每个自动化生理过程都有关系,它调节血糖、体温、血压、汗液和消化等。但心率变异性指标主要反映人体控制身心压力和从压力中恢复两个功能。

心率变异性通常受到性别、年龄、环境及人格等因素的影响,个体差异和状态差异较大。临床上采用的参考值一般有两种:一种是24小时动态时域分析值,常用SDNN(standard deviation of NN intervals,全部窦性心搏R－R间期的标准差)、SDANN(standard deviation of average-value of NN intervals, R－R间期平均值标准差)、RMSSD(root-mean-square of difference-value of adjacent RR interval,相邻R－R间期差值的均方根)三个指标,它们的正常值分别为141±39毫秒、127±35毫秒和27±12毫秒;另一种是静态仰卧位5分钟功率谱分析,常用TP(total power,总功率谱)、LF(low-frequency power,低频功率谱)、HF(high-frequency power,高频功率谱)三个指标,它们的正常值分别为3 466±1 018毫秒、1 170±416毫秒和975±203毫秒。

几乎所有人格特质的不同类型和程度都存在应激反应的差异,因此心率变异性指标在人格的生理基础研究中具有广泛的应用价值。例如,我国学者邓文等人为了探究精神分裂症患者继发共患心脏病的风险性,测量和分析了精神分裂症患者的A型性格、腰围与心率变异性之间的关系,结果如表1.1所示,腰围粗大和A型性格的精神分裂症患者的心率变异性指标较低,因而说明此类患者罹患心脏病的风险较大(邓文,徐彩霞,杨宇,黄史青,2013)。

表 1.1 精神分裂症患者的腰围、A 型性格与心率变异性($\bar{X}\pm S$, 毫秒)的关系(邓文,徐彩霞,杨宇,黄史青,2013)

		SDNN	SDANN	RMSSD	PNN50
腰围粗大组	A 型行为组	108.6±27.4	110.3±28.6	18.3±10.5	3.8±2.8
	非 A 型行为组	126.7±24.8	128.6±26.8	25.4±11.4	5.7±4.0
腰围正常组	A 型行为组	134.6±30.2	131.5±27.8	24.8±11.3	6.3±3.9
	非 A 型行为组	151.9±33.5	146.3±31.2	30.5±11.7	8.7±4.1

1.2 眼动技术

俗话说,眼睛是心灵的窗户,通过眼睛活动来观测人的内心活动具有悠久的历史。现代人格心理学家已较为广泛地采用眼动技术来探索人格的生理基础。

自 19 世纪 70 年代被提出以来,眼动技术一直受到心理学研究者的关注。经过一个多世纪的发展,眼动技术已从最初的观察记录法和机械记录法,演变到现在的光学记录法和电磁记录法等。20 世纪 70 年代以后,伴随着计算机技术的进步,眼动技术在数据记录精确性和数据处理方式上都取得了长足的发展。技术的发展也带动了基础研究的兴旺。如今,眼动技术已广泛应用于阅读心理、视觉搜索、场景知觉、认知发展、学习与教学、专长心理、体育运动、汽车驾驶和人格研究等几十个心理学研究领域。现代的眼动技术主要基于瞳孔—角膜反射技术来记录眼睛的注视信息,以此分析和了解视线或注视与心理认知活动的关系。眼动技术具有即时测量(moment-to-moment)的特点,可以采集个体进行认知活动时的实时信息加工过程,为了解视觉信息加工过程提供了独特的窗口,也为人格的生理基础研究提供了新的方法路径。

现代流行的眼动仪主要采用较为先进的光学记录法。光学记录法是指利用光学原理直接记录眼动,既是眼动实验中历史最长、研究成果最多的方法,也是现代眼动仪中最主要的类型,包括反光记录法、影视法、角膜反光法。当前,人格研究中使用最多的、市面上流行的眼动仪

(如 SR 公司生产的 Eyelink、瑞典 Tobii 公司生产的 Tobii、德国 SMI 公司的 iVew X),最常采用的就是角膜反光法。

角膜反光法是指,利用角膜反射的光线追踪被试的眼球运动情况。因为角膜是从眼球体的表面凸出来的,所以在眼球运动过程中,角膜对来自固定光源的光的反射角度也是变化的,即眼球运动时,角膜反光也随之变化。这样就可以通过普通照相法或者影视摄像法记录角膜反光来分析眼动。1901 年,道奇和克莱因使用平行光照射人的眼球,再让角膜反射的光射入摄影机,从而拍摄下反射光点运动的轨迹。也有人利用浦肯野图像来记录眼动。浦肯野图像是由眼睛的若干光学界面反射形成的图像。角膜反射出来的图像称为第一浦肯野图像,从角膜后表面反射出来的图像称为第二浦肯野图像,从晶状体前表面反射出来的图像称为第三浦肯野图像,由晶状体后表面的反射构成的图像称为第四浦肯野图像。通过测量两个浦肯野图像可以确定眼注视位置。使用浦肯野图像进行眼动测量的仪器称为双浦肯野眼动仪,目前此类仪器是世界上精度最高的眼动仪之一。角膜反光法的优点是被试的眼睛不用戴任何装置,使实验更趋于自然。

眼动仪能完整记录用户的注视轨迹,基本可以解决用户"如何看"和"看什么"的问题。眼动研究能提供一整套眼动指标,比较常用的指标包括四个:(1) 总注视次数(total gaze times),反映视觉主要焦点的指标。(2) 平均注视驻留时间(average fixation dwell time),反映对焦点目标的提取难度。(3) 注视轨迹(watching track),反应注视焦点目标之间的加工顺序和逻辑关系。(4) 首次到达目标兴趣区的注视点(fixation point),首次关注焦点目标的时间。

2015 年,徐建平等人以总注视次数为指标,探讨了应聘者受到工作赞许性影响后,在人格测验中作假的眼动反应过程。如表 1.2 所示,应聘者在完成"大五"人格测验时,外向性、随和性、尽责性、神经质和开放性五个特质在诚实作答和作假两种情境下的得分均存在显著差异,说明工作赞许性会影响人格测验结果,应聘者受到工作赞许性影响后,在"大五"人格测验中会作假。表 1.3 显示了应聘者在回答问卷时,感兴趣区域的眼动总注视次数的差异。感兴趣区域是五级评分中"我认为自己爱说话(AOI－1)"(工作赞许性影响项)对应的五级回答。AOI－2：非常不同意；AOI－3：有点不同意；AOI－4：不一定；AOI－5：有点同意；AOI－6：非常同意。实验结果表明，在回答工作赞许性题目时，作假反应潜伏期更短，眼动注视点更多集中在极端选项上；在回答无工作赞许性题目时，作假反应潜伏期更长，眼动注视点更多集中在中间选项上(徐建平，陈基越，张伟，李文雅，盛毓，2015)。

表 1.2 诚实与作假两种情境下作答分数配对样本 *t* 检验
(徐建平，陈基越，张伟，李文雅，盛毓，2015)

BFI－44 各维度	诚实情境		作假情境		*t*	*d*
	M	*SD*	*M*	*SD*		
外向性	3.00	0.82	4.10	0.46	−8.38***	−1.65
随和性	3.55	0.68	4.58	0.38	−9.34***	−1.87
尽责性	3.48	0.62	4.73	0.49	−11.71***	−2.25
神经质	2.97	0.71	4.35	0.55	−11.33***	−2.17
开放性	3.61	0.61	4.06	0.44	−4.16***	−0.84

注：$n = 50$；*** $p < 0.001$。

表 1.3 诚实与作假两种情境下不同位置眼动总注视点个数检验
(徐建平，陈基越，张伟，李文雅，盛毓，2015)

屏幕兴趣区	诚实情境		作假情境		*t*	*d*
	M	*SD*	*M*	*SD*		
AOI－1	3.66	1.23	3.23	1.11	3.83***	0.37
AOI－2	0.21	0.18	0.41	0.24	−6.10***	−0.95
AOI－3	0.64	0.39	0.44	0.23	3.75***	0.63
AOI－4	0.57	0.28	0.36	0.26	4.99***	0.79
AOI－5	0.93	0.32	0.62	0.27	6.27***	1.05
AOI－6	0.37	0.27	0.70	0.38	−6.50***	−1.00

注：$n = 50$；** $p < 0.01$，*** $p < 0.001$。

1.3 脑电技术

心理是神经系统特别是大脑活动的产物，大脑产生心理活动的过程必然伴随神经元的生物电活动，在头皮上记录和分析这些电活动及其变化，可以帮助探索心理活动的产生过程，自然也被许多人格心理学家用于探究人格的生理机制。

人类对脑电的研究有很长的历史。早在1875年，卡顿（Richard Caton）使用检流计把两个电极放到被试的头皮上，最早以电信号的形式记录大脑的活动。随后，他的博士生达尼列夫斯基（Vasili Yakovlevich Danilevsky）通过电刺激研究动物自发的脑电活动规律。1929年，贝格尔（Hans Berger）使用西门子双线圈检流计（达到每秒130 μV的敏感度）和单通道双极额枕引线的方法在相纸上记载了持续1～3分钟的记录，首次报告了人类脑电。但因为脑电信号很弱，信号分辨率很低，到1930年左右，德国人滕尼斯（J. Peter Toennies）才研究出第一套脑电位报告的生物放大器。大约1934年，戴维斯（Hallowell Davis）描绘出一个非常好的脑电α节律，促进了对睡眠和癫痫脑电活动的研究。1947年，美国成立脑电图协会。同年，第一届国际脑电图大会在英国伦敦举办。但以上这些研究均是记录人脑在基线活动状态下的电活动，只能称为自发电位（spontaneous potential），因为它们无法揭示与特定心理活动相关的电位变化。直到20世纪70年代，一些研究者才开始记录受到某种刺激后大脑特定部位的电位变化情况，其基本原理是用大脑受到某种刺激后的电位减去基线电位（自发电位），即得到诱发电位（evoked potential）。后来，随着研究设备的精确性不断提高和实验设计日趋完善，研究者进一步提高了施加刺激（事件）与电位变化之间的关联精确度，并把这种与某种事件引发的心理活动高度关联的电位称为事件相关电位（event-related potential，ERP）。1971年，认知神经科学的先驱希利亚德（Steven A. Hillyard）在《科学》（*Science*）杂志上发表了第一篇使用事件相关电位技术的心理学研究论文，从而开创了使用事件相关电位技术研究心理活动的新时代。

研究人格的生理基础采用的脑电指标包括自发电位和诱发电位。

1.3.1 自发电位

自发电位是指，在没有任何明显外加刺激的情况下，大脑皮质神经细胞产生的持续的节律性电位波动，这种电活动与感觉输入无特殊关联。神经细胞的跨膜静息电位可认为是 K^+（钾离子）外流而形成的，大约为－70 mV（毫伏），这种状态称为极化状态。当神经元接受一个大于一定阈值的刺激时（刺激可来自电、热、机械或化学能的扰动），该处极化膜对 Na^+（钠离子）的通透性突然增强，大量 Na^+ 迅速进入细胞膜内，使膜内电位急速上升，产生膜的去极化，同时产生一个膜电位，即动作电位。脑电波是由大脑皮质中无数神经元同步化的电活动形成的，波形因不同的脑部位置而异，与觉醒和睡眠的水平相关，而且存在很大的个体差异。通过电极和导线将大脑产生的节律性电位变化直接从头皮或者大脑皮质上传送至特殊的记录装置脑电图机上，由此记录下来的动态曲线，就是我们通常所说的脑电图。

就头骨外或大脑皮质表面的脑电图（EEG 或 ECOG）来说，动物和人脑的自发电位频率大部分在 0.5～100 Hz 范围内，最常见的是 0.5～30 Hz 的低频率电活动；就大脑深部脑电图（DEEG）来说，自发电位的频率通常较高；小脑皮质的自发电位频率最高，可达 250～300 Hz。自发电位的振幅十分微弱，一般不超过 10～150 μV，必须用多极放大器放大 10^6～10^7 倍才能进行肉眼观察。描记时一般采用双极法（两电极均置于脑部）或单极法（一电极置于脑部，另一电极置于耳垂等作为参考电极），颅骨皮肤电阻一般要控制在 5 kΩ 以下。

人脑的自发电位按频率通常分成 δ 波、θ 波、α 波、β 波。

δ 波（delta wave）：频率 0.5～3 Hz，振幅 40～200 μV，最高可达 500 μV。3 岁前的小孩呈现最显著，且全皮质同步。正常成年人酣睡时也会全皮质同步呈现，但若觉醒时也呈现，则反映智力低下，多半为智力障碍者。此外，患脑瘤或癫痫发作时也可局部或全皮质呈现 δ 波。

θ 波（theta wave）：频率 4～7 Hz，振幅 10～120 μV。3～7 岁儿童最显著，正常成年人睡眠初期也可呈现。若觉醒时全皮质呈现，则反映智力低下，但程度较呈现 δ 波者为轻。此外，θ 波的呈现与情绪状态有关，不悦时易呈现 θ 波，愉快时则消失。

α 波（alpha wave）：频率 8～13 Hz，振幅约 10～80 μV，超过 100 μV

的被试很少见。α波是人脑自发电位的最基本节律，自8岁起每个正常人几乎都会呈现α波，平均每7人中有1人全部时间均呈现α节律，另1人则偶尔呈现α波，其余大部分人在上述两个极端之间起伏不定。α波在人脑的枕叶呈现最显著，颞叶次之，而在顶叶和额叶呈现最少。就每个个体而言，成年人的α波频率及其呈现模式相当稳定。绝大部分正常成年人的α波频率都是10±0.5 Hz。一般来说，在安静或休息状态下，α波呈现±0.5 Hz的变化是正常生理现象，但温度、药物和若干精神疾病可加大变化的范围。α波与视觉关系密切，因此当闭眼安静时它的呈现最显著，睁眼或注意外界事物时α波便消失，引起所谓的α阻断现象。人脑左右两半球的α波基本上是对称的，但右利手的人左半球α波的振幅略低于右半球，左利手的人则相反。此外，人脑的α波有跟随闪光频率刺激而变化的节律同化现象。频宽4～20 Hz一般最显著，儿童对低端频率敏感，青少年最容易出现节律同化现象。

β波(beta wave)：频率14～30 Hz，振幅约5～20 μV。β波在脑的前半部呈现最显著，即额叶最显著，顶叶和颞叶次之，枕叶最弱。β波很不稳定，变异性大，与情绪活动有关，紧张或激动时会显著呈现。

许多研究发现，不同类型或程度的人格特质者的自发脑电位频率和脑区分布存在差异。例如，因佩拉托里等人(Imperatori et al., 2019)比较高、低特质焦虑者的自发脑电位后发现，他们的θ波和β波在几个脑区的连通性上存在差异。在右半球，自内侧前额叶(mPFC)到后扣带回(posterior cingulate cortex, PCC)之间的θ波连通性，以及自内侧前额叶到前扣带回(anterior cingulate cortex, ACC)之间的β波连通性，均是低特质焦虑者显著高于高特质焦虑者(见图1.2 A和B)。进一步相关分析发现，右半球的θ波连通性和β波连通性与特质焦虑分数呈显著负相关，被试的特质焦虑分数越高，θ波连通性和β波连通性分值越低(见图1.2 C和D)。结果说明，高特质焦虑者自上而下的认知加工可能存在缺陷。

1.3.2 诱发电位

诱发电位是指，对神经系统的某一部位(从感受器到大脑皮质)施加

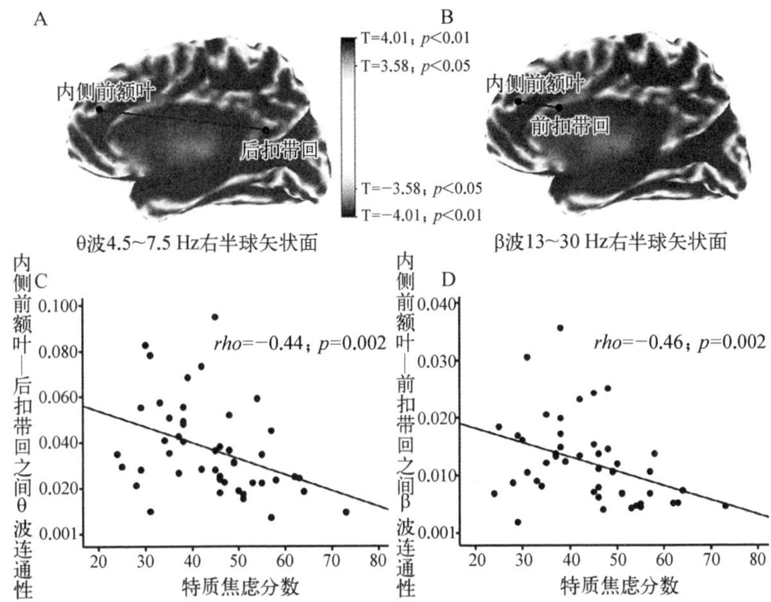

图 1.2 高、低特质焦虑者右半球 θ 波和 β 波脑区连通性的差异

(Imperatori et al.，2019)(见彩插第 1 页)

一定刺激，在中枢神经系统相应部位检出的，与刺激有相对固定时间间隔(锁时关系)的生物电反应。诱发电位具备四个特征：(1) 电压微小，约为 0.1～20 μV，且被掩盖在电压值较大的自发脑电活动中，或者被掩盖在各种伪迹和干扰之中；(2) 只有在特定部位才能被检测出来；(3) 都有特定的波形特征和电位分布；(4) 诱发电位的反应时间(临床上称为潜伏期)与刺激之间有较严格的锁时关系，在施加刺激时几乎立即或在一定时间内瞬时出现。

如图 1.3 所示，Ⅰ、Ⅲ和Ⅴ为特征波，其反应时间为刺激 0 点或起点

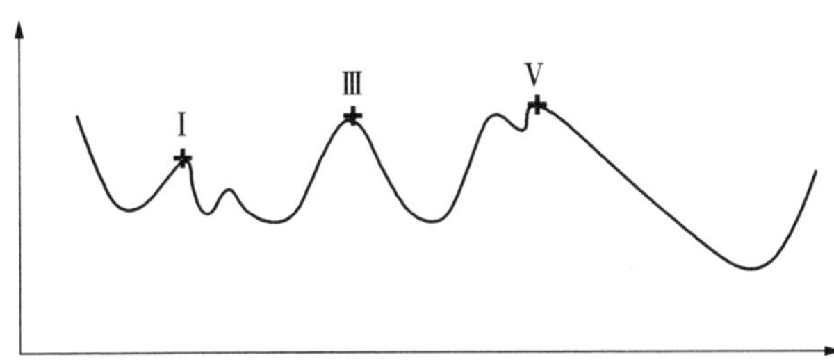

图 1.3 脑干听觉诱发电位波形

到特征波的时间差或延时。

20世纪60年代以后，学者们陆续发现一些由心理因素或主要由心理因素引起的脑电波，如CNV（contingent negative variation，关联性负变）、P3、运动预备电位（readiness potentials，RP），他们认识到早期的“诱发电位”一词已经不能概括由主动的、自上而下的心理因素产生的脑电波。1969年，沃恩（Herb Vauhan）提出“事件相关电位”一词。事件相关电位是指，在感觉系统或脑的某一部位施加某一特定的刺激，在施加刺激或撤销刺激时，抑或出现某种心理因素时，在脑区引起的电位变化。它是一种特殊的脑诱发电位，反映了认知过程中大脑神经电生理的变化，因此也称为认知电位，即当人们对某事件进行认知加工时，从头颅表面记录到的脑电位。由于事件相关电位与认知过程有密切关系，因此被视为窥视心理活动的“窗口”。

事件相关电位属于长潜伏期诱发电位，测试时一般要求被试处于清醒状态，并在一定程度上参与其中。引出事件相关电位的刺激是按不同研究目的编制而成的不同刺激序列，包括两种及两种以上刺激，其中一种刺激与标准刺激产生偏离，以启动被试的认知活动过程。如果由阳性的物理刺激来启动认知活动过程，则除了认知活动产生的内源性成分，还包括外源性刺激相关电位；如果由阴性刺激来启动心理活动过程，则会引出认知加工产生的内源性成分。例如，P3为事件相关电位中重要的内源性成分，当前对它的研究最为广泛，且多为神经精神学科研究，如精神分裂症、脑血管疾病和痴呆症、智力低下等方面的研究，通过研究P3的潜伏期、波幅、波形变化，可以反映认知障碍或智能障碍及其程度，同时还可应用于测谎研究。另有研究者将P3、CNV用作观察神经精神药物治疗效果的指标。事件相关电位的另一内源性成分N2为刺激呈现后200毫秒左右出现的负向波，反映大脑对刺激的初步加工，该波并不是单一成分，而是一种复合波，由N2a和N2b两部分组成，N2a不受注意的影响，反映对刺激物理特性的初步加工。

认知神经科学中采用的事件相关电位的指标还有很多，具体可参考相关专业书籍。但无论哪种事件相关电位成分，对它的分析主要涉及电极位置、相位、潜伏期、波幅四个方面。

电极位置是指置于头皮上的电极记录点，理论上对应颅骨下面的相关脑区。电极位置的命名规则由两个参数决定。一个是脑区参数，譬如额区-F(frontal region)、顶区-P(parietal region)、颞区-T(temporal region)、枕区-C(occipital region)、大脑中线-Z(zero line)；另一个是左右脑参数，左脑为奇数，右脑为偶数，离大脑中线越近数值越小。例如，FPZ是指大脑中线上额区与顶区的连接点，C3是指枕区左侧偏离大脑中线两个单位，C4是指枕区右侧偏离大脑中线两个单位。依此类推，此处不一一列举。

相位是指事件相关电位的正负走向，P为正，N为负。例如，P300是指接受刺激后300毫秒左右在相应电极位置提取到的一个正走向电位成分；N170是指接受刺激后170毫秒左右在相应电极位置提取到的一个负走向电位成分。

潜伏期是指某个事件相关电位从接受刺激开始到成分出现的时间，一般以毫秒(ms)为单位。潜伏期可分为始潜伏期和波峰潜伏期，前者是刺激开始到成分出现的时间，后者是刺激开始到波峰出现的时间。

波幅是指波峰到基线之间的波动幅度，标识电位大小，单位为微伏(μV)。波幅可分为峰值-基线、上峰值-下峰值和平均波幅三种，峰值-基线是指峰值到基线的幅度，上峰值-下峰值是指波峰到波谷之间的幅度，平均波幅是指某段时间窗的平均幅度。

人格的生理基础文献报告不一定全面展示以上四个方面的内容，研究者往往选择性报告最有分析价值的指标。下面以错误相关负波为例，介绍一下事件相关电位技术在人格的生理基础研究中的应用。

1997年，米尔特纳等人在被试作出反应后增加了一个反馈正误的信号，被试据此得知自己的反应是否正确。结果发现，当被试得到自己行为结果的负反馈信息时，会诱发出一个事件相关电位负成分，最大波幅出现在额叶中部(FCZ)附近，波峰出现在反馈信息出现后250毫秒左右，由此称之为反馈负波(feedback negativity)。后来发现，反馈负波不仅在错误反馈时出现，在正确反馈时也出现，只是波幅较小。反馈负波与反馈信号来自哪个感觉通道无关。现在，反馈负波一般称为错误相关负波(error-related negativity)。错误相关负波主要分布在额中央区，是一个反映主观心理活动的客观指标。有学者将结果评价进一步分成反馈评价和反应评价。反馈评价是指对利己性的评价，反应评价是指对反应正误的评价。错误相关负波反映的是反馈评价即利己性评价，而不是反应评价即反应正误的评价。利己性评价包括对任务是否有用以及任务重要性的评价。总之，错误相关负波反映的加工系统功能已经超出行为正误本身，进入人格形成这一高级认知加工层次。

例如，菲什曼等人(Fishman & Ng，2013)采用错误相关负波这一指标探究不同外向性特质者在社会情境下的反馈控制差异，结果如图 1.4 所示，在社会情境下，外向性水平高的人的错误相关负波波幅要显著低

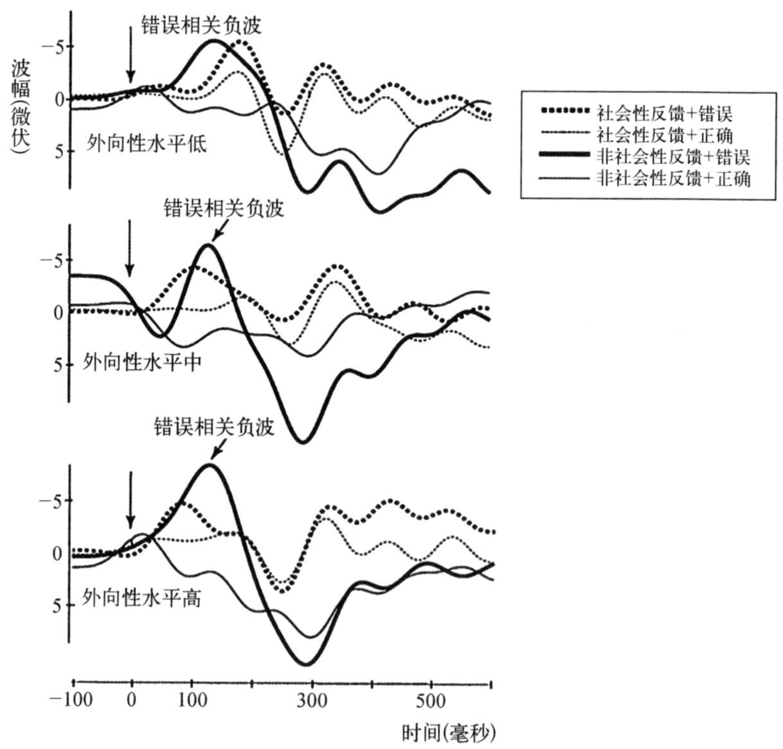

图 1.4 不同外向性特质者在社会情境下的反馈控制差异

(Fishman & Ng，2013)

于外向性水平中等或较低的人，说明外向的人在社交活动中不太在意负性结果评价，这是他们热衷于社交活动的神经基础。

1.4 磁共振成像技术

功能性磁共振成像(functional magnetic resonance imaging，fMRI)，亦称功能磁共振成像，是利用磁共振成像技术探测脑在不同条件下，不同区域与神经活动相关生理变化的技术，是研究活体脑功能的重要方法，也是目前心理学研究中常用的一种脑成像手段，它因无创性和高空间分辨率而得到研究者的青睐，也推动了人格的生理基础研究的发展。本书介绍的多数人格脑基础相关研究均采用此方法。接下来重点介绍磁共振成像技术。

磁共振成像(magnetic resonance imaging)技术是随着电脑技术、电子电路技术、超导体技术的发展而迅速发展起来的一种生物磁学核自旋成像技术(俎栋林，高家红，2014)。人体由大量的分子和原子构成，其中原子核并不是静止的，而是按一定频率不停地绕着自身的轴发生自旋。原子核的质子带正电荷，正电荷旋转形成电流，根据安培定律，自旋的原子核周围会产生一个磁场。在磁共振成像技术中，通常选用氢质子作为标记物，原因有二：一是氢质子磁化率很高；二是人体的主要成分是水和有机物，氢质子占人体原子的绝大多数。人体中含有无数个氢质子(每毫升水中氢质子的含量可达 3×10^{22} 个)，每个氢质子自旋均会产生核磁现象。通常情况下，尽管每个质子自旋均产生一个小磁场，但呈随机无序排列，磁化矢量相互抵消，人体并不表现出宏观磁化矢量。但是，当把人体放入一个大磁场中，人体组织中的氢质子方向便会随主磁场变化，表现出很高的一致性，也就是说人体被磁化，产生宏观的磁化矢量。由于不同组织的氢质子含量不同，宏观磁化矢量也不同。但是，磁共振仪器并不能检测出这种纵向磁化矢量。

那么，磁共振成像技术如何检测氢质子，并对人体组织进行成像呢？

简单来说，给低能的氢质子能量，使得氢质子获得能量进入高能级状态，即核磁共振。假设首先将氢质子自旋系统置于恒定磁场B中，使氢质子自旋系统发生基态能级劈裂，然后外加垂直于B的高频磁场b，使得氢质子自旋系统吸收外加磁场b给予的能量，从低能级状态跃迁到高能级状态，实现核磁共振。磁共振成像技术中，外加高频磁场往往采用90度高频脉冲，90度是指脉冲将自旋磁场方向由纵向变为横向。90度脉冲激发使质子发生共振，产生最大的旋转横向磁化矢量，这种旋转的横向磁化矢量切割接收线圈时，核磁共振仪可以检测到。氢质子含量高的组织纵向磁化矢量大。90度脉冲后偏转道横向的磁场越强，核磁共振信号强度越大。此时的核磁共振图像可区分质子密度不同的两种组织。

仅凭组织中氢质子含量的不同来区分组织并进行成像是远远不够的。射频脉冲停止后，在主磁场的作用下，横向宏观磁化矢量逐渐缩小到零，纵向宏观磁化矢量从零逐渐回到平衡状态，这个过程称为核磁弛豫。核磁弛豫可以分解为两个部分：纵向弛豫T1和横向弛豫T2。前者是指90度脉冲关闭后，在主磁场的作用下，纵向磁化矢量开始恢复，直至平衡状态的过程。后者是指横向磁化矢量减少的过程。不同的组织具有不同的质子密度、纵向弛豫速度和横向弛豫速度，这是磁共振成像显示解剖结构和病变的基础。

将脑放置在强均匀磁场中，一个适当的射频脉冲通过时，在频率场的激发下，原子核发生磁能级共振。这种核磁共振效应可被安放在头壳周围的线圈检测出来。经过计算机处理将激发后不同时间采集的检测数据分别重建出 T_1 和 T_2 加权脑结构图像。

1.4.1 磁共振成像的生理学原理

磁共振成像扫描的是人体组织的物质结构像，而功能性磁共振成像反映的是大脑的神经活动。局部脑血流动力学与脑神经活动之间紧密关联的观测度，是当前功能性磁共振成像中受到广泛关注的问题。

血氧水平依赖（blood oxygenation-level dependent，BOLD）技术可以用于探测大脑对刺激（任务）的血流动力学响应。大脑皮质微血管中的血氧变化时，会引起局部磁场均匀性的变化，从而引起核磁共振（nuclear magnetic resonance，NMR）信号强度的变化，称为血氧水平依赖。血氧水平依赖是氧合血红蛋白和去氧血红蛋白的磁化率有差异、神经活动引起的血流有变化、血氧浓度及代谢率有变化的综合机制。

血氧水平依赖效应最先由奥加瓦（A. Ogawa）等人于 1990 年提出，他们发现氧合血红蛋白含量减少时，磁共振信号减弱，而且发现信号减弱现象不仅发生在血液里，而且发生在血管外，于是认为这种效应是由血液的磁场性质变化引起的。此后，很多研究者开展了大量理论和实验的工作，总结出 BOLD－fMRI（血氧水平依赖-功能性磁共振成像）的成像基础，即在神经元活动时，局部脑血流量和耗氧量均增加，但是两者的增加有差异，脑血流量的增加多于耗氧量的增加，这种差异使活动区的动脉血氧浓度较周围组织明显升高，去氧血红蛋白相对减少。去氧血红蛋白是顺磁性的物质，在血管及其周边产生局部梯度磁场，使质子快速去相位，因而具有缩短 T2 的作用。脑区激活时，由于去氧血红蛋白减少，缩短 T2 的作用也减小，同静息状态相比，局部脑区的 T2 相对延长，因而在 T2 加权的功能性磁共振成像图上表现为信号相对增强。由于血氧水平依赖信号记录的是血流变化，因此时间上滞后于实际的神经活动，往往在刺激呈现数秒后达到峰值（见图 1.5）。

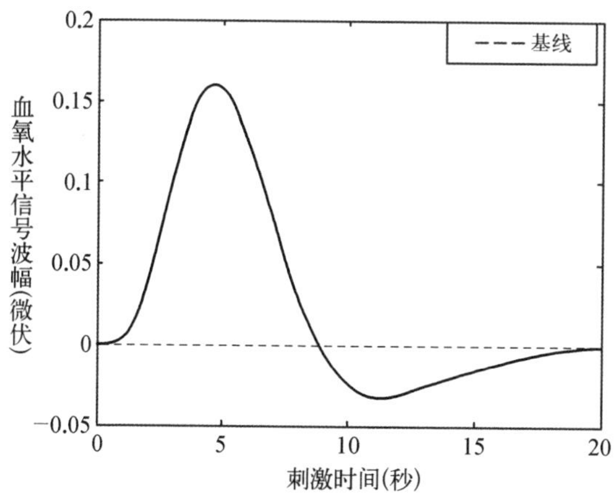

图 1.5 血氧水平依赖信号变化图

1.4.2 磁共振成像的数据处理和分析

磁共振成像研究可以分为静息态磁共振成像研究和功能态功能性磁共振成像研究，前者可以帮助探究不同人格者的脑结构差异，后者可以帮助探究某种心理功能下不同人格者的大脑激活情况和功能连接。

数据处理

磁共振成像研究的数据采集方法大致分为两种：400～500 毫秒的短 TR 扫描和 2 秒的长 TR 扫描。短 TR 扫描的频率快，基本可以避免呼吸噪声，以及大部分心跳和血管搏动噪声的影响。但短 TR 扫描的范围小，无法覆盖全脑，除非牺牲空间分辨率使用大的层厚，故目前主要用于研究感兴趣的脑区，只扫描感兴趣的脑区，仍然保持较高的空间分辨率。长 TR 扫描可以覆盖全脑，具有较高的空间分辨率。虽然采集数据时长 TR 扫描不能避免呼吸、心跳等噪声的干扰，但是可以从数据分析的层面来处理，尽量规避噪声信号的影响。静息态磁共振成像数据采集总时长一般为 4～10 分钟，多为 5～6 分钟，这样既可以保证数据样本足量，又避免被试的头动和额外的思想活动。

磁共振成像研究的数据预处理主要包括时间校正、头动矫正、时间序列归一化、空间标准化、空间平滑。0.01～0.10 Hz 的滤波处理为静息态研究所特有，特别是 2 秒长 TR 扫描。数据预处理之后的分析，可以分为两大类：针对血氧水平依赖信号振荡时间上的同步性和相关性的分析，以及针对信号振荡的幅度的分析。其中，前者应用最多。针对血氧水平依赖信号振荡时间上的同步性和相关性的具体分析方法可以分为感兴趣脑区相关分析、等级聚类分析和独立成分分析三种。

感兴趣脑区（region of interesting, ROI）相关分析，又称种子点相关分析（seed-based correlation analysis）。它是分析脑功能连接最常用、最简单、最直接的方法。基本步骤是，首先根据一定的标准选择感兴趣的脑区作为种子点，然后把某一种子点内所有体素的信号时间序列加以平均并提取出来，与全脑其他脑区的各个体素进行相关分析，得到感兴趣脑区与全脑其他各个体素的相关性参数，即相关系数 r，每个相关系数有对应的参数值 t 或 p 反映其统计意义的大小。

种子点相关分析的优点在于，分析方法简单、方便，结果清楚明了且意义容易解释。缺点在于，感兴趣脑区的选择对结果的影响较大，选择标准具有较强的人为性，目前没有统一的标准，感兴趣脑区的偏向性使得研究结果有时不全面，存在明显的前提假设。目前，选择感兴趣脑区的方法有，在同一个实验研究中使用任务功能性磁共振成像激活的功能脑区，基于以往研究结果的脑激活区坐标人工定义，从标准脑的图谱模板中选取解剖感兴趣脑区，手工绘制解剖感兴趣脑区，基于脑区功能性磁共振低频波动振幅（ALFF）和基于体素的形态测量（VBM）等数据指标的研究结果等。

等级聚类分析（hierarchical clustering analysis）是在感兴趣脑区相关分析基础上的进一步拓展和延伸。简单的感兴趣脑区相关分析，往往只考察几个感兴趣脑区的功能连接相关性，而没有考察由众多脑区构成的复杂网络的组织分布情况和功能连接特性。等级聚类分析则同时观察多个感兴趣脑区两两之间的相关性，并使用校正过的部分相关系数构成计算矩阵进行聚类分析。等级聚类分析得到的结果可以构成等级树形结构图或拓扑地形图，直观形象地反映众多脑区构成复杂网络的内部关系和整体架构。使用图形分析（graph analysis）算法考察等级聚类分析的结果，可以揭示大脑功能网络的组织效率和拓扑特性。图形分析主要考察不同连接点（即脑区）之间的图形连接特性，包括聚类系数（clustering-coefficient）、特征性步长（characteristic path length）、连接度（connectivity degree），以及中心性和模块性（centrality and modularity）等。根据这些指标可以将连接网络的布局归类为规则型、随机型、小世界型（small-world）、自由尺度型（scale-free）、模块型（modular networks）等。不同的网络连接布局具有不同的信息传递效率和抵御攻击能力，例如小世界型网络就具有大聚类系数和短特征性步长等特性，因而具有很高的连接效率；自由尺度型网络对随机点攻击有较强的抵御能力，但是对中心结点的攻击很敏感，就大脑脑区而言，这种连接网络中的中心结点可能是疾病发病的关键点和治疗的重要靶点。

独立成分分析(independent component analysis, ICA)是近年来从盲源分离技术中发展而来的一种数据驱动的信号处理方法。独立成分分析可以得到广义线性模型(generalized linear model, GLM)无法分离出来的单个任务的激活分量。目前流行的独立成分分析算法中，Infomax (information maximization，信息极大化)算法应用比较广泛。Infomax算法通过最大化从非线性传输单元出来的信息量来实现独立成分分析分离。在这个算法中，非线性传输函数为固定的 Logistic 函数。Improved Infomax算法可以通过输入数据自适应地调整非线性传输函数中的参数，使得传输函数更好地与不同输入数据相匹配。实验证明，在结果的精度上，Improved Infomax 算法在处理模拟数据和功能性磁共振成像数据上要优于 Infomax 算法。独立成分分析可以把功能性磁共振成像数据分离为持续任务相关(consistently task-related, CTR)分量和数个瞬时任务相关(transiently task-related, TTR)分量。持续任务相关分量和数个瞬时任务相关分量对任务分量的贡献不同，因此应该用不同权重来组合持续任务相关分量和瞬时任务相关分量的激活脑图，得到最后的任务分量激活脑图。

数据分析

磁共振成像研究中报告的数据指标非常多，但在人格生理机制的研究文献中，经常报告的指标有脑区激活度、脑区功能连通性、脑区灰质体积、脑区白质体积、脑区白质密度五种。

脑区激活度是指检测到的某个脑区的氧合血红蛋白血流灌注量。其原理是，某个脑区要加强活动，就需要包含氧合血红蛋白的动脉血流入以促进新陈代谢。静息态的脑区激活度往往反映了该脑区的结构性特征，诱发态的脑区激活度往往反映了该脑区在某个认知神经事件中的参与程度。

脑区功能连通性是指不同脑区之间的激活程度关联度和一致性。大脑的基础代谢和认知神经活动都需要多个脑区的协调和连通活动，因此静息态的脑区功能连通性可以反映大脑的结构特征，诱发态的脑区功能连通性可以反映认知神经活动中大脑不同脑区之间的协调配合和分工情况。

灰质是神经元聚集的神经组织，为中枢神经系统的核心区，因此灰质体积(gray matter volume, GMV)是大脑结构的重要特征指标。经过一定的算法，测量到的磁共振成像数据可以转化成大脑某个区域灰质体积(即脑区灰质体积)的数据。

白质是神经纤维聚集的神经组织，为中枢神经组织的联络区，因此白质体积(white matter volume, WMV)也是重要的脑区结构指标。

白质结构的另一个指标是白质密度(white matter density, WMD)。白质密度往往用各向异性分数(fractional anisotropy, FA)来衡量，各向异性分数越大，说明白质的密度越大。

为便于理解，下面分别介绍采用磁共振成像技术进行静息态和诱发态人格研究的两个实例。

2015 年，有研究者采用静息态磁共振成像技术探究内控型人格特质与脑区灰质体积和白质体积的关系，结果发现，被试在内控量表上的得分与前扣带回、纹状体和前脑岛的灰质体积呈显著正相关(见图 1.6)，与纹状体的白质体积呈显著正相关(见图 1.7)，说明内控型人格特质与这些大脑区域组成的奖赏系统(reward system)的结构相关(Hashimoto et al., 2015)。

2015 年，郝磊等人运用诱发态 fMRI 技术探究拥有冲动性人格的人进行艾宾浩斯错觉加工时的脑形态学机制。结果发现，进行艾宾浩斯错觉加工时，被试主要激活的脑区为左侧眶额叶和左侧背外侧前额叶(见图 1.8 和图 1.9)，被试的冲动性人格得分与进行艾宾浩斯错觉加工时这两个脑区的激活度呈显著负相关(见图 1.10)，提示冲动性人格作为个体稳定的心理特征，在视错觉的形成过程中可能起到重要作用(郝磊，等，2015)。

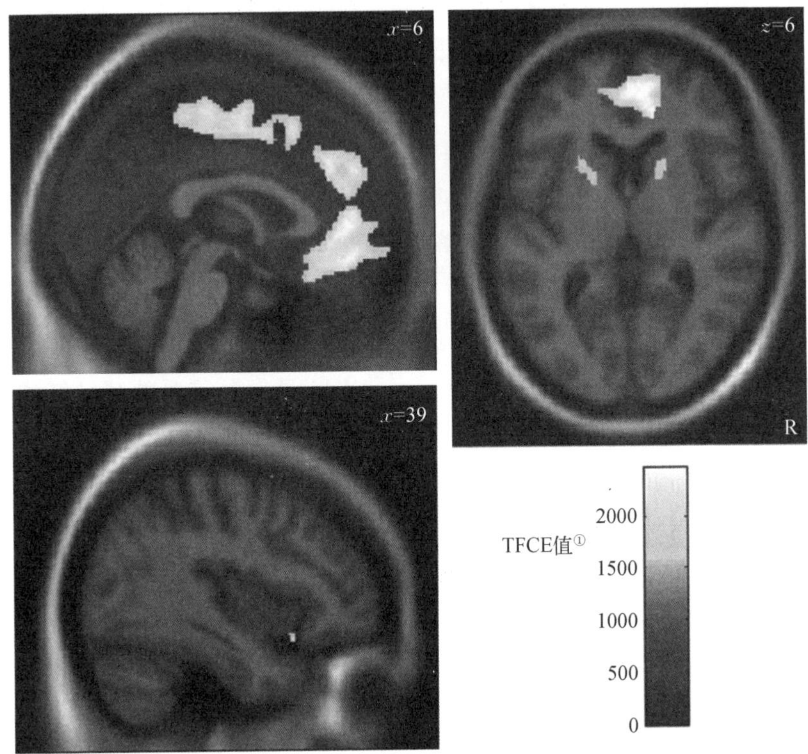

图 1.6 灰质体积与内控分数呈正相关的几个脑区(前扣带回、纹状体、前脑岛)(Hashimoto et al.，2015)(见彩插第 1 页)

1.5 正电子发射断层扫描技术

研究人格的脑结构、脑功能和神经递质采用的另一种脑成像技术是正电子发射断层扫描(positron emission tomography，PET)技术。它诞生于 20 世纪 80 年代，其脑成像原理是，将发射正电子的放射性核素(如 18F 等)标记到能够参与人体组织血流或代谢过程的化合物上，再将这

① TFCE 值指无阈值簇群增强校正统计值。TFCE 为 threshold-free cluster enhancement 的简称。

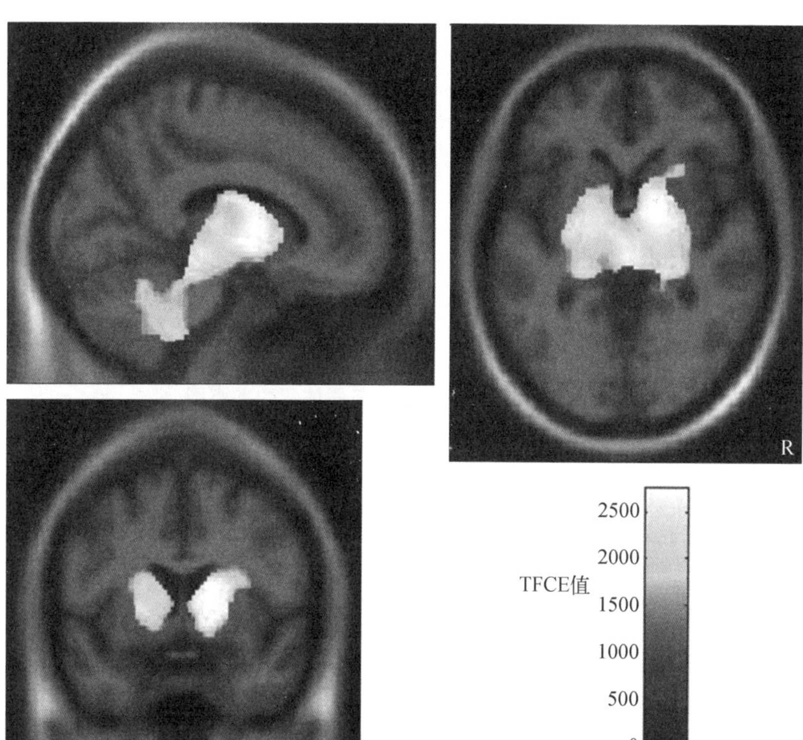

图 1.7 白质体积与内控分数呈正相关的主要脑区(纹状体)
(Hashimoto et al.，2015)(见彩插第 2 页)

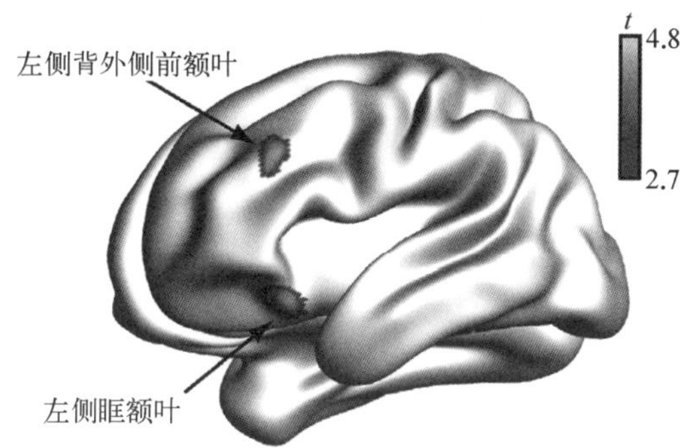

图 1.8 与艾宾浩斯错觉效应量相关显著的脑区
(郝磊，等，2015)(见彩插第 2 页)

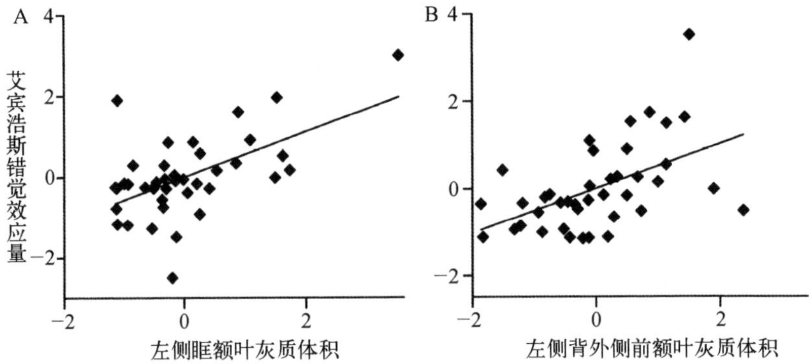

图 1.9 艾宾浩斯错觉效应量和感兴趣区灰质体积的散点图(郝磊,等,2015)

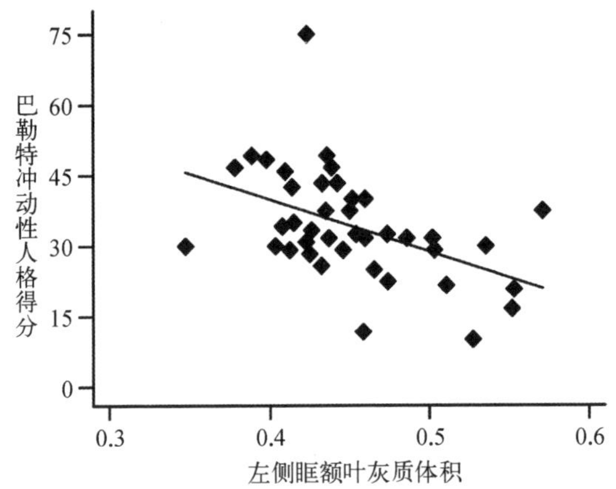

图 1.10 冲动性人格得分与左侧眶额叶灰质体积之间的相关性(郝磊,等,2015)

种化合物注射到受检者体内。让受检者在 PET 的有效视野范围内进行 PET 显像。放射性核素发射出的正电子在体内移动大约 1 毫米后与组织中的负电子结合发生湮灭辐射,产生两个能量相等(0.511 MeV)、方向相反的 γ 光子。由于两个光子在体内的路径不同,因此到达两个探测器的时间也有一定差别,如果在规定的时间窗内(一般为 0～15 微秒),探头系统探测到两个互为 180 度(±0.25 度)的光子时,就是一个符合事件。探测到符合事件后,探测器便分别送出一个时间脉冲,脉冲处理器将脉冲变为方波,符合电路对这些方波进行数据分类后,将其送入工作站进行图像重建,便得到人体各部位的横断面、冠状断面和矢状断面的影像。

被标记的化合物一般是生物生命代谢中必需的物质，如葡萄糖、蛋白质、核酸和脂肪酸等，通过对该物质在大脑某区代谢中的聚集，可以反映生命代谢活动的情况。因此，采用正电子发射断层扫描技术，不仅可以观察酶、递质和受体等各种生物分子在脑内的分布和代谢情况，而且可以通过测量葡萄糖和氧代谢了解脑局部神经元的兴奋水平，从而进一步研究认知活动的脑结构基础。例如，可以利用 PET 测量葡萄糖和氧代谢、局部血流、氨基酸摄取、蛋白质合成，以及化疗药物的运输和代谢来帮助定位和定性肿瘤，了解治疗效果。可以通过测量脑局部葡萄糖代谢，以及各种受体的分布和密度为癫痫病、帕金森病和精神分裂症等神经或精神疾病的诊断提供量化指标。也可以借助注射 18F 标记的 2 -氟- 2 -脱氧- D -葡萄糖（18F - FDG，FDG 中文名为氟代脱氧葡萄糖）和 15O 标记的水分别测量脑局部的葡萄糖代谢率和区域血流量，研究认知活动相关的脑局部神经活动，这在认知神经科学研究中得到普遍应用。当前，研究中主要使用的生命代谢物质是氟代脱氧葡萄糖（fluorodeoxyglucose，FDG）。应用氟代脱氧葡萄糖通过 PET 显像可以显示脑局部葡萄糖代谢率。具体机制是，氟代脱氧葡萄糖通过运输葡萄糖的可饱和性载体来实现血液和脑之间的转运，而且在脑组织中可与葡萄糖竞争细胞膜上的葡萄糖转运体，进入细胞内后在己糖激酶的作用下分别转变为各自对应的 6 -磷酸己糖。由于 6 -磷酸脱氧葡萄糖的 C - 2 位上没有氧原子，因此与 6 -磷酸葡萄糖相比，氟代脱氧葡萄糖不易被葡萄糖 6 -磷酸酶降解。加上 6 -磷酸脱氧葡萄糖不受葡萄糖- 6 -磷酸脱氢酶的作用，不易被糖异生途径上的酶分解，因此进入体内的 6 -磷酸脱氧葡萄糖会滞留在神经细胞内，不参与无氧、有氧及旁路代谢，这为 PET 显像提供了客观基础。

在参与人体生理代谢的过程中，用于标记的放射性示踪剂同位素（如碳、氟、氧和氮的同位素 1 种或 2 种）发生湮灭效应，生成基本上在 180 度方向发射的两个能量为 0.511 MeV 但彼此朝相反方向运动的 γ 射线光量子。根据人体不同部位吸收标记化合物能力的不同，同位素在人体各部位的浓聚程度不同，湮灭反应产生光子的强度也不同。用环绕人体的γ光子检测器,可以检测到释放出光子的时间、位置、数量和方向,通过光电倍增管将光信号转变为时间脉冲信号,通过计算机系统对上述信号进行采集、存储、运算、数/模转换和影像重建,从而获得人体脏器的横断面、冠状断面和矢状断面图像。代谢率高的组织或病变,在PET上呈现出高代谢亮信号;代谢率低的组织或病变,在PET上呈现出低代谢暗信号。

总的来说,PET分子显像基本过程为,PET示踪剂(分子探针)→引入活体组织细胞内→PET分子探针与特定靶分子作用→发生湮没辐射产生能量同为0.511 MeV但方向相反互为180度的两个γ光子→PET测定信号→显示活体组织分子图像、功能代谢图像、基因转变图像。

同磁共振成像技术相比,PET技术具有四个明显的优点:(1)可以动态地获得较快(秒级)的大脑代谢动力学资料,能够对生理和药理过程进行快速显像;(2)具有很高的灵敏度,能够测定感兴趣组织中p-摩尔甚至f-摩尔数量级的配体浓度;(3)可以通过绝对定量(尽管经常使用半定量)方法测定活体体内的生理和药理参数;(4)采用示踪量的PET药物(显像剂),不会产生药理毒副作用。

PET脑图像的常用分析方法有三种:感兴趣区域分析方法、基于体素的形态测量分析方法、基于形变的形态测量分析方法(张剑戈,2007)。

感兴趣区域分析方法是PET脑图像的传统分析方法。由操作者根据PET影像中像素的灰度,结合自身经验在图像上手动勾画感兴趣区域。计算感兴趣区域的平均值和面积等,最后进行统计检验,分析脑部的变化。感兴趣区域分析方法的不足之处在于,研究的区域在图像中必须可以分辨,或者对区域的空间位置有明确的先验知识。如果区域不明显,或者区域空间位置完全未知,则不能使用感兴趣区域方法分析PET图像。

基于体素的形态测量(voxel-based morphometry, VBM)分析方法是PET脑图像常用的分析方法。该方法将PET图像映射到图谱后,逐个比对不同图像中的体素(voxel by voxel),从而在PET图像中确定有差异的脑部区域。统计参数映射图(statistical parametric mapping, SPM)是一种常用的功能图像分析软件,其核心就是基于体素的形态测量。脑功能的图像研究中多采用塔莱拉什(Jean Talairach)等人在 1988 年发表的图谱——塔莱拉什脑图谱。该脑图谱是一种详细标记人脑各个解剖位置的计算机化的标准图谱,由专家对大部分脑内解剖结构手工作出标识。目的在于标识人脑的解剖结构,并不要求点对点严格对应,为研究人员所广泛接受。该脑图谱被定义在三维空间中,坐标系以连接前后连合的直线(AC－PC 直线)为基准,以 AC－PC 直线中点为坐标原点,以从后到前的方向为 Y 轴方向,以从左到右的方向为 X 轴方向,以从下到上的方向为 Z 轴方向,坐标系左侧对应脑解剖方位左侧,坐标系右侧对应脑解剖方位右侧。

塔莱拉什脑图谱详细绘制了不同解剖结构的空间位置和形状,从而将解剖区域与特定坐标系联系在一起,建立了解剖区域的数字化地图。因此,将 PET 图像映射到塔莱拉什脑图谱后,可以确定 PET 图像中的像素属于什么解剖结构,便于研究人员分析处理结果。

由于脑部的大小、形状存在个体差异,因此不能直接比对不同个体的 PET 图像。必须先准确地将 PET 图像映射到塔莱拉什脑图谱,然后在塔莱拉什脑图谱中比对 PET 图像,这一映射过程被称为 PET 图像与塔莱拉什脑图谱的空间归一化。归一化的精度是最终得到可靠的脑区分析结果的关键。

基于形变的形态测量(deformation-based morphometry, DBM)分析方法在分析大脑发育,跟踪由疾病造成的脑部组织缺损等研究领域有广泛应用。该方法不需要将图像映射到特定的图谱空间,往往用于分析对同一个体不同时刻获取的图像。图像配准过程是,先确定明确的、与解剖结构相对应的几何结构,例如图像中的特征点、脑结构的二维或者三维轮廓线等,使图像之间相应脑结构的二维或者三维轮廓线在像素灰度差等局部外力的驱动下逐步变形直至吻合。与基于体素的形态测量分析方法不同,基于形变的形态测量分析的是形变的大小和方向等信息,也适用于分析磁共振成像图像,原因是比较容易从磁共振成像图像中得到明确的特征结构。由于功能图像边界不清晰,难以找到明确的特征结构,因此较少使用基于形变的形态测量分析方法。如果研究对象的脑部结构未发生形状或大小的变化，则不需要使用这种分析方法。

2013 年，图奥米宁等人采用 PET 技术通过感兴趣区域分析方法，探究了伤害避免(harm avoidance)特质与 μ-阿片受体(μ-opioid receptor)关联的大脑活动特征。结果发现，伤害避免特质与大脑的前扣带回(anterior cingulate cortex)、腹内侧和背外侧前额叶(ventromedial and dorsolateral prefrontal cortex)、前脑岛(anterior insular cortex)的 μ-阿片受体活动有关(如图 1.11 所示)。该研究还指出，背侧前扣带回、前扣带回膝部和内侧前额叶这三个区域的大脑代谢活性不仅与伤害避免的两个维度(对陌生人害羞和精力疲乏衰弱)存在显著相关(如图 1.12 所示)，而且与人的情绪控制、疼痛敏感性和内感知觉有关。这说明，伤害避免特质的脑机制涉及前额叶几个脑区的共同代谢活动(Tuominen et al., 2013)。

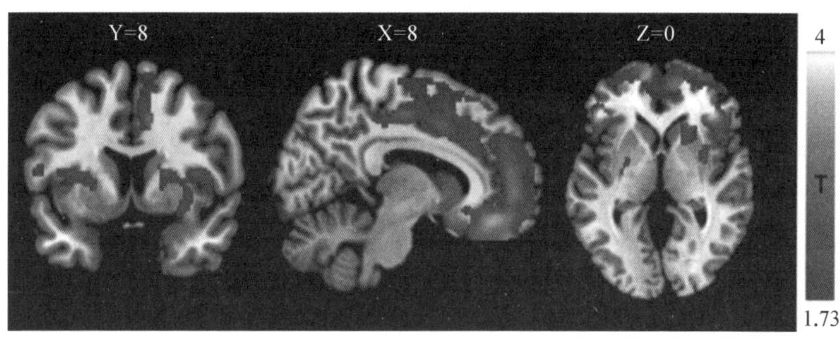

图 1.11　与伤害避免特质呈正相关的右侧大脑激活区域体积

(Tuominen et al., 2013)(见彩插第 3 页)

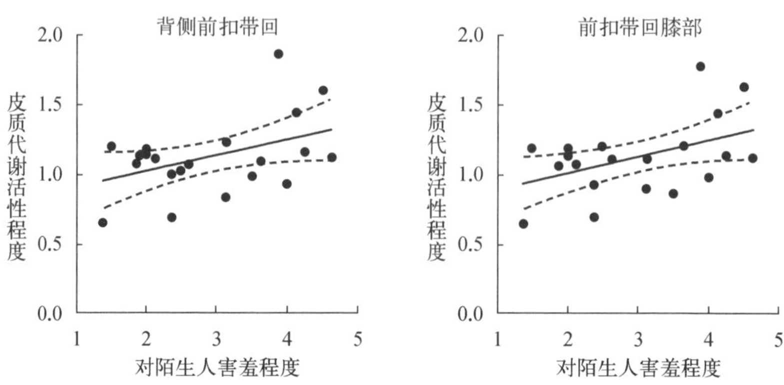

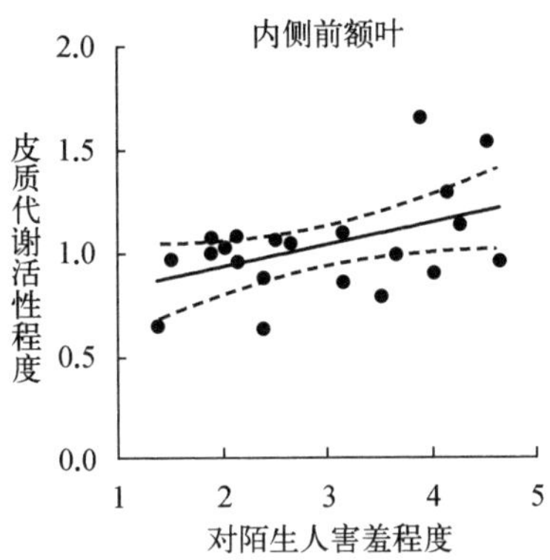

图 1.12 害羞程度与背侧前扣带回、前扣带回膝部和内侧前额叶代谢活性呈正相关(Tuominen et al.，2013)

1.6 生物化学研究方法

1.6.1 神经递质检测方法

神经递质是在细胞间传递信息的化学物质，它在细胞产生电冲动的过程中被释放到突触间隙，然后作用于下一个神经元，产生生理效应。目前，已知的神经递质种类很多，现代临床生物化学按照结构将神经递质分为乙酰胆碱类、单胺类(含有一个氨基的神经递质，如多巴胺、去甲肾上腺素、肾上腺素、5-羟色胺等)、氨基酸类和神经肽类。本书涉及的神经递质主要是单胺类。

常见的单胺类神经递质测定方法有液相色谱—电化学检测法、荧光检测法和质谱检测法。

液相色谱—电化学检测法用于检测在液相色谱中没有紫外吸收或不能发荧光但有电化学活性的物质。采用的工具是液相色谱—电化学检测器，生物检材包括尿液、血液和脑组织样品。应用液相色谱—电化学检测法的先决条件是，被检测物质必须具有电化学活性。单胺类递质及其代谢产物上有羟基或甲氧基，当工作电极与参比电极之间的电位维持在某一水平时，这些化合物被氧化生成醌或醌亚胺。这一氧化过程需要使用较大的能量将甲氧基裂开，因此需要较高的氧化电位。这一检测方法就是通过检测这些电化学反应来反映神经递质的含量。液相色谱—电化学检测法不仅能检测出神经递质的更新率，而且可以通过分析单位时间内的底物降解量或产物生成量，检测出单胺递质生物合成酶和降解酶的活性(Parvez et al.，1984)。

许多物质有光致发光现象，当它受到入射光的照射后，吸收辐射能，发出比吸收波长长的特征辐射。当入射光停止照射时，特征辐射也很快消失，这种辐射光线就是荧光。液相色谱中的荧光检测器仅使用吸收紫外光或可见光而发射的荧光。利用测量化合物荧光强度对化合物进行检测的液相色谱检测器就是荧光检测器。有些物质本身不能产生荧光，但适当的官能团和荧光试剂结合后，生成荧光衍生物，也能用荧光检测器检测。在人格的生理研究中，为了探测递质与人格之间的关系，需要知道不同人格特质的人大脑神经递质的含量有什么不同。研究者根据神经递质的特点，得到含有需要检测的神经递质的混合溶液，用荧光检测器检测得到色谱，然后计算该神经递质的色谱峰面积就可得到该神经递质的浓度。荧光检测法的优点是有极高的灵敏度和良好的选择性(王魏，赵德忠，王卫霞，2004)。它比紫外检测器的灵敏度要高10～1 000倍，因此在神经递质分析中应用广泛，是测定生物样品中的单胺类神经递质的常规方法之一(Wang，Du，Shen，Dong，& Wei，2013)。

质谱检测法是近些年发展起来的检测神经递质的一种新方法。质谱技术是测量分子质荷比(m/z)的分析方法。它将分子电离后形成带电离子，按照离子的大小顺序排列形成图谱数据。在建立常见物质的图谱数据常模或参照系后，把待测物质的图谱数据与之对比即可评估待测物质的含量。质谱检测仪器主要由进样系统、离子源、质量分析器、检测器和数据处理系统五个部分组成，其中核心部件为离子源与质量分析器，通过它可以得到被测物质的分子结构信息。生物质谱技术具有定性能力强、灵敏度高、选择范围广和检测速度快等特点，可以直接检测血液样品，并可以实现多元素同时检测。在科学研究中，它不仅可以用于检测神经递质，而且可以用于临床生化检验，如新生儿遗传代谢病筛查、激素检测、血药浓度监测、微量元素检测等。

上述三种方法采用生物取材到实验室进行离体检测，现在还有很多结合其他技术在体内直接检测神经递质的方法。譬如，通过检测某种神经递质活跃区的神经电活动和动脉血流灌注来反映该神经递质的含量和活性，以及通过同位素标记某种神经递质受体或代谢物来检测该神经递质的代谢水平。

2012 年，有研究者应用同位素标记多巴胺 D2/3 受体，探究在压力条件下不同特质倾向个体的多巴胺活性情况。他们招募了平均年龄为 26±3.87 岁的健康成年人做被试，先对被试进行人格测试，然后采用 9.17 mci±1.57 [^{11}C]-(+)- PHNO 同位素标记生物活性物质多巴胺 D2 和 D3 受体，最后检测被试在压力条件下的正电子发射断层扫描脑成像数据。结果发现，在压力条件下，神经质中的愤怒—敌对、脆弱性和抑郁三种特质的分数与[^{11}C]-(+)- PHNO 标记的多巴胺 D2/3 受体活性呈显著负相关（如图 1.13 所示），开放性特质的分数与多巴胺 D2/3 受体活性呈显著正相关。说明不同特质个体在压力情况下的多巴胺反应不同，神经质水平高的个体多巴胺反应更弱，因而会有更消极的情绪体验，表现得更不开心；开放性水平高的个体多巴胺反应更强，因而会有更积极的情绪体验，表现得更开心和更快乐（Suridjan et al.，2012）。

1.6.2 内分泌激素检测方法

内分泌系统是除神经系统以外的另一重要的机能调节系统。内分泌系统由两大部分组成：一是在形态结构上独立存在的肉眼可见的器官，即内分泌器官，如垂体、松果体、甲状腺、甲状旁腺、胸腺和肾上腺等；二是分散存在于其他器官组织中的内分泌细胞团，即内分泌组织，如胰腺内的胰岛，睾丸内的间质细胞，卵巢内的卵泡细胞及黄体细胞。内分泌系统分泌的生物活性物质就是内分泌激素。内分泌激素按化学性质可分为含氮激素（包括氨基酸衍生物以及胺类、肽类和蛋白质类激素）和类固醇激素两大类。本书后面介绍的激素主要涉及类固醇激素。

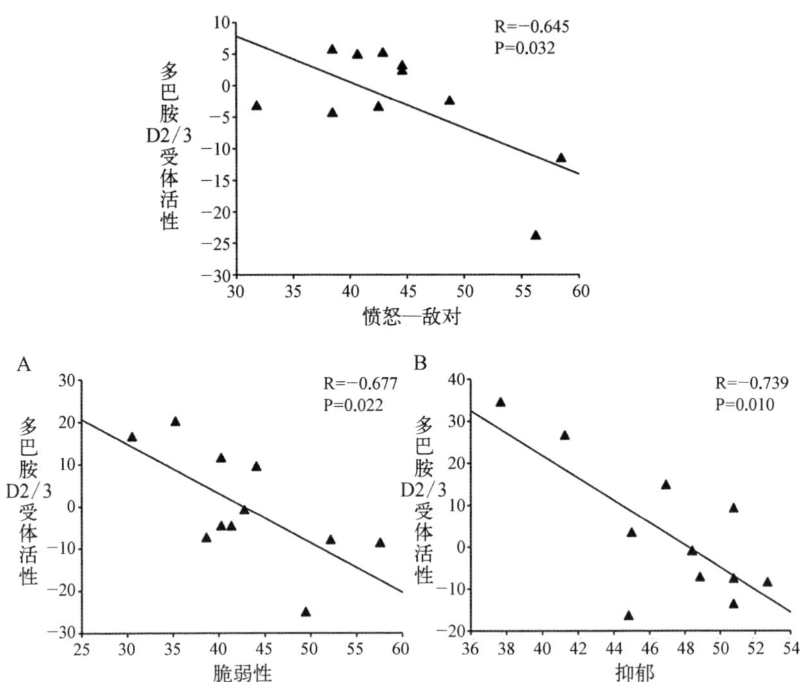

图 1.13 愤怒—敌对、脆弱性和抑郁特质与多巴胺 D2/3 受体活性呈显著负相关(Suridjan et al. , 2012)

类固醇激素按药理作用可分为肾上腺皮质激素(皮质醇)和性激素(性激素可分为雄性激素和雌性激素两类)。

皮质醇是肾上腺皮质分泌的,对糖类代谢具有最强作用的肾上腺皮质激素。肾上腺皮质分泌的皮质醇中,约 90%与体内血液循环中的球蛋白结合,约 6%与白蛋白结合,剩下约 4%呈游离状态并发挥生理活性。性激素的分泌受脑垂体促性腺激素分泌激素的调节。性激素包括雄性激素和雌性激素。雄性激素主要包括睾酮、雄酮、雄二酮和脱氢异雄酮,雌性激素主要包括卵泡素和黄体激素。

目前,类固醇激素的检测方法主要有化学免疫法、气相色谱—质谱联用分析法、液相色谱—质谱联用分析法。

化学免疫法是将酶的化学发光与免疫反应结合起来,将发光物质或酶标记在抗原或抗体上。在免疫反应结束后,向免疫物质加入氧化剂或酶底物从而发光，然后测量发光强度，对照标准曲线检测物质的浓度。这一方法的主要优点是，灵敏度高、线性范围广、标记物的有效期长、无放射性危害、可实现全自动化。但传统的化学免疫法也存在很多缺陷：一是适用性差，待测物的抗体易与结构相似的内源性物质或代谢产物发生交叉反应，造成假阳性结果；二是分析效率低，通常每次只能测定一种激素，无法同时定性和定量分析多种激素。因此，化学免疫法已逐渐被色谱法替代。

气相色谱—质谱联用分析法是结合气相色谱和质谱技术来测定类固醇激素及其代谢产物的方法。该方法目前已用于测量睾酮、脱氢睾酮、雄酮、雌酮、雌二醇和雌三醇等多种激素（张自强，李岩，2015）。气相色谱—质谱联用分析法虽然灵敏度很高，但往往需要烦琐的衍生化步骤和较长的分析时间（一般≥30 分钟），而且目前缺乏一种适用于所有类固醇激素的衍生化学试剂。

液相色谱—质谱联用分析法避免了气相色谱—质谱联用分析法烦琐的步骤，且专属性强，能够很好地排除基质中类似结构物质的干扰，是目前最可靠的检测方法。高分辨质谱既可获得待测物质的分子离子信息，又可获得碰撞后的碎片离子信息，再通过比对相关质谱数据库，就可实现对整个类固醇激素代谢通路的定性筛查。液相色谱—质谱联用分析法灵敏度高，能够满足临床实验室大多数类固醇激素的检测要求。

使用液相色谱—质谱联用分析方法分析样品，需要进行样品前处理，以使样品能更好地被色谱分离和检测。因为类固醇激素及其代谢物是一个庞大而复杂的家族，不同激素的化学性质和极性千差万别。因此，研究者在分析样品时，首先需要使用几项样品前处理技术，如蛋白质沉淀、液液萃取和固相萃取，必要时将几项前处理技术结合使用，这样既能提高待测物的纯化和富集效果，又能增强检测的灵敏度和重现性。

色谱柱是液相色谱分离的核心，常规的 C8 或 C18 键合硅胶反相色谱柱可满足大多数类固醇激素的分离要求。但对于一些分子量相近的类固醇激素，常规色谱柱的分离度达不到要求，为满足临床测定工作的需求，越来越多的色谱固定相被开发出来。串联质谱在临床生化检测中占据主导地位。常用于类固醇激素分析的离子源包括电喷雾(electrospray ionization, ESI)离子源、大气压化学电离(atmospheric-pressure chemical ionization, APCI)离子源等。

2 身体结构与人格

实现简单地识人一直是人类的梦想，这个梦想最原始的思想和实践是通过看面相和手相来预测人的祸福和命运，几乎所有种族的文化中都可找到此类思想的印记，而且这样的实践至今仍在民间延续。从心理学角度来看，识人的梦想就是能够从外观可测的身体指标来评估人内在的心理特征，从而更为简便、快捷地描述、解释和预测人的心理和行为。在心理学发展历史上，曾留下深刻印记的体液说、体型说和颅相学都是这个梦想的反映。但这些学说或因为缺乏科学的证据，或因为发掘不出应用价值，都先后被视作伪科学，最后不了了之。然而，在近现代，有关星座、血型、手指比率等的研究和实践依然保有较高的热度，传统媒体和网络上有关星座、血型、面相、手相等与人格之间关系的信息仍普遍流行。本章将系统阐述心理学历史上曾经广为流行的体液说、体型说、颅相学和手指 2D∶4D 理论，以期让读者了解这些思想和实践的来龙去脉和发展结果。

2.1 体液说

体液说(humoral theory)，最早由古希腊著名医生和学者希波克拉底提出，之后主要由古罗马医生盖伦进一步发展成气质体液学说(temperamental humoral theory)，并流传至今。盖伦发展出的四种气质概念和分类(多血质、胆汁质、抑郁质和黏液质)不仅被专业的心理学家借用，如巴甫洛夫从神经心理学角度解释了气质体液学说，艾森克的内外向和神经质两维度四象限模型与体液说吻合等，而且在民间进一步与血型、星座等关联起来，如血型人格、星座人格等。本节将按照上述发展脉络，完整介绍体液说的形成和发展过程。

2.1.1 希波克拉底和盖伦的体液说

希波克拉底（Hippocrates，约公元前 460—前 377）是古希腊最著名的医生和学者之一，他提出的希波克拉底誓言（Hippocratic Oath）现在仍是医学生的入门伦理宣言。希波克拉底的体液说思想可能来自古希腊哲学家恩培多克勒（Empedocles，约公元前 495—前 435）的“四根说”（王冬梅，2013）。恩培多克勒认为，火、土、气、水是组成万物的根，万物因四根的组合而生成，因四根的分离而消失。希波克拉底结合自己对临床患者的观察，提出人类的体液说。他认为，如同宇宙中的其他万物，人类也由火、土、气、水四种元素组成。这四种元素分别与人体内的四种液体相对应，这四种液体分别是血液、黏液、黄胆汁、黑胆汁，而且每种体液具有寒、热、湿、干四种性能中的两种。血液产生于心脏，具有热而湿的性能；黏液产生于脑，具有寒而湿的性能；黄胆汁产生于肝脏，具有热而干的性能；黑胆汁产生于胃，具有寒而干的性能。每种体液又与一个特定的气质类型（一种情绪和行为模式）相对应。因此，个体的人格由体内占主导地位的体液类型决定。当四种体液比例恰当时，个体就健康；当四种体液比例出现偏差时，人就呈病态。因此，支持体液说的医生常采用放血、催泄、调节饮食等方法去除发病体液，将其作为临床治疗的手段。直到 17 世纪，体液病理学仍是占统治地位的医学理论，影响甚至一直持续到 19 世纪。

希波克拉底之后，古罗马医生盖伦（Galen，约公元 129—200）正式提出人类的四种气质类型思想，即多血质（sanguine temperament）、黏液质（phlegmatic temperament）、胆汁质（choleric temperament）和抑郁质（melancholic temperament）。在体液的混合比例中，血液占优势的人属于多血质，黏液占优势的人属于黏液质，黄胆汁占优势的人属于胆汁质，黑胆汁占优势的人属于抑郁质。多血质的人性格如春天般温暖，快乐而好动；胆汁质的人性格如夏天般躁狂，易激怒、易兴奋；抑郁质的人性格如秋天般忧伤，多悲伤、易哀愁；黏液质的人性格如冬天般冷漠，感情匮乏、行动迟缓(Gerrig & Zimbardo，2011)。

图 2.1 是各种媒体上广为流传的对四种气质类型的人行为模式的形象描述。

图 2.1 四种气质类型的人行为模式的形象描述

2.1.2 巴甫洛夫高级神经活动类型理论

20 世纪初，俄国生理学家巴甫洛夫(Ivan Petrovich Pavlov)用高级神经活动类型解释了气质的生理基础。巴甫洛夫(Pavlov，1927)依据兴奋和抑制过程的强度、平衡性和灵活性，将人的神经类型划分为活泼型、兴奋型、安静型和抑制型。活泼型的人神经系统兴奋和抑制强度大，平衡而灵活；兴奋型的人神经系统兴奋和抑制强度大，不平衡；安静型的人神经系统兴奋和抑制强度大，平衡而不灵活；抑制型的人神经系统属于弱型(彭聃龄，2004)。活泼型、兴奋型、安静型和抑制型这四种神经类型正好与多血质、胆汁质、黏液质和抑郁质相对应(如表 2.1 所示)。

表 2.1　高级神经活动类型与气质类型的对应关系(彭聃龄，2004)

神经类型	强度	平衡性	灵活性	气质类型
活泼型	强	平衡	灵活	多血质
兴奋型	强	不平衡		胆汁质
安静型	强	平衡	不灵活	黏液质
抑制型	弱			抑郁质

2.1.3　艾森克的类型特质理论

20 世纪后半叶，艾森克(Eysenck，1970)提出人格结构四层次模型(见图 2.2)。模型的最底层"特殊反应水平"是日常观察到的反应，偶然性与随机性比较大，属于误差因素；往上一层"习惯反应水平"由重复的日常反应构成，常与某一情境下的模式行为有关，属于特殊因素；再上一层是"特质水平"，由习惯反应构成，具有比较强的概括性，属于群因素；最上层是"类型水平"，由多种特质构成，影响范围很大，属于一般因素。

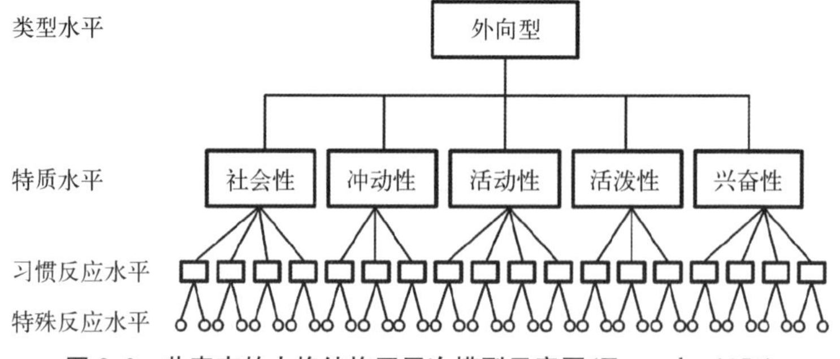

图 2.2　艾森克的人格结构四层次模型示意图(Eysenck，1970)

最上层类型水平的一般因素有两个：内外向和神经质。内外向反映人对内外刺激的偏好，神经质反映人的情绪稳定性。内外向与高低神经质组合形成两维度四象限模型(如图 2.3 所示)，每个象限包括多个特质，如内向—情绪不稳定象限包括文静的、不好交际、保留己见、悲观的、冷静庄重、严峻的、焦虑的和心境波动，此特质组合正好对应抑郁质；外向—情绪不稳定象限包括易怒的、不安定的、进攻好斗、易激动的、易变的、冲动的、乐观的和主动的，此特质组合正好对应胆汁质；外向—情绪稳定象限包括社会化的、开朗的、健谈的、易有反响的、悠闲的、活泼的、无忧无虑的、善领导的，此特质组合正好对应多血质；内向—情绪稳定象限包括被动的、谨慎的、有思想的、安宁的、克制的、可靠的、温和的和镇静的，此特质组合正好对应黏液质。

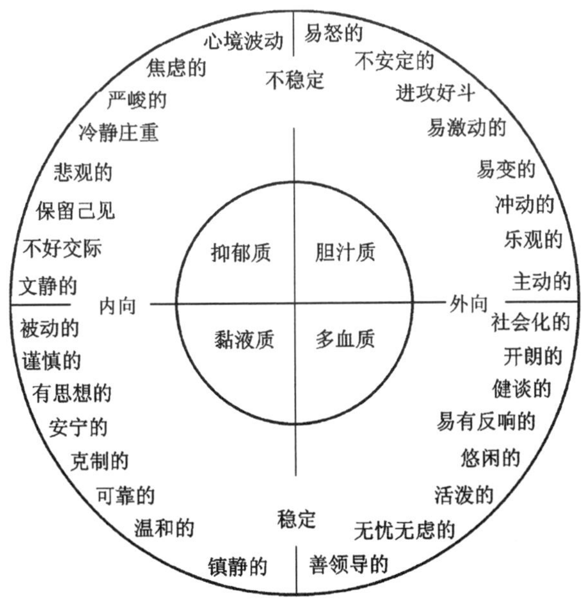

图 2.3　艾森克的人格维度与气质学说的联系

2.1.4　血型观点

20 世纪初，奥地利病理学家兰德施泰纳(Karl Landsteiner)发现人有 A 型、B 型、O 型和 AB 型四种血型，因此获得诺贝尔生理学或医学奖。此后，血型与人格之间关系的研究开始在以日本为代表的国家逐渐兴起。

日本学者古川竹二(Furukawa, 1930)以640名日本居民为被试(包括188名27～70岁的成年人,多为他的亲朋和东京女子高等师范学校校友;452名16～21岁的大学生及女子高中生),使用对照清单的方式(如表2.2所示),让被试进行自我评估并在认为与自己实际情况相符的选项上画圈。古川竹二对自评结果与血型之间的关系进行分析后认为,O型血的个体偏向黏液质,意志坚定;A型血的个体偏向抑郁质,顺从听话;B型血的个体偏向多血质,感觉灵敏;AB型血的个体是A型血和B型血的混合,偏向胆汁质,其外在偏向A型血,内在偏向B型血。

表2.2 血型研究中人格对照清单示例表

以下更符合我的特点的是:	
a组	p组
乐观	温顺
顺其自然	担忧未来
不介意在别人面前	难以适应现状
不怯懦	不愿意在别人面前
不谨慎	怯懦
快乐的	谨慎
善于交际	害羞
不敏感	敏感
不受外在刺激的影响	很容易受到外在刺激的影响
坚持自己的观点	不坚持自己的观点
意志坚定	意志不坚定

古川竹二声称,O型血和B型血占比高的人群,要比A型血和AB型血占比高的人群活跃,并因此给日本城市贴上性格标签:东京、大阪、名古屋是活泼的,而京都是温顺的。

之后,貌似有一些证据支持古川竹二关于血型对人格的预测。例如,印度学者(Jogawar, 1983)使用卡特尔16种人格因素问卷对印度戈尔哈布尔(Kolhāpur)、桑格利(Sangli)和索拉布尔(Solāpur)等地11所学院的590名学生进行抽样调查,结果发现,B型血的个体表现出情绪不稳定、焦虑和紧张等特点,具有高神经质的倾向。还有研究发现,AB型和O型血的个体外向性得分更高(Cattell, Young, & Hundleby, 1964;

Lester & Gatto, 1987),B型和A型血的个体神经质得分更高(Jogawar, 1983; Marutham & Prakash, 1990; Neuman, Shoaf, Harvill, & Jones, 1992),B型和AB型血的个体尽责性和随和性得分偏低(Lester & Gatto, 1987)。不过,这些结论之间的一致性并不强,每次只能得出某一两个特质与血型的相关,显然具有很大的偶然性和误差。因此,支持古川竹二的血型与人格相关的研究证据其实相当薄弱。

与支持证据薄弱相对,血型与人格相关的反对证据却比较有力。加拿大研究者克拉默(Cramer, 2002)以温莎大学446名心理学本科生(107名男性,339名女性,平均年龄20.9岁)为被试,完成"大五"人格测查和血型检验,结果发现,没有证据支持血型与人格存在显著相关。澳大利亚学者罗杰斯等人(Rogers & Glendon, 2003)以180名男性和180名女性献血者为被试,测查分析发现,四种血型与人格特质行为无显著相关。中国台湾研究者(Wu, Lindsted, & Lee, 2005)对台湾地区2 681名高中生的测查结果进行多元线性回归分析,结果显示,血型与人格之间没有明显的关系。即使在血型—人格观点相当风靡的日本,研究者(Tsuchimine, Saruwatari, Kaneda, & Yasui - Furukori, 2015)对1 427名医学生和医务人员进行测查分析,结果只发现血型与坚持性(persistence)存在弱相关,A型血的个体比其他血型的个体坚持性得分稍高,研究者分析这也许是由样本对象本身的职业特点造成的,学医和从医者本身就是坚持性较高的人群。

综上所述,目前尚未有充分的证据支持血型与人格存在关联。

2.1.5 星座观点

时下的流行文化中,星座常常与血型一起预测个体人格。星象学观点认为,三种自然力量可以影响人格特质,最强大的力量是太阳的位置,以此衍生出太阳星座;其次是月亮的位置(即月亮星座)和上升星座(即个体出生时,在东边地平线升起的黄道带上的星座)。太阳是男性的支配力量,月亮是女性的支配力量。以太阳星座为依据,根据出生日期,可将人格分为十二大类(如表2.3所示),每个星座的个体具有不同的人格特质。这十二个星座及其常见的人格特质描述分别是：白羊座（又称牡羊座，3 月 21 日到 4 月 19 日，Aries），热情、有活力、好斗；金牛座（4 月 20 日到 5 月 20 日，Taurus），稳健、固执、可靠；双子座（5 月 21 日到 6 月 21 日，Gemini），花心、多变、聪明；巨蟹座（6 月 22 日到 7 月 22 日，Cancer），敏感、柔情、依赖；狮子座（7 月 23 日到 8 月 22 日，Leo），高傲、自信、宽宏大量；处女座（又称室女座，8 月 23 日到 9 月 22 日，Virgo），严谨、理智、谦虚；天秤座（又称天平座，9 月 23 日到 10 月 23 日，Libra），公正、和谐、摇摆不定；天蝎座（10 月 24 日到 11 月 22 日，Scorpio），顽强、坚韧、极端；射手座（又称人马座，11 月 23 日到 12 月 21 日，Sagittarius），热情、乐观、冲动；摩羯座（又称山羊座，12 月 22 日到 1 月 19 日，Capricorn），严肃、执着、隐忍；水瓶座（又称宝瓶座，1 月 20 日到 2 月 18 日，Aquarius），自由、博爱、理性；双鱼座（2 月 19 日到 3 月 20 日，Pisces），浪漫、梦幻、善良。

表 2.3　星座分类与出生时间对照表

标　志	星　座	拉丁名称	出生日期（公历）	别　名
♈	白羊座	Aries	3 月 21 日到 4 月 19 日	牡羊座
♉	金牛座	Taurus	4 月 20 日到 5 月 20 日	
♊	双子座	Gemini	5 月 21 日到 6 月 21 日	
♋	巨蟹座	Cancer	6 月 22 日到 7 月 22 日	
♌	狮子座	Leo	7 月 23 日到 8 月 22 日	
♍	处女座	Virgo	8 月 23 日到 9 月 22 日	室女座
♎	天秤座	Libra	9 月 23 日到 10 月 23 日	天平座
♏	天蝎座	Scorpio	10 月 24 日到 11 月 22 日	
♐	射手座	Sagittarius	11 月 23 日到 12 月 21 日	人马座
♑	摩羯座	Capricorn	12 月 22 日到 1 月 19 日	山羊座
♒	水瓶座	Aquarius	1 月 20 日到 2 月 18 日	宝瓶座
♓	双鱼座	Pisces	2 月 19 日到 3 月 20 日	

星象学原本是一门古老的艺术，它基于星象学意义上的黄道带、行星及其特征，描述和推断不同时间段出生的个体的人格特质，但最初没有什么依据。20 世纪中叶起，一些学者采用具有信度和效度的心理学问卷来检验星象学的人格理论是否有效，得到的结果较为混乱，多数研究对星象与人格存在关联的观点予以全盘否定，少数研究部分支持星象学的观点，并从自我归因、自我概念、社会赞许性等多个角度分析个体相

信星座的心理机制。例如,有研究者(苏丹,郑涌,2005)以165名高校本科生为被试,运用卡特尔16种人格因素问卷(中文版)对他们进行人格测验和星座分析,结果发现,奇偶星座在感情用事、安详机警、敏感性等人格因素上有显著差异,水象、火象、风象和地象星座在有恒性、敏感性、感情用事、安详机警等人格因素上有显著差异。表面上看,这些结果部分证实了星象与人格存在关联的某些观点。但之后的一些研究者分别采用"大五"人格问卷(平媛,李虹,2012)和自编人格问卷(单洪雪,2016)检验了人格与星座之间的关系,均未发现人格与星座之间的可靠联系。

因此,有研究者认为,血型、星座与人格之间本无直接关联,血型和星座也无法决定人格。有些调查发现的超过半数女大学生相信星座与人格存在某种关系的现象,可能与她们的人生态度有关,或者受到社会赞许性、语言暗示等因素的影响(平媛,李虹,2012)。

2.2 体型说

20世纪初,也有研究者关注体型与人格的关系。德国精神病学家和心理学家克雷奇默根据自己对精神病患者的观察和研究,提出按体型划分人的气质的理论。他认为,人的身体结构与气质特点以及可能患有的精神病种类有一定的关系。精神病患者和正常人在生理特征与心理特征的关系上只有量的差异而无质的不同。美国心理学家谢尔登推进了这一学说的发展,并完善了体型的划分标准。但很快,体型说就因缺乏足够的科学依据而渐渐不被关注。虽然体型说从兴至衰的历史相对短暂,但它为后续研究者探索体型知觉和面孔知觉等提供了灵感。

2.2.1 克雷奇默的体格类型说

体型说(body type theory)最早由德国精神病学家和心理学家克雷奇默(Ernst Kretschmer)提出。克雷奇默观察到,临床精神病患者所患的精神病类型似乎与他们的体型存在某种关联。精神病患者的体型大致可分为三种：肌肉发达的运动型(athletic type)、高而瘦的瘦长型(asthenic type)和矮而胖的矮胖型(pyknic type)。不同体型的精神病患者具有不同的气质，瘦长型的精神病患者在气质上具有精神分裂症的特征，矮胖型的精神病患者在气质上具有躁郁症的特征，运动型的精神病患者在气质上具有癫痫的特征，而这些气质正是导致他们罹患不同精神病的内在原因。因此，矮胖型的精神病患者较多地出现躁郁症，瘦长型的精神病患者较多地出现精神分裂症，运动型的精神病患者较多地出现癫痫症。

克雷奇默据此推测，不同体型者存在不同的气质不只限于精神病患者，正常人的体型和气质也存在某种程度的关联。矮胖型的人健壮、矮胖、腿短、胸圆，具有外向、易动感情、表情丰富、有时高兴有时垂头丧气、善于交际、好活动等特点。瘦长型的人体型瘦长、腿长、胸窄、孱弱，具有不善交际、孤僻、沉默、羞怯、固执等特点。运动型(强壮型)的人肌肉结实、身体强壮、骨肉均匀、体态与身高成比例，具有正义感强、乐观、注意礼仪、节俭、富有进取心、遵守纪律和秩序等特点。据此，他将人的气质分为分裂性气质、躁郁性气质和黏着性气质三种。根据气质特征，瘦长型气质类似于抑郁质，矮胖型气质类似于多血质，运动型气质类似于胆汁质(如表 2.4 所示)。

表 2.4　不同体型对应的气质特点

体　型	气　质	特　　征	对应气质类型
矮胖型	躁郁性气质	善于交际、表情丰富、亲切热情	多血质
瘦长型	分裂性气质	不善交际、孤僻、神经质、多思虑	抑郁质
运动型	黏着性气质	进取、认真、理解问题慢	胆汁质

克雷奇默研究了许多名人的资料，他认为，神学家、哲学家和法学家大都具有瘦长型的体格(占 59%)，具有分裂性气质特征；医师和自然科学家大都具有矮胖型的体格(占 58%)，具有躁郁性气质特征。克雷奇默的这种分类法在当时为精神病学医生所广泛接受。

2.2.2 谢尔登的体型说

美国心理学家谢尔登(Sheldon, 1943)受克雷奇默的影响,更为深入地研究了气质与体型的关系。在一段时间里,谢尔登收集了耶鲁大学和韦尔斯利学院等高等学校大学生的数千张照片,并以之为研究素材进行了所谓的科学体型分类与生活因素之间关系的研究(如表 2.5 所示)。他把人的体型分为三种主要类型: 内胚叶型(柔软、丰满、肥胖)、中胚叶型(肌肉发达、骨骼坚实、体态呈长方形)和外胚叶型(高大、细瘦、体质虚弱)(如图 2.4 所示)。谢尔登调查了这三种体型的人的行为方式,结果发现: 内胚叶型的人比较放松,喜欢吃东西和社交;中胚叶型的人充满能量、勇气以及有过分自信的倾向;外胚叶型的人有头脑、爱好艺术、内向,他们通常更多地考虑生活,而不是消耗或执行它。可将三种体型的人的行为方式总结为三种气质类型: 内脏型、肌肉型和脑髓型。谢尔登采用相关分析,结果发现,上述三种体型与三种气质之间分别具有相关系数高达 0.8 左右的正相关。

表 2.5 验证体型与气质之间关系的研究程序(Sheldon, 1943)

1. 评定体型	内胚叶型、中胚叶型、外胚叶型三种基本类型
2. 测量气质	内脏型、肌肉型、脑髓型三种气质
3. 验证体型与气质之间的关系	体型与相应气质之间具有较高的正相关

泰勒(Tyler, 1965)的研究并未得到与谢尔登的研究一样的结果,因此他认为,体型与人格之间的关系并不像克雷奇默和谢尔登所讲的那样简单和直接,而且即使真的得到了和谢尔登的研究一样的结果,这种基于两两相关的研究方法也不能确定两者之间存在因果关系。

2.2.3 腰臀比与性别

20 世纪末,体型中的腰臀比(waist-to-hip ratio, WHR),特别是女性的腰臀比引起了部分研究者的关注。

辛格和扬(Singh & Young, 1995)最早系统总结了如何通过腰臀比、乳房大小和臀宽来测量女性的整体形态特征,分析这些形态特征的

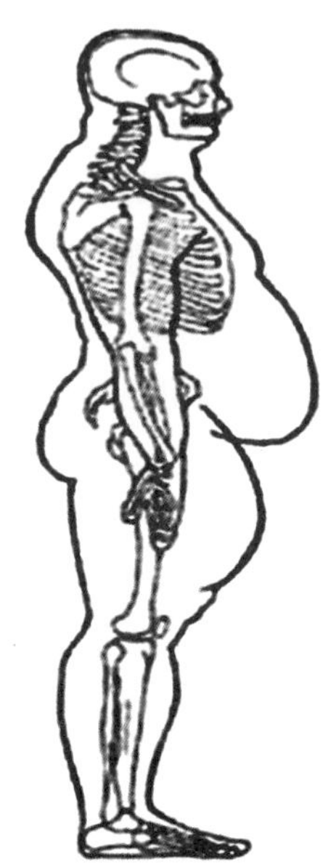

图 2.4 谢尔登对体型的划分

（左起往右：内胚叶型、外胚叶型、中胚叶型）

变化和相互作用，探究男性对不同腰臀比女性的性吸引力评估、与之缔结浪漫关系的意愿，以及对女性年龄的预估等。他们以 100 名男大学生（平均年龄 20.85 岁）为被试，请他们对有不同体重、腰臀比和胸部大小参数的 8 张女性图片（如图 2.5 所示）进行性吸引力、约会意愿、缔结长期浪漫关系意愿、年龄大小等的评分。结果发现，身材苗条、腰臀比低、乳房大的女性形象被评定为最健康、最女性化和最具性吸引力，男性最愿意与之建立短期或长期浪漫关系，图 2.5 中 S7LB（体重轻、乳房大、腰臀比低）的综合评分最高。

后续许多研究中，女性的性吸引力与腰臀比呈负相关这一结论被反复证实（Henss，1995；Furnham，Tan，& Mcmanus，1997；Furnham，Swami，& Shah，2006）。

有研究者（Rozmus - Wrzesinska & Pawlowski，2005）认为，腰臀比向男性传递两个信息：髋部大小表示骨盆大小和可用作能量来源的额外脂肪储存量，腰围尺寸传达当前生殖状态或健康状态。为了评估这两

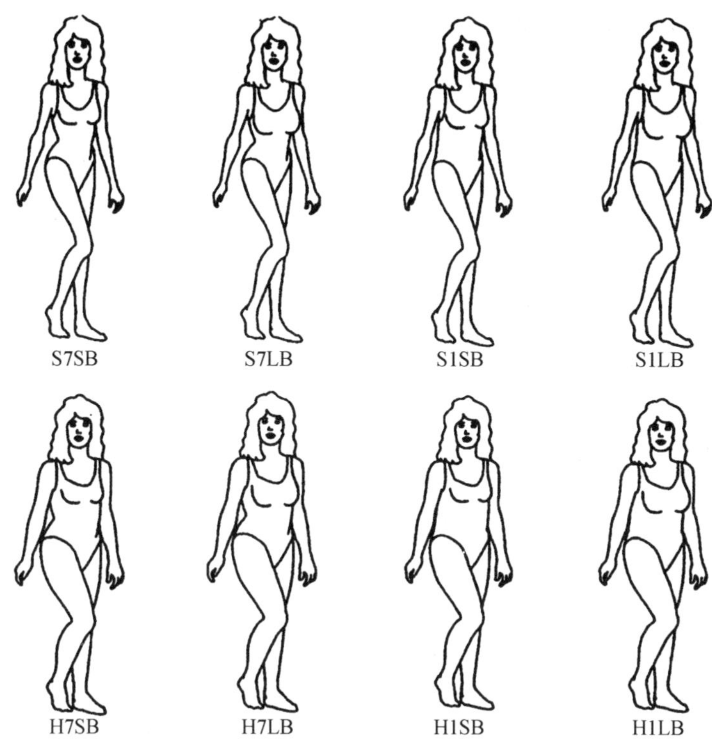

图 2.5　女性腰臀比研究所用图片

（H：重；S：轻；LB：乳房大；SB：乳房小；1～7：腰臀比等级号）

个维度中哪一个更能增强女性对男性的吸引力，他们招募了 340 名男性被试，让他们对臀部和腰部变化的不同女性的照片进行性吸引力评分。结果发现，当腰臀比由腰围尺寸决定时，吸引力与腰臀比呈负相关。当腰臀比由臀部大小决定时，吸引力与腰臀比之间的关系呈倒 U 型曲线。因此，研究者得出结论，在腰围和臀围两个参数中，腰围对女性吸引力的权重更大。研究者认为，这是因为 21 世纪初西方社会没有季节性食物缺乏的风险，身体中脂肪的作用相对较小，但女性的生育率降低了（每个女性选择生育更少的孩子），因而由腰围传达的关于生育力和健康状况的信息，对男性评估女性吸引力的权重自然比臀围更大。斯瓦米等人在 2009 年发表的论文（Swami，Jones，Einon，& Furnham，2009）中，对比了英国白人男性（N＝114）、非裔英国男性（N＝56）和南非男性（N＝51）

对女性体型的偏好(如图 2.6 所示),结果发现,不同种族的男性对白人女性、黑人女性的体型偏好在组间和组内都存在显著差异。南非男性更偏好乳房大、腰臀比小的黑人女性和乳房大、腰臀比适中的白人女性;相比之下,英国白人男性和非裔英国男性更偏好乳房大、腰臀比适中的女性形象,而且种族、乳房大小、腰臀比之间存在显著的交互作用(如图 2.7 所示)。总的来说,观察者与被观察者的种族都会对吸引力等因素产生影响。乳房大、腰臀比小都是生育力强的体现,而南非男性对这种女性体型的显著偏好进一步证实了经济文化状况对男性评估女性体型

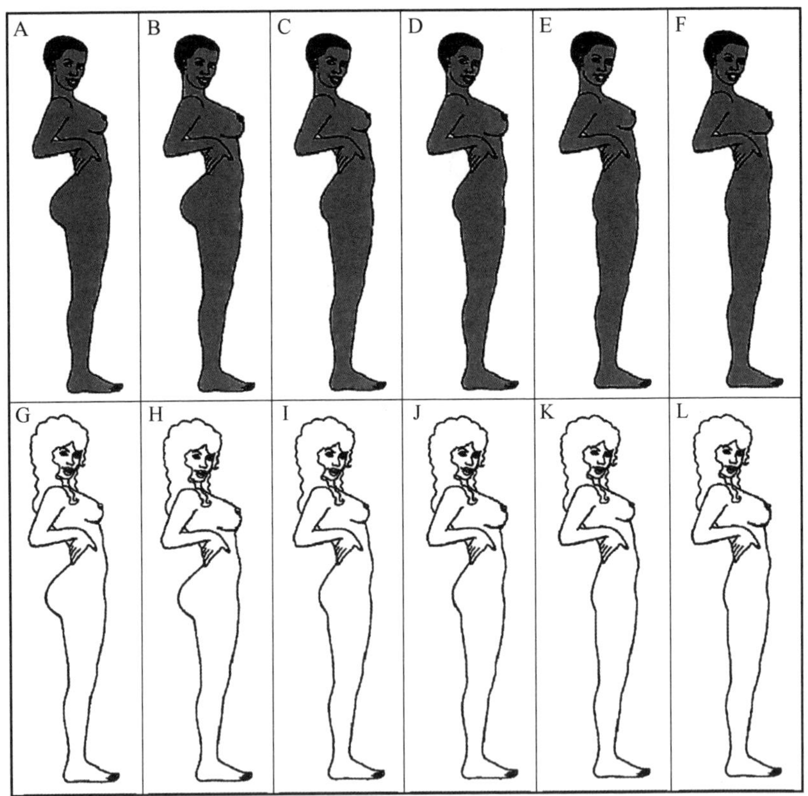

图 2.6 体型偏好跨文化研究所用的刺激图片(Swami, Jones, Einon, & Furnham, 2009)

(A—L 乳房依次为"小、大、小、大……";腰臀比从左到右为 0.55~0.75;上一行为黑人女性体型图片,下一行为白人女性体型图片)

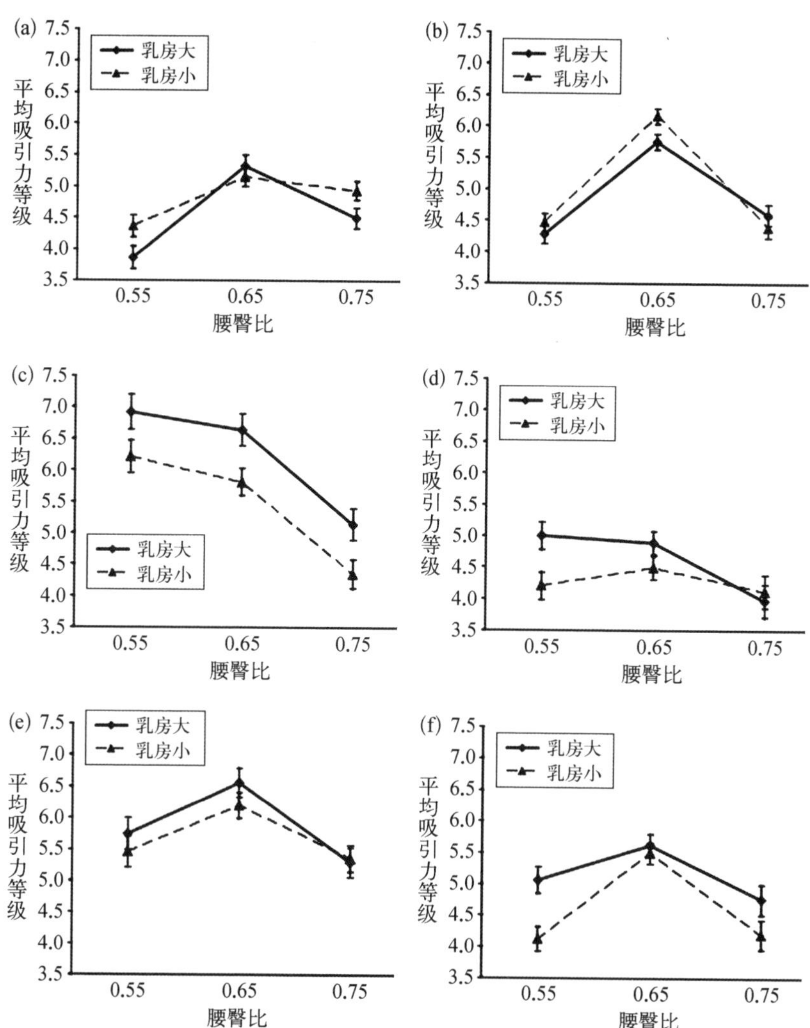

图 2.7 男性对女性体型评价的跨文化研究结果(Swami, Jones, Einon, & Furnham, 2009)

(a) 英国白人男性评价黑人女性体型;(b) 英国白人男性评价白人女性体型;(c) 南非男性评价黑人女性体型;(d) 南非男性评价白人女性体型;(e) 非裔英国男性评价黑人女性体型;(f) 非裔英国男性评价白人女性体型

吸引力的影响。

反过来,男性体型对女性的吸引力如何呢? 亨斯等人(Henss et al., 1995)以 90 名大学生为被试(女性 60 人,男性 30 人,平均年龄

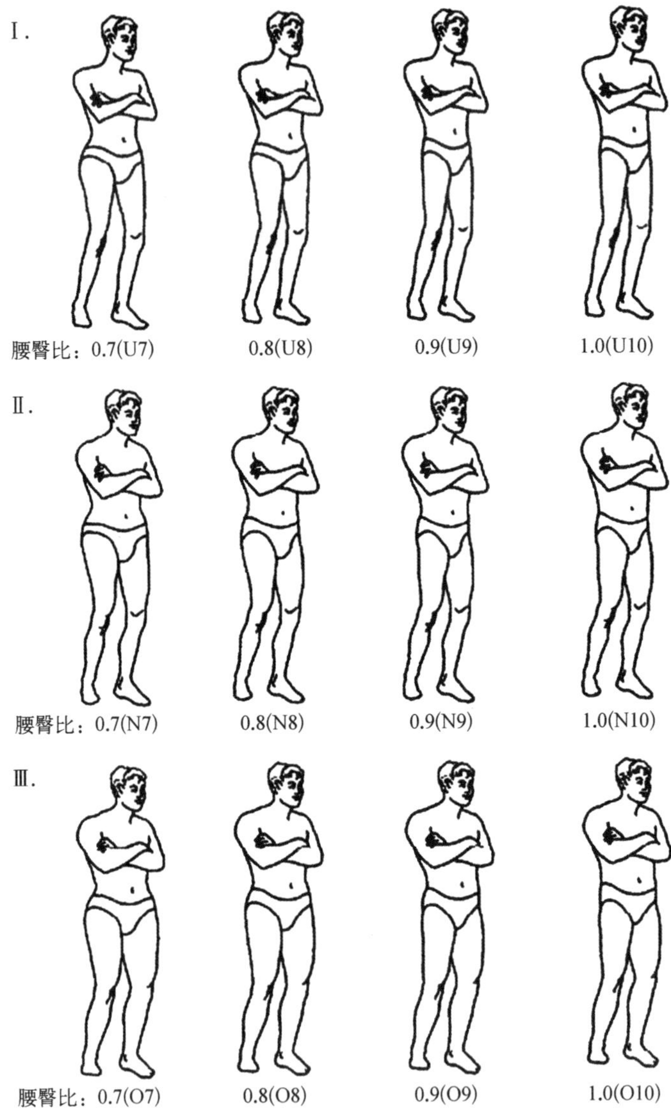

图 2.8 男性三个体重等级和四种腰臀比研究图片

（Ⅰ、Ⅱ、Ⅲ为三个体重等级，0.7、0.8、0.9、1.0 为腰臀比）

21.75 岁)，研究人们对男性和女性体型的态度(如图 2.8 所示)，结果发现，男性的体重对自身体型吸引力的影响甚至大于腰臀比的影响。男性体重与体型吸引力、人们对他们情绪稳定性的预期均呈显著相关，偏胖人群的吸引力显著低于正常体重和偏瘦人群的吸引力，在异性眼中偏瘦人群的神经质水平最高、情绪最不稳定。

此外，亨斯等人还发现，女性体重与她们在男性眼中的情绪稳定性、家庭导向性、随和性和尽责性（后三者密切相关并构成共同因素）密切相关。男性认为，尽管体重较轻的女性最具性吸引力，但情绪最不稳定，家庭导向性最弱，最不随和，最不尽责。体重正常的女性情绪最稳定，超重的女性性吸引力评分最低，但在"喜欢孩子""想要很多孩子""好妈妈""以家庭为导向"上评分最高。因此，研究者认为，在男性眼中，较瘦的女性可能更具有性吸引力，而较胖的女性可能更适合做贤妻良母。此外，体重正常的女性情绪最稳定。

既然腰臀比与性吸引力相关，那么在性资源竞争中，腰臀比对同性之间的性忌妒发挥的作用及其机制又是怎样的呢？有研究（Buunk & Dijkstra，2005）以 70 名成年男性和 69 名成年女性为被试，结果发现，在同性竞争中，女性更加关注竞争对手的腰部、臀部和头发，男性更加关注竞争对手的肩膀。女性更忌妒腰臀比较小，且拥有肩臀比较大和倒 V 体型男友的同性竞争对手。男性更忌妒肩臀比较大，且拥有胸围较大和体重较轻的女友的同性竞争对手。研究还发现，随着年龄的增长，同性竞争对手的肩臀比在男性中引起忌妒的强度降低，但同性竞争对手的腰臀比在女性中引起忌妒的强度并未降低。总体而言，符合生育特征（如腰臀比小、胸围大）的女性体型，以及看起来健壮（肩臀比大）但不肥胖的男性体型更具性吸引力。

总体而言，关于腰臀比的研究似乎没有过多考虑人格这一因素，但为研究者打开了一条思路：虽然个体的体型不一定与人格存在显著相关，但个体的体型会影响异性和同性对其人格的判断。

2.2.4 体型认知

本节前面的内容均探讨是否可以通过体型预测人格。21 世纪初，有研究者反向思考：不同人格者对体型的感知和态度是否存在不同？

迪翁和戴维斯（Dionne & Davis，2005）以 388 名加拿大女大学生为被试(平均年龄 21 岁),先测量她们的身高、体重、体脂率、神经质水平,随后给一些被试反馈正确的体型信息,给一些被试反馈错误的体型信息(如更胖或更瘦),一些被试不给予反馈,最后所有被试均对自己的体型进行自我评价。结果发现,与被给予正确反馈或不给予反馈的被试相比,体型正常的被试在被给予错误反馈(比标准体型更胖或更瘦)之后,对自己的体型表现出显著的不满,神经质在其中无显著的调节作用;体型偏瘦的被试在被给予正确反馈后比不给予反馈的被试对自己的体型感到更满意;对于体型偏胖的被试,只有神经质水平高的个体在被给予正确反馈后对自己体型的满意度降低。可见,体型、反馈和神经质水平对个体的体型认知有着混杂、综合的影响。

斯瓦米等人(Swami, Buchanan, Furnham, & Tovée, 2008)招募了 965 名来自不同国家的被试(563 名女性,402 名男性),测量“大五”人格类型后,让他们对自己以及一些图片中男性和女性体型的吸引力和满意度等进行评定。结果显示,开放性得分高的女性的个体理想体重显著高于开放性得分低的女性,而且能接受的有吸引力的男女体重范围更广;随和性得分高的男性能接受的有吸引力的男性体重范围更广。

斯瓦米等人后续的一系列研究陆续发现,神经质得分与个体的身体满意度呈负相关,外向性得分与个体的身体满意度呈正相关(Swami, Hadji - Michael, & Furnham, 2008),男性理想的伴侣身高与神经质呈负相关、与外向性呈正相关(Swami, Furnham, Balakumar, Williams, Canaway, & Stanistreet, 2008),开放性得分与对整容手术的接受程度呈显著正相关(Swami, Chamorropremuzic, Bridges, & Furnham, 2009)。

综合本节内容,关于人格与体型的关系和机制似乎没有统一的结论。有些研究者认为,人格与体型的关系也许不是直接的,很可能通过社会化过程建立。如外表富有吸引力或亲和力的个体更容易得到他人友善的对待,进而发展出更为开放和随和的性格,也会对自己的外表更满意。斯瓦米等人(Swami et al., 2010)招募了 1 024 名欧洲成年被试(520 名女性,504 名男性,平均年龄 28.33 岁),向每位被试呈现从资料库中随机抽取的模拟情境，模拟情境包含多种类型，如招聘女性雇员、领养父母、向交通事故中的受伤者伸出援手等。结果表明，无论在哪种情境下，被试对憔悴的和肥胖的女性均存在一定偏见，对如此体貌的女性，既不愿招为雇员，也不愿领养为父母，在她们遇到交通事故而且受伤时也不太愿意伸出援手。这项研究说明，个人体貌确实会影响自身的社会交往和社会化过程。

还有研究者(Fisak, Tantleffdunn, & Peterson, 2007)关注个体的人格对自身吸引力的影响。他们招募了335名美国大学生为被试(男性115名，女性220名，平均年龄18.94岁)，先向被试呈现体型图片并提供关于图片中人物形象的人格信息，然后让被试评价图片中人物的吸引力。结果发现，与没有提供人格信息相比，被试将具有积极人格的女性评为具有吸引力的女性的体型范围更广。

由此可见，体型与人格之间可能存在相互作用、相互影响的复杂机制，两者之间的关系可能受到社会反馈、面孔吸引力和情境等多种因素的影响，但两者之间的具体关系及其内在机制仍需要研究者进行更深入的探索。

2.3 颅相学

和星象学一样，看相也是在民间广为流行的一门艺术与职业。看相或者相面，就是通过观察人的头颅形状或者面相来预测人的性格和命运。18世纪末，德国解剖学家加尔(Franz Joseph Gall)将这种古老的思想发展为颅相学(phrenology)，该学说在欧洲和北美几乎流行了一个多世纪，直到20世纪初才完全消亡。虽然最终被定性为伪科学，但颅相学对后来的大脑功能定位思想和认知神经科学还是有一定的启示意义。

西方社会对脑的关注自古有之，早在古希腊和古罗马时期，人们就已经提出大脑机能与心理的关系问题，例如希波克拉底和盖伦都认为心理和智慧的部位在脑。17世纪，笛卡尔(René Descartes)在他的反射思想中提出，有一种“动物精神”沿着中空的神经管流动到脑部，经过脑中的松果体和灵魂交感，然后发出动作。18 世纪中叶，哈特利（David Hartley）提出，受到刺激的神经波动会沿着中枢神经引起大脑振动，进而产生感觉和感觉痕迹的记忆。18 世纪下半叶，有研究者归纳了上述思想，将其概括为“反射”（reflex）概念，并把反射分为感觉神经、中枢神经低级部位和运动神经三个部分，指出随意动作和反射动作的区别。

人们对大脑活动和实际运用大脑的相关知识产生了浓厚的兴趣，但又缺乏关于大脑的实证依据，没有直接测量活人大脑的技术。在这样的背景下，1796 年加尔创造性地提出颅相学，认为通过颅骨的外表可以判定一个人的个性特点。加尔假设，大脑是心理的唯一器官，大脑皮质（而不是脑室）是心理活动的实体，而大脑皮质和大脑其他各个区域的发育都影响颅骨的形状，因此颅骨可以作为判断个体个性特点的依据，任何心理机能的过度活动，都能导致大脑相应部位增大，进而导致颅骨相应部位增大，因而可以根据颅骨的形状去推测个体的心理机能和个性特点（孙晓雅，2015）。

加尔及其学生施普尔茨海姆（Johann Kaspar Spurzheim）按照头颅隆起或凹陷的形状将脑的心理机能分为 35 个区（Abroad，2015）（如图 2.9 所示）。他们将每个区命名为不同的天赋、感情、性格特征和理智特性，认为每个区“鼓包”的大小与特定能力的发展相对应。例如，第 8 个区域额突，被认为代表贪心、利欲（acquisitiveness）。而且进一步提出，头骨的隆起等象征大体可以分为情绪（倾向和情感）和智力（知觉和反射）两类（见图 2.9 和表 2.6）。

当时的欧洲，传统的哲学和神学理论不再被视为科学。社会结构的快速变化造就了相当多的改革者，他们为自己的社会哲学寻求经验基础。传统社会的崩溃为许多人创造了各种各样的机会，这些机会既令人得到解放又令人困惑。加尔的理论极富操作性，头颅在哪个部分隆起或凹陷，就标志着哪个部分大脑器官较大或较小，也就意味着相应心理机能的突出或萎缩。这样，只需看看别人的头颅，按照图谱就可以判断这个人的智力和道德品质。颅相学逐渐与传说中的读心术或摸骨术变得

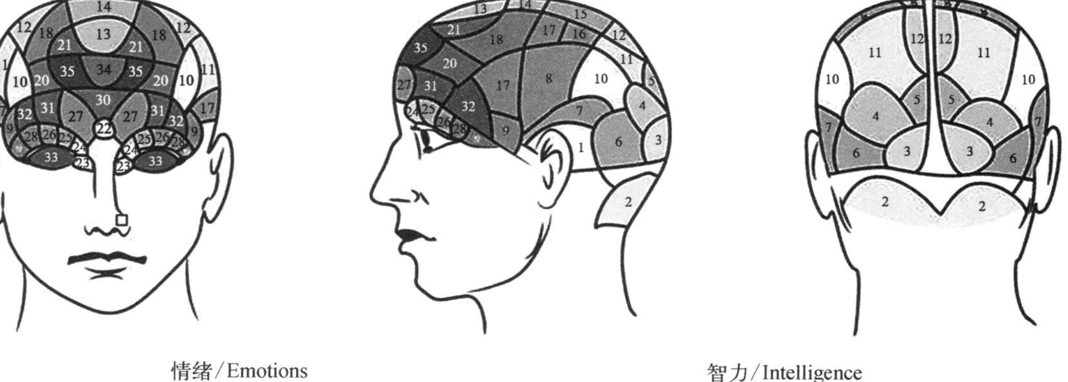

倾向/Propensities

1. 破坏欲/Destructiveness
2. 吸引力/Attractiveness
3. 喜爱孩子/Love for children
4. 黏着性/Adhesiveness
5. 一致性/Constancy
6. 好斗性/Combativeness
7. 隐蔽性/Secretiveness
8. 易感性/Susceptibility
9. 建设性/Constructiveness

情感/Feelings

10. 谨慎性/Cautiousness
11. 舒适/Comfort
12. 自尊/Self-esteem
13. 仁爱/Benevolence
14. 尊敬/Veneration
15. 坚定/Firmness
16. 尽责性/Conscientiousness
17. 希望/Hope
18. 幻想/Wonder
19. 理想性/Ideality
20. 愉悦/Joy
21. 模仿/Imitation

知觉/Perception

22. 个体性/Individuality
23. 组织性/Form
24. 尺寸/Size
25. 重量和稳定性/Weight & steadiness
26. 色彩/Coloring
27. 定位/Locality
28. 秩序/Order
29. 数字/Number
30. 可能性/Eventuality
31. 时间/Time
32. 音调/Tune
33. 语言/Language

反射/Reflexivity

34. 对照/Comparison
35. 因果/Causality

图 2.9 颅相学大脑分区

表 2.6 颅相学大脑分区

情绪		智力	
倾向 1～9	情感 10～21	知觉 22～33	反射 34～35
破坏欲	谨慎性	个体性	对照
吸引力	舒适	组织性	因果
喜爱孩子	自尊	尺寸	
黏着性	仁爱	重量和稳定性	
一致性	尊敬	色彩	
好斗性	坚定	定位	
隐蔽性	尽责性	秩序	
易感性	希望	数字	
建设性	幻想	可能性	
	理想性	时间	
	愉悦	音调	
	模仿	语言	

类似。但与后两者不同的是，颅相学在当时以及后来很长一段时间被视为“科学”。

19 世纪上半叶，颅相学作为“新科学”风靡一时，尤其是在 1810—1840 年。很多人为了使自己的孩子成长为理想人物，按照颅相学的阐述，用木板和布带把婴儿的头部捆扎成相应的形状。颅相学家认为，有些人犯罪正是因为大脑掌控暴力的部位过于发达，于是一些司法人员就用特制的工具来按压这些凸出的部位以消除罪犯的暴力倾向（李方恩，2013）。1820 年，爱丁堡颅相学会的成立使得爱丁堡成为英国颅相学研究的重镇。

1842 年，法国生理学家弗卢朗（Pierre Flourens，亦译弗卢龙）出版《评颅相学》一书，用笛卡尔的学说驳斥加尔的学说，将颅相学称为“当代的伪科学”（a pseudoscience of the present day），并通过实验创立了科学的大脑生理学（Pellionisz, 1984）。比如，根据所谓的颅相学理论切除一条小狗的“好色脑区”后，小狗失去了有顺序的移动能力，在它本想向右转的时候却转向了左边，而这与好色与否根本没有关系。弗卢朗主要以鸽子和兔子等为被试，对一部分实验对象应用神经中枢局部区域摘除术，对另一部分实验对象应用中枢神经麻醉术，从而得出结论，基本的心理过程——知觉、意志、理智等是作为完整器官的脑部的产物。小脑协调躯体运动，延髓是生命中枢，视觉与四叠体相联系，脊髓的功能在于通过神经引起兴奋状态。弗卢朗的实验丰富而精确，目的在于测量脑的各部分的机能，发现大脑虽然有局部功能定位，例如整个大脑支配思想和意志，小脑支配运动，但是这种功能定位非常有限，被切除的脑组织的数量要比定位更重要。

弗卢朗等人采用科学实验的方法获得的证据非常可信且有说服力，接下来颅相学又受到其他科学家的进一步批判，最终被正式定性为伪科学。1846 年，伦敦颅相学会解散。1847 年，《颅相学杂志》停刊。

加尔的颅相学冲破了笛卡尔非实体的灵魂概念，走向较为物质的神经机能概念，促使后来的研究者用更细致的观察和更精细的神经解剖来代替过去对心理与脑关系的推测和猜想（余佳，2013）。

尽管被证实为伪科学，但颅相学采用的研究方法和大脑功能定位思想还是为后来的脑科学研究和发展作出了一定的贡献。

2.4　手指 2D：4D 理论

作为人类最重要的外显体型特征，手（包括手的形状和手掌的纹理等）自古以来就受到较大关注，几乎在各种文化背景下都可以查到看手相的文字或文献记载，人们希望通过看手相来预知祸福。20 世纪中叶，关于食指和无名指比率（second-to-fourth-digit ratio，2D：4D）的研究逐渐发展起来。本节从 2D：4D 的成因、测量及其与人格之间的关联三个方面对这些研究成果进行综述，并展望未来的研究方向。

2.4.1　2D：4D 的性别差异

19 世纪初，一些科学研究者开始采用观察法来比较人们的食指（second digit，2D）和无名指（fourth digit，4D）的长短，发现食指既可能比无名指长，也可能比无名指短，食指和无名指的长短因人而异

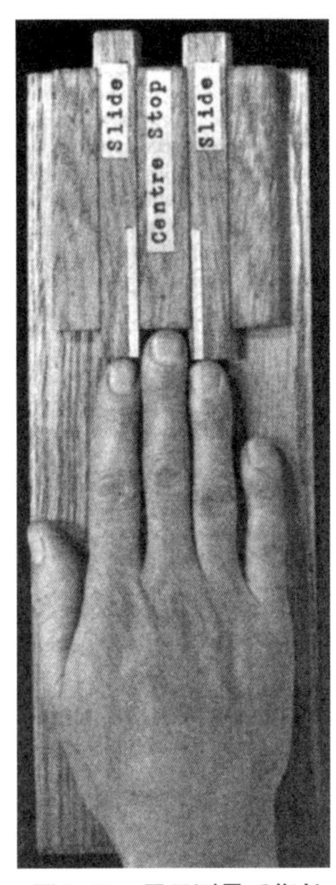

图 2.10 用于测量手指长度的自制木尺

(Phelps, 1952)。1892 年,普菲茨纳运用较为客观的解剖学方法比较了食指、中指和无名指两两之间的骨骼长度比率,发现三个比率虽然都存在一定的差异,但只有食指和无名指的比率具有稳定的性别差异:男性的食指短于无名指(2D∶4D≈0.917),女性的食指长于无名指(2D∶4D≈1.083)(Phelps, 1952)。20 世纪 30 年代,乔治(George, 1930)采用自制的可伸缩的特殊木尺(如图 2.10 所示)更为客观地测量了 620 名加拿大成年白人被试,结果发现,多数男性的食指短于无名指,多数女性的食指长于无名指,再次证明了 2D∶4D 的性别差异,2D∶4D 从此引发较多关注。

成因

关于 2D∶4D 性别差异形成的决定因素,目前主要有遗传和性激素两种观点。

费尔普斯(Phelps, 1952)尝试使用伴性遗传定律(sex-influenced inheritance)来解释 2D∶4D 性别差异的形成原因,提出 2D∶4D 的性二态理论。他假设,男女都存在支配食指短手指的 X 染色体基因,这类基因既有显性态(A),也有隐性态(a),只是男性支配食指短手指的基因多呈显性态组合(AA, Aa),而女性支配食指短手指的基因多呈隐性态组合(aa),并以此为依据,首先按照孟德尔遗传定律分别算出男性和女性食指短于无名指人数比例的理论值。之后招募了 284 名美国成年白人(男性 189 名,女性 95 名)为被试,用直尺测量他们食指和无名指的长度,并计算出 2D∶4D 的实际值。结果发现,测量得到的实际值与按照遗传理论预算的理论值基本吻合,而且男性食指短于无名指和女性食指长于无名指的数量比例与乔治(George, 1930)的测量结果一致。费尔普斯因此认为,男性食指大多是短手指基因的显性遗传，而女性食指大多是短手指基因的隐性遗传，也就是 2D∶4D 的性二态理论。随后数年，费尔普斯进一步把这种性二态精确化，发现男性的 2D∶4D 平均比女性低 1/4 个标准差。21 世纪初，行为遗传学证据开始出现。保罗等人（Paul, Kato, Cherkas, Andrew, & Spector, 2006）采用双生子研究，结果发现，同卵双生子 2D∶4D 的相关显著高于异卵双生子，而且通过方程拟合估计出 2D∶4D 的遗传率约为 0.66。还有研究者（Voracek & Dressler, 2007）对 36 对同卵双生子和 21 对异卵双生子进行研究，结果显示 2D∶4D 的遗传率为 0.81。梅德兰等人（Medland & Loehlin, 2008）收集了 757 对双胞胎或多胞胎的数据，并运用多元基因分析计算出左手和右手 2D∶4D 的加性遗传效应分别为 0.80 和 0.71（Medland, Zayats, Glaser, Nyholt, Gordon, Wright et al., 2010）。至此，越来越多的研究者认同 2D∶4D 具有遗传决定性的观点。

威尔逊（Wilson, 1983）调查和测量了 985 名女性被试，结果发现，2D∶4D 与女性的自信心和竞争性呈显著负相关。结合先前有研究发现母亲产前性激素也与自信心和竞争性存在关联，他因此假设 2D∶4D 很可能也与母亲的产前性激素相关。曼宁（Manning, 1998）研究了 492 名男性，结果显示，2D∶4D 与男性的精子数量和活性存在显著负相关，他也因此反向推测，女性孕期的雄性激素水平应该与胎儿的 2D∶4D 存在负相关。随后，来自临床研究的结果也证实威尔逊和曼宁提出的 2D∶4D 与孕期母亲性激素相关的假设。对 55 名先天性肾上腺增生患者（男性 25 名，女性 30 名）的研究（Ökten et al., 2002）发现，此类患者的 2D∶4D 均值比健康对照组被试要小。为了直接验证个体 2D∶4D 与产前暴露性激素之间的关系，研究者（Lutchmaya, Baron - Cohen, Raggatt, Knickmeyer, & Manning, 2004）采用纵向追踪研究，在妊娠中期通过羊膜穿刺取样获得 29 名胎儿的产前睾酮和雌二醇，之后测量婴儿长到 2 岁时的 2D∶4D，结果发现，这些婴儿右手的 2D∶4D 与睾酮或雌二醇的比例呈负相关，但左手没有出现这一现象。文图拉（Ventura, 2013）采用相同的研究方法，在母亲孕期 17.2 周和胎儿出生后 39.4 周两个时间点分别测量产前睾酮和 2D∶4D，结果显示，羊水中睾酮只与出生后女婴的

2D∶4D存在显著负相关,但生男孩的母亲的2D∶4D比生女孩的母亲的2D∶4D小。由此,2D∶4D与暴露于产前睾酮的关系越来越清晰。

测量

2D∶4D的测量可以分为直接测量、影印测量和计算机辅助测量三种。

直接测量就是直接用长度工具测量食指和无名指的长度。最早的表现是,1892年普菲茨纳运用较为客观的解剖学方法比较了食指、中指和无名指两两之间的骨骼长度比率,之后乔治于1930年采用自制的可伸缩的特殊木尺测量。1998年,曼宁开始使用精度为0.05 mm或0.01 mm的游标卡尺,他将游标卡尺的底部固定于手掌的手指基部折痕位置后再将游标延伸到手指尖端,分别记录食指和无名指的长度。2006年,马拉斯等人(Malas, Dogan, Evcil, & Desdicioglu, 2006)改进了曼宁的游标卡尺测量方法,他们认为食指和无名指手掌侧的基部折痕并不是水平直线,因此应该取基部折痕的中点位置为始点,指尖末端中点为终点进行测量。通过此种方法,他们成功测量了161个流产胎儿(孕期9周到40周)的食指和无名指长度。此后,很多直接测量都采用马拉斯推荐的技术(例如,Wu et al., 2013)。

对于爱动的人群(如儿童),直接测量法有时很难实施,而且测量的原始数据也难以留存备查。因此,2005年曼宁利用影印法先获得手指的纸质影印材料,然后在完全静止的材料纸板上进行测量(如图2.11所示)。具体操作是,让被试把手伸进复印机玻璃板上平放好,遮挡住周围可能进去的光线,然后开始复印。此种方法测量起来更容易(普通复印机均可以),也更稳定,而且可以永久保留记录。但此种方法有时无法将手指的边缘组织很好地印出来,为解决

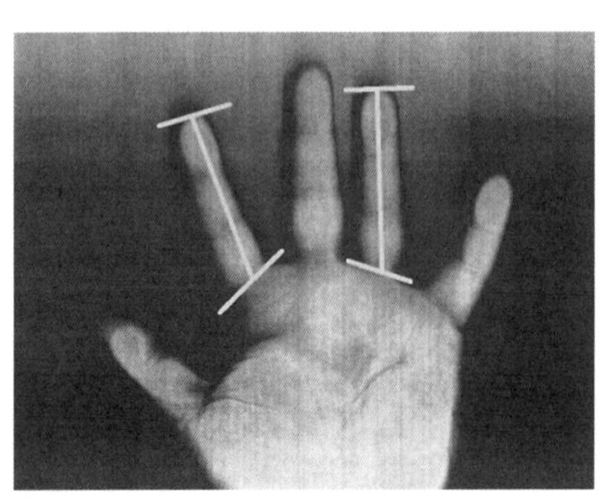

图2.11 影印测量示例

此问题，在一项研究（Voracek & Dressler，2007）中，要求被试先将皱巴巴的锡箔纸放在手背以增强手的图像对比度，并通过调节亮度来确保近端折痕和指尖边缘在复印件上更好地可视化。之后，许多研究者均采用这种技术（Allaway，Bloski，Pierson，& Lujan，2010）。卡斯韦尔和曼宁（Caswell & Manning，2007）还尝试了网络远程影印方法，他们让被试通过网络提供 2 张（左手、右手各 1 张）旁边带有透明直尺的手掌照片，然后测量接收到的照片资料，结果发现，虽然此时测量的标准差比直接影印测量的标准差要大一些，但信度还是在可接受的范围内，如果采用统计控制方法，则可以通过网络远程影印方法得到更多样本资料。

计算机辅助测量是随着计算机和扫描仪技术的发展而兴起的。它的优点是既可以将原始资料电子化以建立数据库，便于通过大数据加以处理和比较，又可以利用计算机辅助对数据进行最精确的校准。具体操作是，先按照影印法原理把手掌放在扫描仪的玻璃板上，然后将鼠标控制的卡尺放在手指的基部折痕上并延伸到手指的尖端，测量者可根据实际情况调整扫描图像的对比度、像素甚至锐度，以确定最佳的清晰参数，最后使用计算机辅助图像技术（GNU Image Manipulation Program，GIMP）分析和校准得到的手掌电子图像。阿拉韦等人（Allaway et al.，2010）最早使用计算机辅助测量技术，并将其与直接测量和影印测量进行对照，结果表明，通过计算机对图像进行处理后，测量结果的信度和效度都最高。近些年来，随着智能手机和网络的发展，桑内斯（Sandnes，2014）提出可利用智能手机的扫描功能对手掌进行标准扫描（如图 2.12

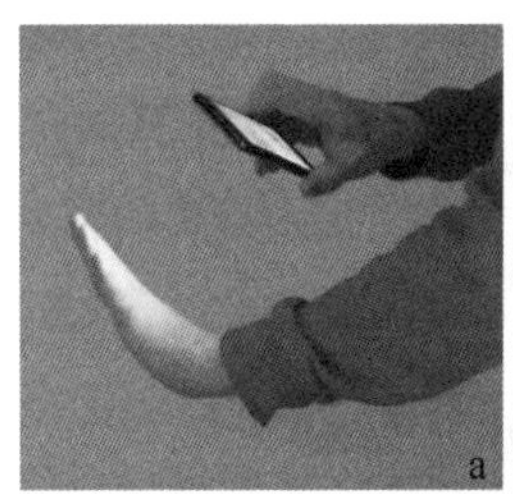

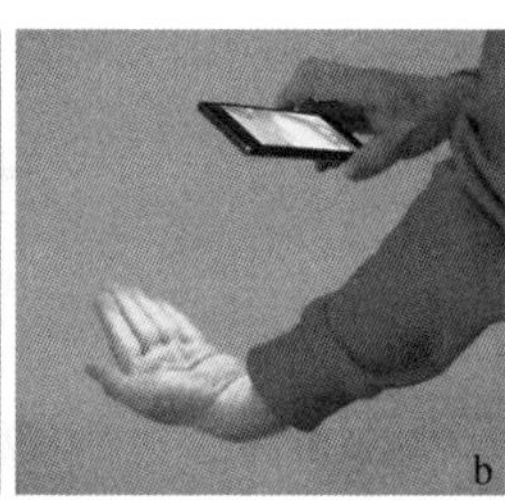

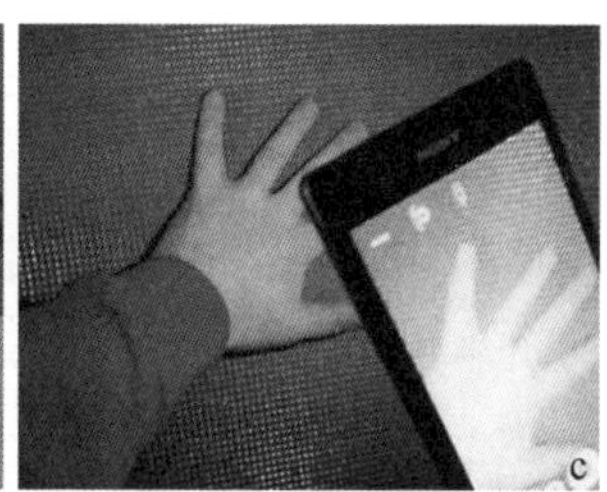

图 2.12 智能手机扫描测量手指比例

（a 手心向下、b 手心向上、c 手掌平展）

所示)，然后通过网络把扫描的电子数据传送到研究中心数据库，最后通过计算机辅助技术对这些数据进行标准化处理和再测量。为此，他反复实践，发明了一种最佳的智能手机扫描手掌技术。他把通过该技术测量的结果与直接测量结果进行对比分析，结果发现，两者的误差在 0.01 水平内。

2.4.2 2D∶4D 与人格特质之间的关联

2D∶4D 对人格的预测作用主要体现在攻击性特质、感觉寻求特质、性别化特质、性取向等方面。

贝利和赫德(Baily & Hurd, 2005)研究了 298 名被试(男女各 149 名)的 2D∶4D 与身体及言语攻击性之间的关系，结果发现，只有男性的 2D∶4D 与身体攻击性存在负相关。但有研究(Benderlioglu & Nelson, 2004)只发现 2D∶4D 与女性的反应攻击性存在相关，他们测查了 100 名被试(男性 51 名，女性 49 名)左手和右手的 2D∶4D，并用威胁性情景线索启动被试的反应攻击性倾向，结果发现，只有女性右手的 2D∶4D 与反应攻击性倾向存在负相关。米利特和德维特(Millet & Dewitte, 2007)采用侵略线索启动男女的身体攻击性倾向，结果发现，男性和女性的 2D∶4D 均与身体攻击性存在负相关。

汉普森等人(Hampson, Ellis, & Tenk, 2008)研究了 164 名大学生(男性 87 名，女性 77 名)的 2D∶4D 与攻击性及感觉寻求的关系，结果发现，所有被试左手和右手的 2D∶4D 均与感觉寻求总分呈负相关，但只有右手的 2D∶4D 与攻击性总分呈负相关。进一步统计分析发现，男性左手和右手的 2D∶4D 均与言语攻击存在负相关，但只有左手的 2D∶4D 与感觉寻求总分和无聊子维度得分存在负相关，而女性只有右手的 2D∶4D 与感觉寻求总分、新异寻求子维度、身体攻击和言语攻击存在显著负相关。芬克等人(Fink, Neave, Laughton, & Manning, 2006)调查了 290 名(男性 126 名，女性 164 名)来自德国和英国的大学生，结果发现，只有男性左手和右手的 2D∶4D 与感觉寻求总分和无聊子维度得分存在显著负相关。

2D∶4D与性别化特质的关系研究主要涉及系统性—移情性、工具性—表达性和中介—内部中心性这三类特质。系统性(systemizing)是指通过理解系统的规则来分析和建构系统的能力,偏向于认知和归纳,被认为是男性化倾向的特质;移情性(empathizing)是指识别他人的情感并作出反应的能力,偏向于情感理解和反应,被认为是女性化倾向的特质。曼宁和希尔(Manning & Hill, 2010)通过网络调查了255 116名个体(男性110 955名,女性144 161名)的资料,统计分析后发现,系统性特质与男女左手和右手的2D∶4D均存在负相关,而且这种效应在右手上更显著。工具性—表达性(instrumental-expressive)是区分男性化和女性化气质的重要标准,男性化的个体更倾向于拥有工具性的自我概念,而女性化的个体更倾向于拥有表达性的自我概念,贝姆性别角色量表(Bem Sex Role Inventory, BSRI)就是根据这一标准来区分个体的性别角色特征。有研究者(Csathó, Osváth, Bicsák, Karádi, & Kállai, 2003)招募了46名匈牙利女大学生(平均年龄21岁),让她们填写贝姆性别角色量表,同时测量她们左手和右手的2D∶4D,结果发现,2D∶4D更低的女性的工具性自我概念得分更高。社交活动的中介—内部中心性也被认为是具有性别化的特质属性,男性的社交偏向于中介中心性(betweenness centrality),表现为他们喜欢在不同的社交群体中成为彼此认识的中心。女性的社交偏向于内部中心性(in-degree centrality),表现为她们喜欢成为同一群体内部朋友圈的中心。还有研究者调查了176名西班牙成年白人被试(男性97名,女性79名)的社交网络特征和2D∶4D,结果发现,2D∶4D比较低的男性更倾向于中介中心性,而2D∶4D比较低的女性更倾向于内部中心性。

2D∶4D还与男性和女性的性取向存在关联。利帕(Lippa, 2003, 2006)以2 084名美国加州大学生(男性849名,女性1 235名)为被试开展调查分析,结果发现,同性恋男性的2D∶4D显著高于异性恋男性,同性恋女性的2D∶4D显著低于异性恋女性。他因此认为,这种情况与被试产前雄性激素暴露水平有关,异性恋男性和同性恋女性的产前雄性激素暴露水平应该显著高于同性恋男性和异性恋女性。来自日本被试的研究结果与利帕的结果基本一致。一项对 300 名双生子(女性 204 名,男性 96 名)的研究(Hiraishi et al., 2012)显示,非异性恋(同性恋和双性恋)女性双生子个体左手的 2D∶4D 显著低于她们的异性恋姐妹,而非异性恋男性双生子个体左手和右手的 2D∶4D 均显著高于他们的异性恋兄弟。中国的研究样本只有男性的结果,研究者(Xu & Zheng, 2016)让 309 名中国成年男性主观报告他们的性取向,然后测量他们的 2D∶4D,结果发现,只有完全同性恋取向(不包括双性恋取向)男性的 2D∶4D 高于异性恋男性。来自英国的研究还发现了这种现象的种族差异,曼宁等人(Manning et al., 2003)采用对照设计研究了英国本土的以及来自美国加州但居住在英国的白人男同性恋者,结果表明,英国本土的男同性恋者的 2D∶4D 比异性恋者低,而来自美国加州的男同性恋者的 2D∶4D 比异性恋者高。因此,曼宁等人认为,文化在 2D∶4D 预测性取向之间可能起到调节作用。

2.4.3 不足与展望

综上所述,与心理学历史上曾经流行过的体液说、体型说和颅相学比起来,2D∶4D 的研究具有以下三个方面的优势。首先,更加系统化。2D∶4D 的研究从成因、测量、预测作用等诸多层面建构了一个相对完整的系统,而之前的学说大多停留在概念和个体差异描述层面,对成因、测量、预测作用的研究甚少。其次,更具科学性。2D∶4D 的研究在成因探讨方面应用了行为遗传学和较为先进的分子生物学方法,在测量方面借助现代科学技术发展出的多种较为精细的测量手段,在预测方面既有相关研究的证据,又有对照实验研究的证据。最后,更具实用性。体液说、体型说和颅相学多停留在研究体液、体型、颅相与个体特质的相关层面,而 2D∶4D 研究除了涉及人格特质外,还涉及生殖机能、性取向、择偶态度,甚至疾病风险等方面,研究更具实用性,且范围更广。也许,这正是在当前非常强调科学心理学的时代,2D∶4D 研究仍然能够流行,并吸引众多研究者的原因所在。

但 2D∶4D 研究的不足也很明显。首先表现在成因上。2D∶4D 形成的行为遗传学证据似乎较为充分，但特定的基因类型及其遗传机制尚不明确。2D∶4D形成的大致时间虽然可以确定为怀孕早期 14 周左右(Austin, Manning, Mcinroy, & Mathews, 2002)，但产前雄性激素在 14 周前的具体作用机制尚不明确，也没有精确到能够建立常模和预测模型。此外，遗传和雄性激素暴露两类成因之间的关系也不清晰。其次表现在测量上。2D∶4D不仅是外显可测的身体指标，而且具有较大的应用价值，按道理说应该对它进行相关的大数据调查和统计分析，建立各类常模，以便最大限度发挥它的应用价值，但目前还没有看到相关的研究报道。最后表现在预测价值上。尽管很多研究的出发点是希望发现 2D∶4D对个体身体、心理和社会特征的解释力和预测力，但认真审视后发现，这些研究实际上大多是相关研究，在范式上大多是两个变量之间的相关描述，很少考虑到 2D∶4D与相关应用变量之间可能存在中介变量和调节变量。即使有几项实验研究似乎基于组间比较，但它们几乎都没有直接操控自变量，故而难以称之为严格的实验研究。因此可以说，现有的大多数 2D∶4D 的预测研究其实并不能得出因果关系的结论(Hönekopp, Manning, & Müller, 2006)。

研究者认为，未来的 2D∶4D 研究需要在以下三个方面有所加强。首先是成因研究方面。要把分子遗传学和分子生物学技术结合起来，既要提高遗传和性激素两类成因的研究精度(譬如特定基因的作用，或加性遗传效应)，也要深入探究两者之间可能存在的交互效应。其次是测量方面。要充分应用高速发展的网络技术和智能手机的功能，结合大数据技术，从婴儿时期就建立各个民族、种族的 2D∶4D个人数据和常模，以方便医学、心理学、教育学和社会学多个领域的研究者和实际工作者使用，以最大限度地发挥 2D∶4D研究的应用价值。最后是预测价值方面。要努力提高研究的预测效度，深入探究 2D∶4D 对身体、心理和社会诸多相关变量产生预测作用的内在机制，采用更为严格的相关研究和实验设计争取得出更多的因果结论，找出发生作用的中介变量和调节变量，以减少这些研究成果应用于实践领域可能产生的风险。

3 外向性的生理基础

外向性(extraversion)是最早得到人格心理学家认同的特质之一。先是荣格(Carl Gustav Jung)根据心理能量流动的方向提出内倾—外倾概念,之后艾森克(Hans Eysenck)采用因素分析将其确定为三因素人格结构(外向性、精神质、神经质,对应英文为 extraversion, psychoticism, neuroticism)的首位特质,现在更为流行的五因素人格结构(外向性、开放性、尽责性、随和性、神经质,对应英文为 extraversion, openness, conscientiousness, agreeableness, neuroticism)也将其放在第一个特质的位置。外向性反映了人对刺激类型的寻求倾向,外向性得分高者常被称作外向者,外向者喜欢寻求外在刺激,包括自然的刺激和社会的刺激,因而他们既喜欢从事户外活动,也喜欢跟人打交道,在自然活动和社交活动中都表现出较高水平的兴奋性、活跃性和投入度;外向性得分低者常被称作内向者,内向者倾向于寻求内在刺激,他们对自身内在的身体感觉和心理活动感兴趣,因而喜欢安静、独处和思考,对自然活动和社会活动没那么兴奋、热情和主动投入。

为何内向者和外向者对内外两类刺激表现出如此不同的寻求倾向?数十年来,研究者从感知觉、情绪情感和意志行为等方面作出了多种解释,提出了多个理论,其中许多涉及大脑的结构和功能,以及神经递质和激素。

3.1　大脑结构

3.1.1　边缘系统

人对某种刺激是否感兴趣，首先要看这种刺激是否满足了人的内在需要。如果感知到的刺激满足自己的需要，个体就会产生积极的情绪体验，获得快乐和满足。从这个意义上说，外向者之所以喜欢寻求外在刺激，应该是因为自然的或者社会的刺激更易于引发他们的积极情绪，内向者则相反，他们更喜欢自己身体和心理活动产生的体验。因此，与情绪活动及其调节相关的边缘系统一直是外向性特质研究的焦点脑区。这些边缘系统涉及很多脑结构，既有人们熟知的低级情绪中枢杏仁核，还包括起调节作用的海马、丘脑、下丘脑和脑岛（Milad et al.，2007；Price et al.，2010），甚至包括纹状体中的壳核结构（Zou，2018），这些结构基本上都与积极情绪的产生和调节有关。尤其是杏仁核、壳核的灰质和白质体积与外向性的关系，受到研究者的最大关注。

杏仁核

众所周知，杏仁核（amygdala）是情绪的初级中枢，它与外向性的关系最早受到研究者的关注。2011 年，克雷默斯招募了 65 名健康成年被试（男性 23 名，女性 42 名，年龄范围 21～56 岁，平均年龄 40.5 岁），在测量他们的人格特质后对大脑进行磁共振成像扫描。结果发现，杏仁核的灰质体积与外向性得分之间存在正相关，而且这个相关只存在于杏仁核的右半部分（Cremers，2011）。就大脑的功能偏侧化来说，右脑是情感脑，因此克雷默斯推测，外向者的杏仁核比内向者更为发达，更易产生积极情绪。临床研究的结果似乎支持克雷默斯的这个结论，如有研究发现，外向者焦虑障碍和抑郁障碍的发生率低于内向者，因而外向性被认为是焦虑和抑郁的保护因素，并与积极情绪的产生有关。进一步的研究还揭示，外向性水平高的个体发生情感障碍的可能性低，这主要是通过眶额皮质和杏仁核的情绪加工调节功能实现的（Clark，Watson，&

Mineka，1994）。

但2014年发表的一份研究报告似乎得出了与克雷默斯等人相反的研究结果。研究者招募了71名健康的中国大学生（男生34名，女生37名，平均年龄22.4岁），采用与上述研究相同的人格问卷和磁共振成像技术，结果发现，杏仁核的体积与外向性得分之间呈负相关。研究者对结果的解释也与克雷默斯相反，他们认为杏仁核体积越小可能预示着越强的积极情绪功能，因为体积越小，密度越大，神经连接越紧密，功能连通性越好（Lu et al.，2014）。

壳核

壳核（putamen）是基底神经节中纹状体的一部分，一些研究发现它主导人对积极情绪的预期功能（Aghajani et al.，2014；Ballard & Knutson，2009；Haber & Knutson，2010）。为了探究外向性与壳核结构之间的关系，有研究者（Zou et al.，2018）招募了100名健康被试（男女各50人），先用艾森克中文简版人格量表测量被试的外向性得分，然后对他们的大脑进行磁共振成像扫描，最后采用相关法分析被试的壳核体积与外向性之间的关系。结果发现，外向性得分与被试大脑的壳核灰质体积呈负相关，被试的外向性得分越高，壳核灰质体积越小。在比这项研究早几年的另一项研究（Liu et al.，2013）中，研究者招募了更多被试（223名），采用同样的人格问卷和磁共振成像技术，结果发现，被试的外向性得分与壳核的白质体积也呈负相关，被试的外向性得分越高，壳核的白质体积越小。这两项研究表明，壳核的白质和灰质体积都与外向性存在较为确定的相关关系。

认知神经科学的研究发现，壳核是集成神经通路的一部分，它和尾核、苍白球共同组成纹状体，此通路与积极情绪预期有关（Aghajani et al.，2014）。有研究者推测，壳核的体积越小，说明被试对外在刺激引发的积极情绪预期越强，因而外向性得分越高（Zou et al.，2018）。上述推测的依据来自索厄尔等人（Sowell et al.，2004）的研究结论。索厄尔等人采用磁共振成像技术开展的一系列研究发现，被试的左脑背侧额叶和顶叶皮质越薄，他们的一般语言智力功能越好；被试的额叶皮质越薄、越细密，他们存储和检索语言信息的能力越强。因此，就某些大脑结构来说，体积更小可能提示它们在完成某些特定功能方面效率更高。

3.1.2　前额叶

前额叶(prefrontal lobe)是最高级的脑中枢，它参与情绪对行为活动的调节和决策。一些研究发现，前额叶参与社会信息的加工，如内侧前额叶和眶额皮质，这两个区域分别参与社会信息的加工和社会性奖赏信息的处理(Amodio & Frith 2006；Samson et al.，2004)。有研究发现，五因素人格模型(five factor personality model，FFPM)中外向性得分高的人比外向性得分低的人更具社交能力，社交行为更活跃，更乐观和更快乐(Depue & Collins，1999；McCrae & Costa，1990)。于是，有研究者考虑，外向性特质是否与内侧前额叶和眶额皮质的体积存在某种关联呢？

有研究者设计了一个实验来探究这个问题。他们通过非正式广告招募了52名健康的志愿者(女性29名，男性23名，平均年龄25岁)来参与研究。在研究中，先对所有被试进行人格评估，即完成“大五”人格测试(Costa & McCrae，1995)，然后安排被试接受磁共振成像扫描，采集脑图像数据，最后运用基于体素的形态测量方法(具体参见第一章“研究方法”的内容)分析处理获得的数据。结果发现，外向性与眶额皮质、前额叶中部皮质体积呈负相关。因此，他们认为，外向性水平高的人喜欢且擅长参与社会活动，他们往往对社会回报(如社会认可)更敏感，和其他类型奖赏一样，有关社会回报的信息也在多巴胺神经回路中得到处理，这些神经回路涉及的区域就包括前额叶区和眶额区(Rademacher et al.，2010)。这项研究还发现，上述相关存在半球(左、右脑)效应。半球效应的主要表现是，外向性与前额叶的相关主要存在于右半球，右脑区域的这种优势可以用大脑功能不对称来解释，因为右半球前额叶在行为抑制如戒断行为、消极情绪和个人导向行为中起重要作用(Demaree et al.，2005)，而这些行为并不是外向者擅长的，所以它们之间的负相关关系也就不难理解了(Joana et al.，2013)。

但另外一些研究的结果与之相反，扬等人（Young et al.，2010）发现外向性与内侧眶额皮质的体积呈正相关，劳赫等人（Rauch et al.，2005）和克雷默斯等人（Cremers et al.，2011）发现，外向性与眶额皮质的厚度呈正相关。赖特等人（Wright et al.，2007）还发现，外向性与额中皮质厚度呈正相关，但这种相关主要存在于左脑。

为什么不同的研究会得出看似相反的结果呢？研究者认为，原因可能有以下三点。

第一，正如扬等人（Young et al.，2010）所阐述的，尽管一般情况下研究者认为，某一特定脑区的体积越大，表明该部位的神经元数量越多，加工能力越强。但是，区域体积越小也可能表明在执行与该结构相关的具体功能方面效率越高。第二，可能是因为被试之间存在差异，例如克雷默斯等人（Cremers et al.，2011）招募的被试就存在较大的年龄差异。第三，不同的磁共振成像分析方法也会对研究结果产生影响，例如对所有因素总体实施一般线性模型（general linear model，GLM），以及对每个因素和感兴趣区域分别实施一般线性模型，就会得出完全不同的结果。

3.1.3 眶额皮质

眶额皮质（orbitofrontal cortex，OFC）是人类情绪和动机的高级神经中枢之一，它的主要功能是控制自主反应，指导动机行为和决策，并精确控制个体在不同社会情境中的情绪表达（Critchley et al.，2000）。外向者通常比较活跃、乐观、热情，喜欢与人开展社交活动，分享经验和感受，他们应该在社交活动中有更丰富的情绪表达和情绪反应，而且从社交活动中得到更多激励和强化（McCrae & Costa，1999）。前期的正电子发射断层扫描研究已经发现一些与情绪控制相关的高级中枢，譬如额叶、岛状皮质、右颞皮质、前扣带回、右岛叶、双侧颞叶和双侧额叶等的葡萄糖代谢水平与外向性特质有关（Costa & McCrae，1992；Johnson，1999）。那么，主导情绪精确控制的眶额皮质与外向性的关系如何呢？德克尔斯巴赫等人（Deckersbach et al.，2006）同样采取正电子发射断层扫描技术深入探究了眶额皮质与外向性之间的关系。

德克尔斯巴赫等人随机招募了 20 名健康女性被试，年龄为 23～25 岁。先用“大五”人格简版量表测量她们的外向性得分，然后安排这些被试在静息状态接受 18F-氟代脱氧葡萄糖（18F-FDG）的正电子发射断层扫描，以收集她们大脑的葡萄糖代谢数据，最后分析外向性得分与局部脑葡萄糖代谢率（regional cerebral metabolic rate of glucose，rCMRglu）的关系。结果发现，被试的眶额皮质葡萄糖代谢率与外向性之间存在显著的正相关。也就是说，外向性水平越高的个体，静息状态时的眶额皮质葡萄糖代谢量就越大。

对于上述结果，德克尔斯巴赫等人认为，这与外向者偏向奖赏的认知决策和容易获得外部刺激的奖赏有关。动物和人类的研究都表明，眶额皮质参与刺激监测和基于奖赏的决策过程（Cohen et al.，2005；Cox et al.，2005；Remijnse et al.，2005）。更高水平的眶额皮质葡萄糖代谢率表明外向者比内向者对外部正强化物更敏感，他们更享受外部刺激活动，特别是人际关系中获得的快乐与奖赏。

3.1.4 行为激活系统和行为抑制系统

格雷（Gray，2000）修正和发展了艾森克的三因素人格结构模型，提出了强化敏感性理论（reinforcement sensitivity theory，RST），这个理论认为外向性特质依赖两组神经回路：行为激活系统（behavioral activation system，BAS）和行为抑制系统（behavioral inhibition system，BIS）。行为激活系统和行为抑制系统都可以增加对相关感官线索的唤醒和注意，但行为激活系统激活了接近行为，而行为抑制系统抑制了接近行为。行为激活系统的关键区域包括左侧背外侧和内侧前额区域以及基底神经节，而行为抑制系统包括右侧前额区域、杏仁核、基底神经节和下丘脑（Hewig et al.，2006）。因此，格雷假设，外向者的行为激活系统较强，行为抑制系统较弱；内向者则相反，行为激活系统较弱，行为抑制系统较强。

外向性的差异是否与行为抑制系统和行为激活系统涉及的脑区容量差异有关呢？福斯马纳等人（Forsmana et al.，2012）设计了一个实验来探索这个问题。他们选取了 34 名健康男性(年龄范围 19～49 岁，平均年龄 33.2 岁)，对他们进行人格测验和磁共振成像脑结构扫描，并分析数据。结果发现，主要是大脑右半球额叶、顶叶和颞叶的多个区域的灰质体积与外向性呈显著负相关。也就是说，外向性水平越高的人这些脑区的灰质体积越小。这不仅与格雷的假设一致，而且支持了以前关于大脑两半球功能不对称的研究结果，即右半球脑区更多参与了行为抑制系统的不同成分，如戒断行为、消极情绪和以个人为导向的负性情绪。

这项研究还进一步探讨了外向性与白质之间的关系。数据分析结果显示，下至脑干，上至额叶和顶叶的诸多大脑区域的白质体积也与外向性得分呈广泛而显著的负相关。这与艾森克最初提出的唤醒理论一致，艾森克(Eysenck, 1967)认为，内向者之所以具有较高的基线唤醒水平，是因为他们的上行网状皮质系统的体积更大，功能更强。

3.2 大脑功能

3.2.1 皮质唤醒

兴奋和抑制

最初，艾森克借鉴巴甫洛夫有关大脑皮质的兴奋(excitement)和抑制(inhibition)理论来解释外向性的生理机制(Pavlov, 1927)。巴甫洛夫认为，神经活动的基本过程是兴奋和抑制。兴奋是指神经活动由静息状态或较弱的活动状态，转变为活动状态或较强的活动状态。抑制是指神经活动由活动状态或较强的活动状态，转变为静息状态或较弱的活动状态。兴奋和抑制相互联系、相互制约，还可以相互转化。

艾森克认为，外向者大脑皮质抑制过程弱而兴奋过程强，神经系统属于强型，由于大脑皮质兴奋过程强，因此他们对刺激的反应过程快且强度大，但忍受刺激的能力弱，他们一般渴望强烈的感觉刺激，因而是刺激寻求者；内向者大脑皮质兴奋过程弱而抑制过程强，神经系统属于弱型，他们对刺激的反应慢且强度小，但忍受刺激的能力强，因而是刺激回避者。

为验证上述假设,艾森克开展了一些行为实验,实验结果基本证实了他的假设,例如外向者更喜欢明亮的颜色、高频音乐,更喜欢酒精和药物等强度较大的刺激物。内向者更喜欢安静的环境、简单的画面、轻柔的音乐等强度较小的刺激物(Eysenck, 1990)。

基线唤醒

大脑的基线唤醒与脑干网状结构有关。脑干网状结构(reticular formation of brain stem)是指脑干腹侧中心部分神经细胞和神经纤维相混杂的结构,形状如网,因此解剖学上称之为"网状结构"。它在种系发生上是比较古老的系统,是感觉传导的重要旁路。它把机体内外的各种刺激广泛传递给大脑皮质各部分的神经元,以保持大脑皮质的觉醒状态。脑干网状结构从脊髓上端延伸至间脑,是许多神经核、上行纤维和下行纤维组成的复杂混合体(如图 3.1 所示)。这些神经核和纤维束有两个特点:一是没有特异的感觉或运动功能;二是各个神经核中发出的纤维散漫地投射到大脑的其他部分。意大利生理学家莫鲁齐(G. Moruzzi)和美国解剖学家马古恩(H. Magoun)于 1949 年发表了他们关于脑干网状结构的电生理学研究,报告了在麻醉状态下,猫的脑电图模式类似于睡眠时的脑电图模式(高幅慢波)。用电刺激猫的网状结构,脑电图就变为清醒时的模式(低幅快波)。由此他们提出,网状结构是控制

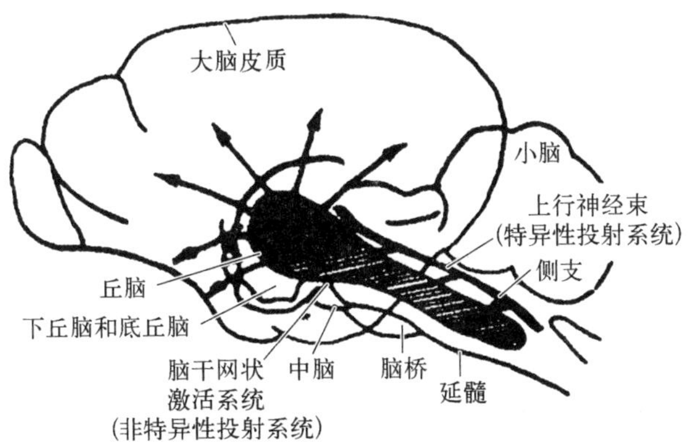

图 3.1 脑干网状结构及其投射性唤醒示意图

睡眠和觉醒的一个激活系统。1950 年,林斯利(D. B. Lindsley)等人又发现,破坏脑干内的感觉通路并不引发睡眠,但损伤网状结构,则会引发昏迷不醒的后果。从此,脑干网状结构被普遍看作一个维持一般的清醒或意识状态的系统。

脑干网状结构包含上行网状激活系统(ascending reticular activating system, ARAS)和下行投射系统(descending projection system, DPS)。上行网状激活系统从脑干向上投射,广泛接收外周躯体和内脏传入的各种神经冲动,最后经由丘脑的非特异性投射系统到达大脑皮质;下行投射系统则从脑干向下投射到达脊髓,对身体的运动性活动产生易化或抑制作用。上行网状结构主导唤醒并使大脑保持觉醒,如果没有上行网状结构,整个中枢神经系统将会瘫痪。如果上行网状结构遭到破坏,则会导致嗜睡、昏睡甚至昏迷。因此,上行网状激活系统的活动与障碍是意识觉醒与昏迷的生理解剖基础。

由于通过上行网状激活系统弥散性投射产生的大脑唤醒没有特异性和选择性,因此它并不对有目标的行为产生直接影响,它只为机体从事某项任务提供最基础的大脑唤醒和工作背景,因而可称之为大脑的基线唤醒。

最佳唤醒

在基线唤醒的基础上,赫布(Donald Hebb)和柏林(Daniel Berlyne)提出了最佳唤醒理论(optimal arousal theory)。该理论认为:(1) 唤醒是由外部刺激引起的大脑皮质的兴奋状态,一般来说,人们喜欢中等程度的刺激,它能带来最佳的唤醒水平,刺激水平太低或太高,个体都会不舒服;(2) 个体对唤醒水平的偏好是个体行为的决定性因素之一;(3) 人们偏好最佳唤醒水平。

简而言之,最佳唤醒水平是指人们从事某项活动时感到最舒适的大脑唤醒水平,它取决于个体、任务和环境三个要素,因此不同的人在不同环境中和从事不同任务时的最佳唤醒水平也会不同。譬如,有些人在安静状态下读书效果更好,感觉更舒服;有些人则需要在嘈杂的环境下才会享受到读书的快乐。当面对紧急的目标任务时,有些人需要安静的环境才能作出正确的决断,有些人则需要在复杂的刺激环境中寻找灵感。

外向性的唤醒理论

受基线唤醒和最佳唤醒理论的启发,艾森克于 1957 年提出外向性的唤醒理论。他认为,外向者和内向者的特质行为差异主要受到唤醒水平的调节。外向者的基线唤醒水平低,最佳唤醒水平高,两个水平之间的差距大,因此在多数情境和任务状态下,需要寻求更多、更强的刺激来把基线唤醒提升到最佳唤醒;内向者的基线唤醒水平高,最佳唤醒水平低,两个水平之间的差距小,因此在多数情境和任务状态下,只需要较少、较弱的刺激就可把基线唤醒提升到最佳唤醒。该理论得到了一些实验研究的证实,如外向者更多地选择在吵闹的而不是安静的阅览室学习(Campbell, 1983),研究者要求大学生被试先完成艾森克人格问卷,然后回答在读书的过程中每小时分心的次数和对周围噪声的感受。结果发现,内向者读书时喜欢安静的环境,分心的次数少;外向者读书时喜欢周围有更多视觉和听觉刺激,分心的次数多。

以此理论和实验证据为基础,艾森克于 1971 年以图形的形式来解释外向者和内向者对刺激的寻求规律(如图 3.2 所示)。

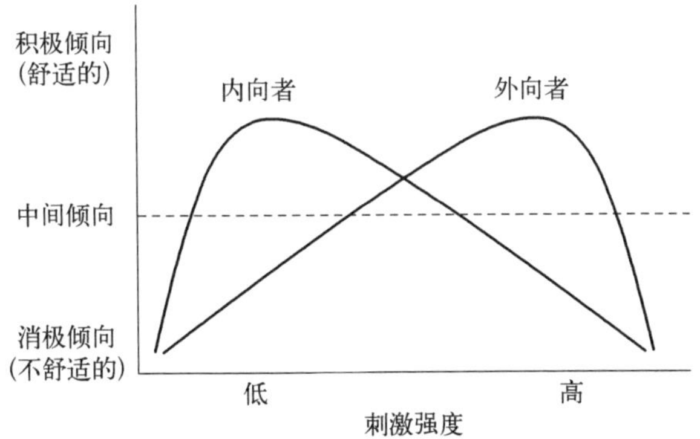

图 3.2 艾森克对内向者和外向者适宜刺激的解释

从图 3.2 中不难看出,外向者和内向者寻求刺激的差异主要体现为两点:一是刺激强度,外向者达到最佳唤醒水平需要的刺激强度大于内向者;二是耐受性,内向者对刺激的耐受性显著强于外向者,也就是说,接受最佳刺激强度后，内向者的最佳唤醒水平下降的速度显著慢于外向者，这也解释了为何内向者在从事相同的任务时注意力的持续时间要显著长于外向者。

一些脑电图频谱分析似乎也支持了艾森克的唤醒理论。有研究者用脑电图研究大脑活动与外向性之间的关系，他们随机选取 50 名被试(男性 26 名，女性 24 名，年龄范围 22～60 岁)，在被试连续完成三次“20 秒睁眼(EO)、20 秒警觉(A)、20 秒闭眼(EC)和 20 秒提醒(A)”的周期唤醒基线任务(EO－A－EC－A)时记录被试的脑电图。对脑电图的频谱进行分析，结果表明，外向者比内向者表现出更大的 α 波振幅(8～13 Hz) (Tran et al.，2001)。哈格曼等人采用相同的实验程序得到与上述研究相同的结果，49 名被试(男性 24 名，女性 25 名，平均年龄 24 岁)的外向性得分与 α 波活跃性呈正相关(Hagemann et al.，2009)。α 波属于大脑转向抑制要求睡眠的低唤醒电位，外向者在基线唤醒活动时 α 波更活跃，说明他们大脑的基线唤醒水平确实低于内向者。

但后来的一些实验研究对艾森克的唤醒理论提出了挑战，这些研究发现，外向者和内向者的基线唤醒水平可能并无不同，因为他们在安静状态下的任务表现并无不同。例如，一项实验研究发现，在安静的环境中，外向者和内向者的阅读成绩并无差异，但在阅读过程中播放背景音乐后，内向者的表现要比外向者差很多(Furnham & Bradley，1997)。给予基线唤醒水平相同的两组被试同样程度的刺激，内向者往往会比外向者表现出更强的生理反应(Gale，1986)。

因为基线唤醒水平是由上行网状激活系统的闸门来控制的，所以艾森克假设外向者和内向者上行网状激活系统的功能存在显著差异，这也正是外向性特质的生理基础。但有关这个闸门的具体运行机制，目前还没有可靠的证据和清晰的理论解释。

3.2.2 体感活动

根据艾森克的唤醒理论，外向者和内向者对刺激的敏感性不同，内向者往往对刺激更敏感，也就是说内向者只需要较弱的刺激就能引发大脑皮质较大程度的唤醒(如图 3.2 所示)。这个理论得到了西德莱等人(Siddle et al., 1969)研究的证实,西德莱等人检测了外向者和内向者的听觉阈值,结果发现,内向者的听觉阈值显著低于外向者。1965 年,沙加斯和施瓦茨研究了躯体感觉诱发电位(somatosensory evoked potentials, SEPs)与外向性之间的关系,结果发现,相同强度的触觉刺激引发了内向者更高水平的躯体感觉诱发电位,这说明较弱的触觉刺激就可以引发内向者较高的体感皮质唤醒水平(Shagass & Schwartz, 1965)。

为了进一步探究外向性水平不同的人对触觉的皮质激活情况,谢弗应用更先进的脑磁图(magnetoencephalogram, MEG)技术,比较分析了在面对相同的触觉刺激时,外向者和内向者躯体感觉皮质(somatosensory cortex, SSC)的激活情况。实验招募了 23 名健康被试(平均年龄 25 岁)。在实验过程中,所有被试都需要接受左手和右手的触觉刺激,同时使用具有 148 个一阶梯度计的全头脑磁图系统记录体感诱发磁场(somatosensory evoked magnetic fields, SEF)。数据分析结果显示,被试的外向性得分与躯体感觉皮质的体感诱发磁场的反应呈显著的负相关,而且这种关系只存在于右半球(见图 3.3 和图 3.4)。

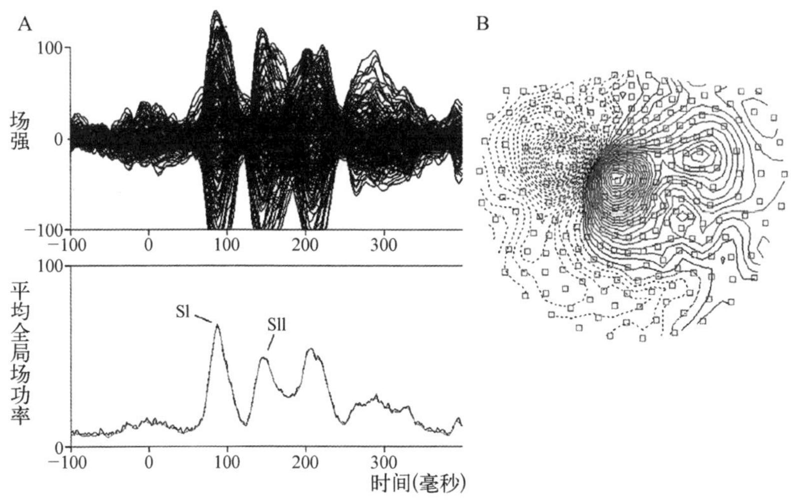

图 3.3 手指触觉诱发的躯体感觉中枢脑磁图(见彩插第 3 页)

(A 上: 148 个传感器叠加的脑磁图;A 下: 平均全局场功率;B: 等高线磁电位图)

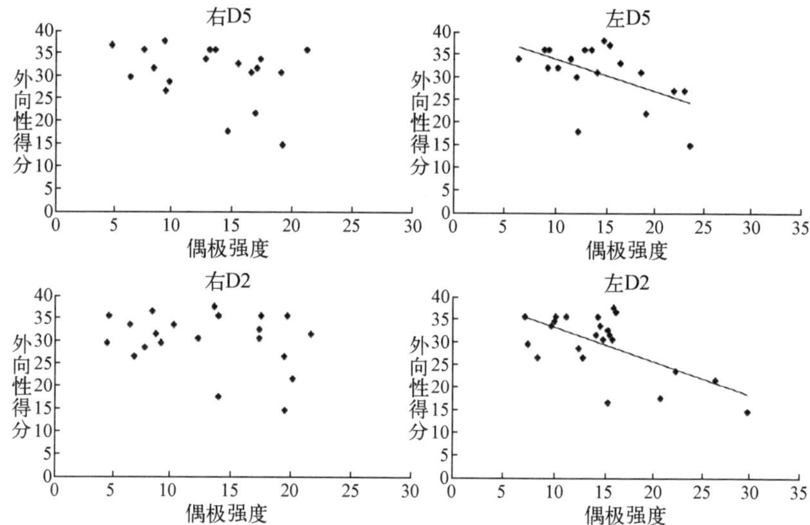

图 3.4 手指触觉诱发的躯体感觉中枢的体感诱发磁场反应与外向性得分之间的相关

研究者认为,上述实验结果支持了艾森克外向性的唤醒理论,内向者之所以存在较低的触觉感觉阈值,是因为较弱的触觉刺激就可以使躯体感觉皮质有较高水平的激活。至于为何外向者和内向者这种激活水平的差异只出现在右半球,他们认为应该与大脑半球认知过程的不对称性有关,因为感知他人感觉的认知属于社会认知,越来越多的证据表明,社会大脑具有功能不对称性(Brancucci et al., 2009),右半球对社会信息感知的处理比左半球更活跃。也就是说,在社会情境下,内向者对身体的接触比外向者更敏感(Schaefer et al., 2012)。

3.2.3 社会认知

在社会活动层面,外向者倾向于寻求、参与和享受社会交流,他们喜欢聚会,热衷于交谈;内向者则相反,他们倾向于回避社会交往,在社会活动中趋向于保守、孤僻或害羞。因此,外向者和内向者在社会行为倾向性方面存在显著差异(Ashton et al., 2002; Eysenck, 1990; John, 1990)。

有研究发现,外向者之所以比内向者更喜欢社交活动,是因为他们预期会从社会交往活动中获益，如能获得他人的陪伴，减少孤独（Ashton et al.，2002）。事实上，许多研究发现，外向者与奖赏相关的多个脑区（如腹侧纹状体、杏仁核和内侧前额叶）的活性确实比内向者更强（Canli et al.，2001；Cohen et al.，2005；Depue & Collins，1999；Johnson et al.，1999）。

依照此逻辑，外向者对社会活动的反馈评价也应该与内向者不同，一种假设是外向者对社会认知中的正性评价信息更敏感，而内向者对负性评价信息更敏感。为了验证此假设，菲什曼等人设计了一个事件相关电位实验。在实验中，要求被试完成一个“Eriksen－Flanker task”任务（Eriksen & Eriksen，1974），在被试作出某种判断后给予两种性质的反馈信息，一种是社会性质（面孔表情）的反馈信息，另一种是非社会性质（书面文字）的反馈信息。反馈信息有正确和错误两种形式，分析比较两组被试接受错误反馈后的事件相关电位指标——错误相关负波（error-related negativity，ERN）。错误相关负波是被试发现自己作出错误反应时额叶中部出现的一个负向电位成分，功能性磁共振成像研究发现，错误相关负波的发生源主要位于前扣带回（anterior cingulate cortex，ACC）（Debener et al.，2005）。通过错误相关负波的波幅可以检测个体对自身犯错误感知的敏感性，它体现了个体对自身的认知控制和行为监控（Hajcak，2012）。菲什曼等人的实验结果表明，被试类型（外向性水平高者、外向性水平低者）与反馈信息的性质（社会性质、非社会性质）之间存在显著的交互作用。在非社会性信息（书面文字）反馈条件下，错误相关负波的波幅无组间差异，但在社会性信息（面孔表情）反馈条件下，外向性水平低的被试错误相关负波的波幅显著大于外向性水平高的被试。实验结果说明，在社会性信息反馈条件下，外向者对自身行为反应的监控减少，以致对错误反应的敏感性显著弱于内向者（Fishmana et al.，2013）。

菲什曼等人采用温伯格等人（Weinberg et al.，2012）关于错误相关负波的观点来解释这一研究结果。温伯格认为，错误相关负波是一种体现个体防御反应的神经指标，当个体很在意这个错误信息反馈时，他的前扣带回就会被高度激活，从而产生较大的错误相关负波，为接下来的行为调整或改变作准备，但这个过程需要消耗较多认知神经资源，结果是个体可能回避引发错误信息反馈的行为。

按照上述观点，我们不难理解，外向者错误相关负波的波幅较小，说明他们不太在意社交活动过程中可能产生的错误反馈信息，而是更在意社交活动本身对他们的价值，如提高唤醒度，避免孤独。内向者则相反，他们很在意社交活动中的负性评价，当出现错误反馈时，他们会启动认知监控系统，希望尽快纠正错误行为，为此产生很大的认知消耗，以致他们会回避社交活动。

3.2.4 运动知觉和反应

有较多实验证据表明，内向者和外向者在感觉和运动信息处理上存在差异(Bullock & Gilliland, 1993; Rammsayer, 1998; Stelmack & Michaud, 1985)。为解释与外向性相关的运动行为和反应速度的差异，布雷布纳提出信息处理两个阶段的假设，即在信息处理过程中，存在刺激分析(S-analysis)和反应组织(R-organization)两个阶段。他假设，内向者在刺激分析阶段兴奋，在反应组织阶段抑制；外向者则相反，在刺激分析阶段抑制，在反应组织阶段兴奋。因此，内向者比外向者更擅长分析感觉信息，而外向者比内向者更擅长运动反应(Brebner, 1990)。这个假设似乎得到了一些研究的证实，研究者发现，在控制条件下，与内向者相比，外向者通常反应时间更短、移动更频繁、反应速率更快(Doucet & Stelmack, 2000; Stelmack & Houlihan, 1995)。但这些研究只关注了反应组织阶段，没有涉及刺激分析阶段。

后来，格雷修正的敏感性增强理论(revised reinforcement sensitivity theory, rRST)不仅考虑到运动知觉中的分析和反应两个阶段，而且进一步提出相应的神经基础。修正的敏感性增强理论认为，行为反应无外乎接近(approach)和回避(inhibition)两种形式，它们受到环境中刺激类型(如奖赏、惩罚、威胁)的强化。与此对应，人的大脑存在三个主要的神经心理学系统，一个是行为接近系统(behavioral approach system, BAS),

另外两个是行为回避系统，包含战斗—逃跑—僵化系统（fight-flight-freeze system，FFFS）和行为抑制系统。行为接近系统受到奖赏刺激的激活，行为抑制系统受到惩罚和威胁刺激的激活，战斗—逃跑—僵化系统受到厌恶刺激的激活（Gray et al.，2000；Corr & McNaughton，2012）。

为了探究外向者和内向者在以上三个神经系统及其控制的外在行为反应上的差异，帕斯卡利斯等人设计了一个视觉 Go/NoGo 实验，实验任务是让被试识别字母和数字，在完成任务时记录被试的脑电数据。

完成实验任务之前，先让被试填写两份问卷，一份是修订版的艾森克人格问卷（Eysenck Personality Questionnaire - Revised，EPQ - R），用于测查被试的外向性得分。另一份是人格敏感性增强问卷（Reinforcement Sensitivity Theory of Personality Questionnaire，RST - PQ；Corr & Cooper，2016），用于测查被试与行为接近系统、行为抑制系统、战斗—逃跑—僵化系统对应的行为反应。人格敏感性增强问卷非常细致地区分了行为接近系统的不同功能类型，包括目标驱动持久性、奖赏兴趣、奖赏反应性、冲动性。目标驱动持久性关注积极追求希望达成的目标；奖赏兴趣关注潜在奖赏；奖赏反应性与兴奋有关，特别是完成子目标得到相应的奖赏；冲动性与更多无计划的和快速反应的行为有关。奖赏兴趣和目标驱动持久性主要包含外向性的自信成分（由多巴胺能系统提供服务），所以应该表现出类似的感觉运动事件相关电位。奖赏反应性和冲动性主要包含外向性的健谈成分。

研究者主要采用单侧化准备电位（lateralized readiness potential，LRP）和 P3 波作为脑电分析指标。单侧化准备电位用于评估与刺激处理相关的启动过程，可以解释观察到的运动启动效应。P3 波通常与认知加工过程相关，关系到刺激分类或更新刺激记忆表征。P3 波在刺激开始后 300 毫秒左右达到峰值，它的振幅随着事件的重要性，以及对认知资源需求的增大而增大（Magliero，Bashore，Coles，& Donchin，1984；Picton，1992）。P3 潜伏期被视为独立于反应选择过程的刺激评估速度的可靠指标（Leuthold & Sommer，1998；Verleger，1997）。

通过对被试的脑电指标、外向性得分和人格敏感性增强问卷得分进行相关分析，研究者发现了如下两个结果：(1) 在单侧化准备电位指标上，外向者和奖赏兴趣水平高的被试单侧化准备电位反应潜伏期更短，表明在刺激分析任务中，外向者和奖赏兴趣水平高的被试具有更快的皮质运动前启动，而内向者在这一阶段需要更多的时间来分析刺激(如图3.5所示)。(2) 高战斗—逃跑—僵化系统的被试的单侧化准备电位反

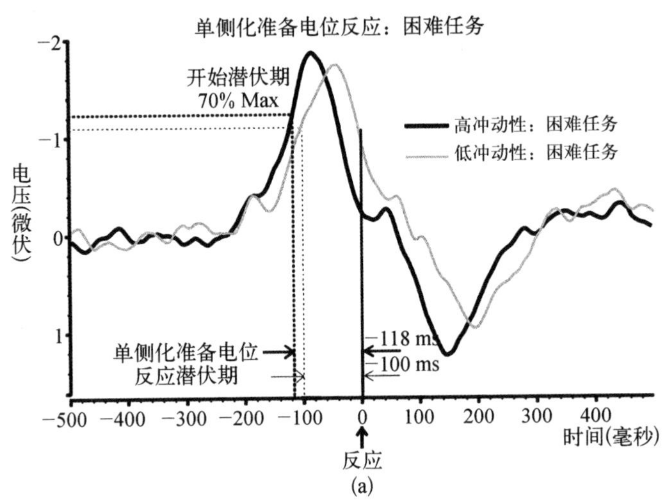

(a)

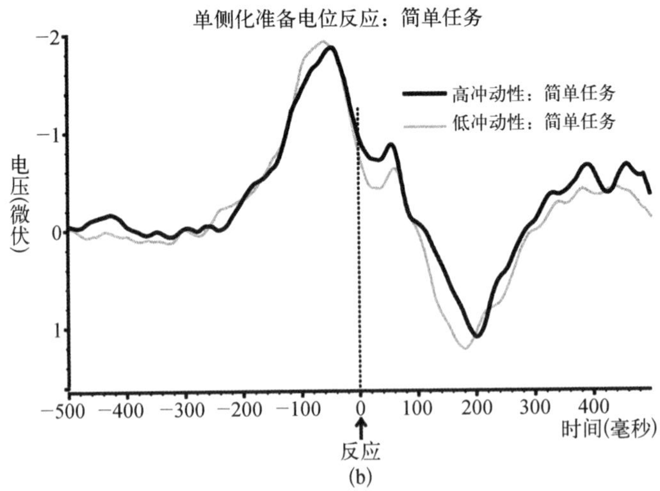

(b)

图 3.5　不同外向性和敏感性增强的个体面对不同难度任务时的单侧化准备电位反应(Pascalis et al.，2018)

应潜伏期比低战斗—逃跑—僵化系统的被试要长，说明面对厌恶刺激时，运动启动效应高、奖赏反应性高和冲动性高的被试 P3 波幅较小，反映这些个体的知觉加工能力和反应选择能力降低（如图 3.6 所示）（Pascalis et al.，2018）。

3.2.5 复合认知

一般认为，事件相关电位中广泛使用的 P300 能够反映人的复合认知功能，包括注意、警觉、工作记忆、评估、判断和决策。那么，内向者和外向者的 P300 是否存在差异呢？

1991 年，迪特里亚及其同事开展了一项有关外向的学生和内向的学生听觉刺激的事件相关电位研究。研究者使用艾森克人格问卷和迈尔斯—布里格斯类型指标将学生分为外向者和内向者两组。要求被试执行双声调（1 000 Hz 和 2 000 Hz）听觉 Oddball 任务并记录被试的脑电。事件相关电位分析结果表明，外向者的 P300 振幅明显小于内向者（Ditraglia & Polich，1991）。1992 年，卡希尔和波利克采用同样的刺激和 Oddball 任务研究了 P300 与外向性之间的关系，只不过在设计中增加了靶刺激概率这个自变量。结果发现，人格类型与靶刺激概率之间存在显著的交互作用，内向者在各种概率条件下的 P300 波幅较为稳定，而且均大于外向者；外向者的 P300 波幅随着靶刺激概率的增大而减小（Cahill & Polich，1992）。同样在 1992 年，波利克和马丁采用乌鸦矩阵认知任务研究了 P300 与外向性之间的关系。结果显示，男性内向者的 P300 波幅比男性外向者大，女性被试之间没有这种差异（Polich & Martin，1992）。1993 年，奥尔蒂斯和毛霍在实验中使用包含 420 个音调的听觉刺激，让被试在这个系列中静默数 2 000 Hz 的音调来诱发 P300。结果表明，在电极位置 Fz（额点）、Cz（中央点）和 Pz（顶点）时，内向者的 P300 波幅比外向者大（Ortiz & Maojo，1993）。1997 年，布罗克使用两级难度的听觉警戒 Oddball 任务比较内向者和外向者的 P300。结果发现，与外向者相比，内向者在警惕条件下会表现出更大的 P300 波幅（Brocke et al.，1997）。2006 年，一些研究者通过 STIM（智能传感器

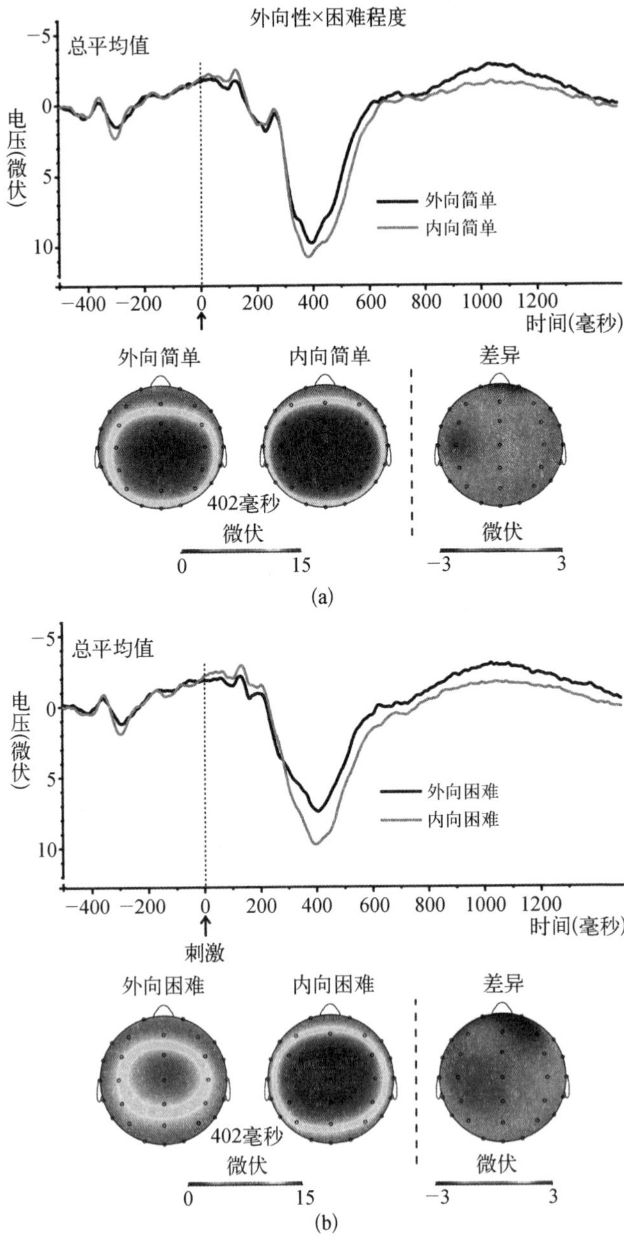

图 3.6 不同外向性的个体面对不同难度任务时的 P3 反应

(Pascalis et al., 2018)(见彩插第 4 页)

接口模块)耳机向 81 名被试的双耳呈现一系列 1 000 Hz (79 分贝声压级)的音调来诱发 P300。结果表明,内向者的 P300 波幅显著大于外向者的 P300 波幅(Beauducel, Brocke, & Leue, 2006)。

除了听觉研究,一些研究者还探究了视觉 P300 与外向性之间的关系。1997 年,布罗克等人混合使用视觉刺激和听觉刺激(三种声压水平),以便在增加额外压力时调查外向者和内向者的复合认知能力。结果表明,内向者的视觉 P300 波幅在基线至 40 分贝听觉背景之间增大,随后在 40 分贝至 60 分贝之间减小,而外向者的视觉 P300 波幅在三种听觉背景下均有所增大。而且,与外向者相比,内向者在基线和 40 分贝声压级条件下表现出更大的视觉 P300 波幅,而外向者对 60 分贝声压级声音背景的反应则表现出更大的 P300 波幅(Brocke et al, 1997)。这为内向者皮质唤醒水平较高和外向者皮质唤醒水平较低的理论提供了支持(Eysenck & Eysenck, 1990)。2012 年,斯托弗等人使用视觉短期记忆任务研究 100 名女性被试(年龄范围 18～30 岁)的外向性得分与 P300 之间的关联性。实验任务采用基于颜色判断的 Oddball 范式。结果显示,在没有颜色变化的条件下,内向者和外向者的 P300 波幅没有差异。在有颜色变化的条件下,外向者的 P300 波幅更大。这表明,外向者比内向者对环境变化的反应更灵敏(Stauffer et al. , 2012)。

2015 年,科留斯等人利用闭眼(eye close, EC)和睁眼(eye open, EO)任务,调查基于静息状态下的脑电图预测人格特征的可行性。他们招募了 289 名被试(男性 102 名,女性 187 名,年龄范围 18～42 岁),测量问卷采用爱沙尼亚版的 NEO 问卷和“大五”人格问卷,记录 EC 和 EO 任务 1～3 分钟的脑电,并应用机器学习算法建立一个分类器,试图采用脑电数据功率谱分析预测“大五”人格特质。结果并没有发现哪个频段的脑电能预测人格类型(Korjus et al. , 2015)。

尽管如此,支持 P300 可以预测外向性特质的证据还是远远多于不支持的证据。总体来看,来自听觉和视觉通道的一系列实验研究似乎证明,外向者通过 P300 反映出来的复合认知能力似乎比内向者差。

3.3 神经递质和激素

3.3.1 神经递质

多巴胺

多巴胺(dopamine)是一种神经递质,在神经元之间传递兴奋和愉快的信息,因而会刺激大脑的奖赏中枢,使人产生愉悦感。多巴胺主要负责大脑的情感和动机,也与成瘾行为有关。贝里奇等人通过一系列实验探讨了多巴胺对人和动物的行为及动机的影响,结果发现,增加或者减少多巴胺不会改变动物和人对环境刺激包括成瘾药物的快感体验,但是会改变动物和人对获得奖赏刺激的动机水平。也就是说,多巴胺会赋予正常的奖赏刺激动机属性,从而引发好奇、探究和渴求等动机反应。例如,药物成瘾就是因为多巴胺系统赋予药物本身极大的动机属性,导致重复使用药物之后,人或动物便对药物产生不可控制的欲望(Berridge et al., 1998)。可见,中枢神经系统中的多巴胺系统,在调节人的行为方式方面起着非常重要的作用。

同内向者相比,外向者好动,追求新异刺激,乐于参加社交活动,喜欢结交朋友,他们应该对这些活动有更高的快乐预期,因此在这些活动上表现出更高的多巴胺活动水平。克勒等人设计了一个脑电实验以探究此问题。他们分析文献后发现,被试额叶和顶叶(Pz-Fz)的慢波振荡与前扣带回的静止慢波振荡相关(Chavanon et al., 2010),且相关程度可以预测该区域的奖赏反应,也就是多巴胺分泌情况(Wacker et al., 2009)。同时,外向性也与这些低频脑电波段之间存在较大的相关(Knyazev et al., 2003)。因此,瓦克尔等人认为,大脑三角区和后额叶的静息脑电活动(Pz-Fz慢波振荡)可以作为衡量个体多巴胺活动水平的一个指标,用于比较外向者和内向者大脑多巴胺活动水平的差异(Wacker et al., 2006)。为此,他们招募了141名健康志愿者(男性74名,女性67名,平均年龄27.8岁)开展实验研究。先用“大五”人格问卷测量被试的外向性,然后安排被试坐在一张舒适的躺椅上闭眼休息,记录休息时的脑电以获取静息脑电图,最后对被试的外向性得分和静息脑电图进行相关分析。

结果正如研究者所预期的,被试的外向性得分与静息脑电图中的Pz-Fz慢波振荡呈显著正相关(如图3.7所示)。由此表明,静息脑电慢波振荡的后额叶区域构成了外向性的多巴胺能基础。外向性得分越高的个体,多巴胺能集中的脑区在静息状态时活动就越强。克勒等人还检测了被试的多巴胺D2受体(DRD2)基因多态性(Taq1A、SNP19、—141CIns/del),并与Pz-Fz慢波振荡进行相关分析,结果发现,这三种基因多态性均与Pz-Fz慢波振荡存在显著正相关。克勒等人因此认为,多巴胺D2受体可以有效调节外向性与Pz-Fz慢波振荡之间的关联(Koehler et al., 2011)。

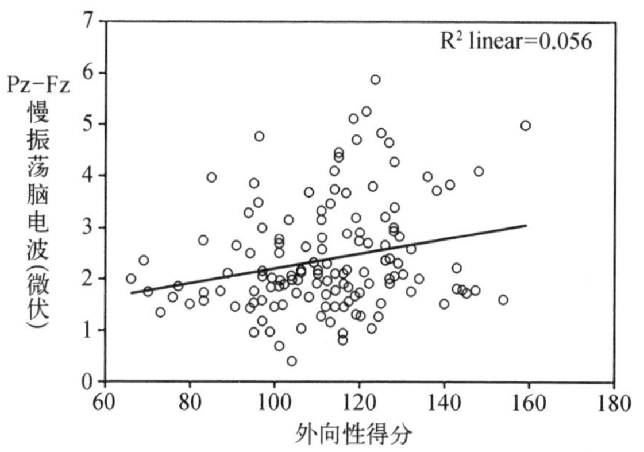

图3.7 外向性得分与Pz-Fz慢振荡脑电波呈显著正相关
(Wacker et al., 2006)

作为一种神经递质,多巴胺除了具有动机激励作用外,还能够影响脑部的情绪加工处理。例如,中脑皮质、伏隔核、杏仁核和眶额皮质的多巴胺能通路会积极参与情绪活动,这些区域组成一个相互关联的网络,称为神经奖赏系统(Doherty et al., 2001)。一旦这些区域多巴胺分泌过少,人就可能缺失快感甚至罹患抑郁症。

近年来,越来越多的研究报告了外向者的神经系统中存在奖赏敏感性增强的现象。也就是说，相比于内向者，外向者的神经系统对奖赏信息具有更强的敏感性。例如，坎利等人的研究发现，外向性得分与多巴胺神经性分泌、神经奖赏系统的神经活动呈正相关(Canli et al.，2001)。但关于个体差异如何影响奖赏信息处理的神经机制还知之甚少。于是，科恩等人(Cohen et al.，2005)使用功能性磁共振成像技术，探索个体外向性的差异能否预测大脑多巴胺能神经奖赏系统的反应性这一问题。

实验中，他们首先使用“大五”人格问卷测量 17 名被试的外向性，然后安排被试完成两个连续的决策任务实验，在被试完成任务的同时对他们进行磁共振成像扫描。第一个决策任务只考察单一的奖赏过程的神经反应(如图 3.8a 所示)，第二个决策任务分开评估奖赏系统涉及的两个过程——奖赏预期(等待是否获得奖赏的状态)和奖赏评估(表明得到奖赏)(如图 3.8b 所示)。在每次决策中，要求被试选择两种经济上等价的(即预期价值相等)赌博中的一种。一种赌博为高概率、低风险，在这种赌博中，被试获得较少回报的可能性很大(80%获得 1.25 美元，20%获得 0 美元)；另一种赌博为低概率、高风险，在这种赌博中，被试获得较多回报的可能性较小(40%获得 2.50 美元，60%获得 0 美元)。

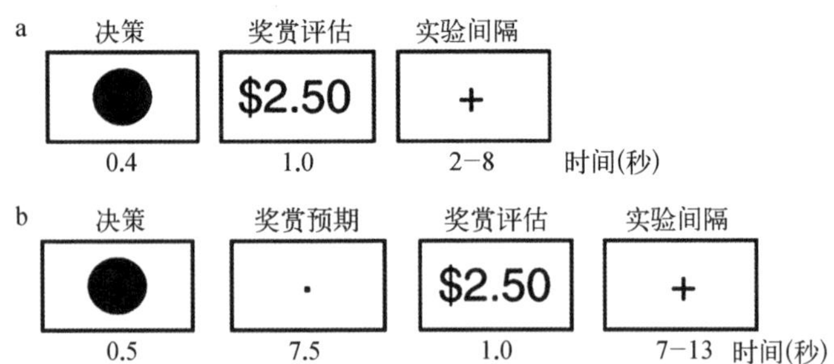

图 3.8 两种风险的赌博决策任务的实验程序(Cohen et al.，2005)

结果发现，当被试在实验中获得奖赏时，他们的内侧眶额皮质、杏仁核和伏隔核确实都出现了显著的双侧激活，而且个体的外向性得分与这些区域的激活反应呈显著正相关(如图 3.9 所示)。

此外，在奖赏预期阶段，被试的纹状体、脑岛和前额叶区域的激活度更高。在奖赏评估阶段，被试的眶额皮质、杏仁核和伏隔核区域的激活

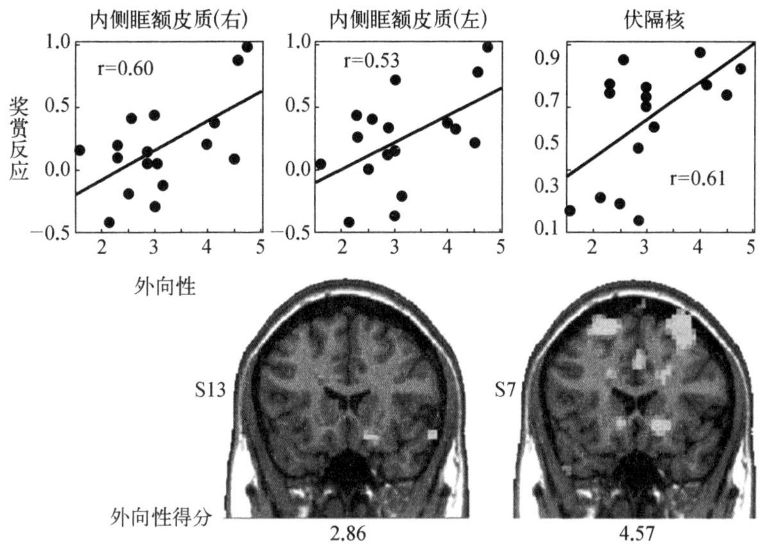

图 3.9 外向性得分显著预测大脑部分区域对奖赏信息的反应
(Cohen et al., 2005)(见彩插第 5 页)

度更高。相关分析发现,被试的外向性得分与大脑的激活反应只在奖赏评估阶段存在正相关(如图 3.10 所示)。

为了进一步探究多巴胺多态基因与外向性之间的关系,科恩等人还根据戴维斯加利福尼亚大学基因组研究所提供的基因检测程序提取被试的 DNA,并检测了被试的一种多巴胺多态基因——DRD2 Taq1A。统计分析发现,外向性得分和 DRD2 Taq1A 可以预测被试大脑在奖赏评估阶段的神经激活反应,如图 3.11 所示,条形图左边是有 DRD2 Taq1A 的被试的奖赏反应,右边是无 DRD2 Taq1A 的被试的奖赏反应。

与上述研究结果一致,多项研究均发现 DRD2 Taq1A 等位基因确实会影响神经系统对奖赏评估的反应。为此,临床研究已将 DRD2 Taq1A 等位基因与酒精中毒和其他成瘾性疾病联系起来。

γ-氨基丁酸

γ-氨基丁酸(gamma-aminobutyric acid, GABA)是脑内主要的抑制性神经递质之一。大脑释放 γ-氨基丁酸,使得神经兴奋性减弱。在白

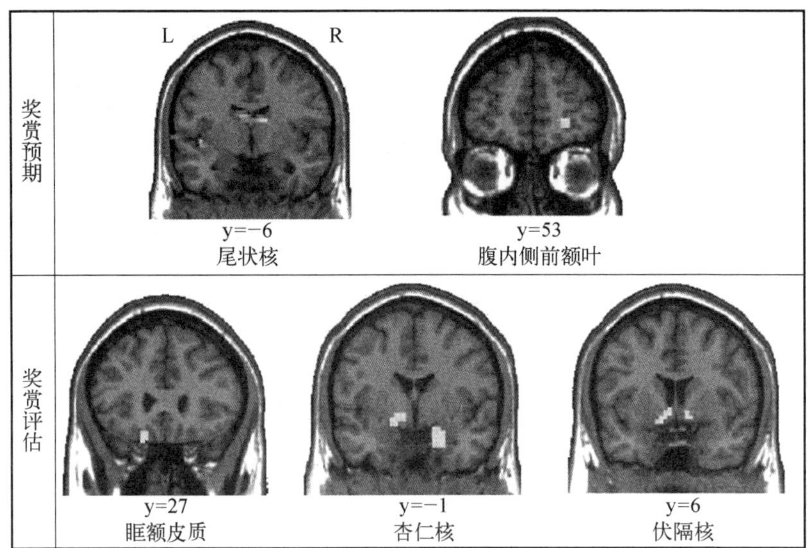

图 3.10　不同奖赏信息加工阶段大脑的激活状态
(Cohen et al.，2005)(见彩插第 5 页)

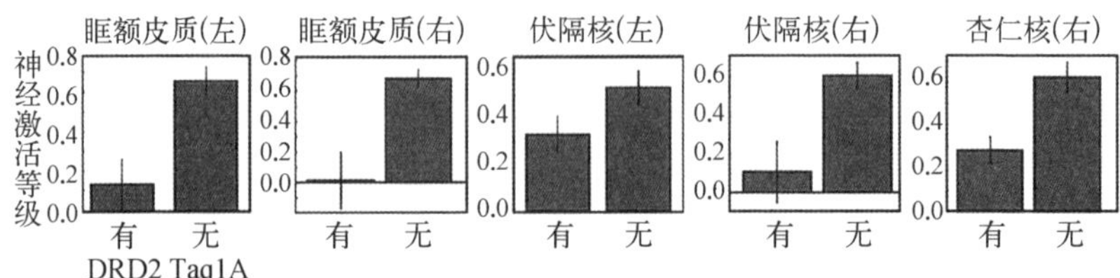

图 3.11　外向性和 DRD2 Taq1A 变异预测奖赏评估阶段的神经激活反应(Cohen et al.，2005)

天正常状态下，人释放的 γ-氨基丁酸比较少，此时神经活跃，兴奋性强，主要由交感神经主导。在夜晚正常状态下，人释放的 γ-氨基丁酸增多，此时神经处于放松状态，兴奋性弱，主要由副交感神经主导。γ-氨基丁酸存在于抑制性突触中，是连接前额叶和边缘系统的重要神经递质。这些区域与冲动行为有关，它们在行为抑制(Horn et al.，2003)和情感加工(Phan et al.，2002)中具有重要作用。

已有研究显示，γ-氨基丁酸对前额叶和边缘系统功能的影响具有较大的个体差异(Semyanov et al.，2003)。外向者通常被描述为活泼的、兴奋的、投入的和热情的，内向者则相反，通常被描述为安静的、回避的和冷静的。从γ-氨基丁酸的调控功能来看，外向者的前额叶和边缘系统的γ-氨基丁酸活性水平应该显著低于内向者。为了验证此假设，有研究者开展了一项实验来探究外向性与大脑中γ-氨基丁酸浓度之间的关系。

他们招募了41名健康志愿者（男性21名，女性20名，平均年龄35岁），用“大五”人格问卷测量被试的外向性，然后用3T氢质子磁共振波谱（1H-MRS）检测被试大脑中γ-氨基丁酸的浓度。3T氢质子磁共振波谱是一种在各种病理和生理条件下研究神经化学变化的无创方法，它可以单独测量γ-氨基丁酸、谷氨酸和谷氨酰胺的浓度（Tayoshi et al.，2008）。

数据分析发现，被试前额叶中γ-氨基丁酸的浓度与“大五”人格问卷测得的外向性得分之间存在显著的负相关（如图3.12所示）。前额叶是行为抑制的最重要脑区，因此研究者推测，个体的外向性得分越高，前额叶区域抑制性神经递质γ-氨基丁酸的浓度越低，对个体活动和刺激接受能力的抑制就越少，从而个体在刺激寻求和社会活动等方面就表现得更为积极和主动。

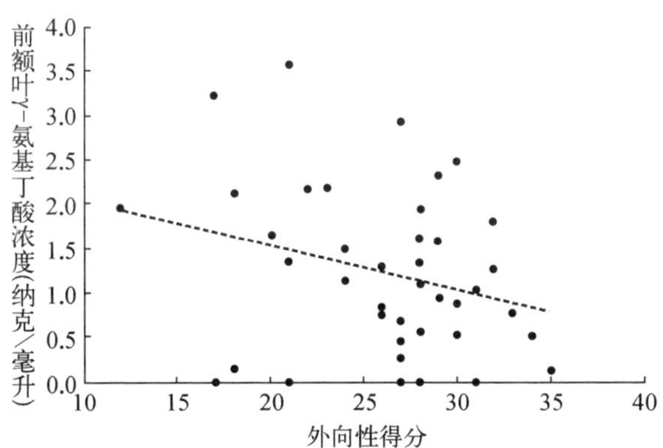

图3.12 外向性得分与前额叶γ-氨基丁酸的浓度呈负相关
（Tayoshi et al.，2008）

有研究（Tanaka，2008）显示，γ-氨基丁酸能传递的减少会影响正常的认知功能。诺瑟夫等人（Northoff et al.，2007）研究发现，静息状态下γ-氨基丁酸的浓度与前扣带回在情绪加工过程中的血氧水平呈负相关。因此,γ-氨基丁酸可能会直接参与调控认知和情绪过程,而该调控可能与外向性特质的形成有关。

上述研究证明了前额叶γ-氨基丁酸的浓度与外向性之间存在一定的相关性。相信在不久的将来,测量大脑中γ-氨基丁酸的浓度可以预测和评估外向性人格特质,从而为人格评估开创一条更为客观的路径。

3.3.2 激素

皮质醇

皮质醇(cortisol)亦称氢化可的松(hydrocortisone),是从肾上腺皮质中提取出的,对糖类代谢具有最强作用的肾上腺皮质激素,属于糖皮质激素的一种。有时,皮质醇专指基本的应激激素。皮质醇既可以通过肾上腺皮质线粒体中11β-羟化酶的作用,由11-脱氧皮质醇生成,也可以通过11β-羟类固醇脱氢酶(11β-hydroxysteroid dehydrogenase)的作用变成皮质素。身体在压力状态下需要皮质醇来维持正常的生理机能,如果没有皮质醇,身体将无法对压力作出有效反应。例如,当狮子从灌木丛中向人袭来时,通过积极的皮质醇代谢,人的身体能够快速启动以便逃跑或者搏斗,因为皮质醇的分泌能够迅速调动机体释放氨基酸(来自肌肉)、葡萄糖(来自肝脏)和脂肪酸(来自脂肪组织),这些物质被快速输送到血液中充当应急能量。

从神经内分泌系统来说,急性心理性应激源分别通过下丘脑—垂体—肾上腺轴(hypothalamic-pituitary-adrenal axis, HPA)和交感神经—肾上腺髓质轴(sympathetic adrenal medulla axis, SAM)诱发神经内分泌反应。它们都起源于下丘脑,而且受边缘系统的调节。对下丘脑—垂体—肾上腺轴来说,下丘脑室旁核分泌促肾上腺皮质激素释放因子作用于垂体,刺激促肾上腺皮质素的释放,促肾上腺皮质素经血液循环到达肾上腺,刺激肾上腺皮质分泌皮质醇。对交感神经—肾上腺髓质轴来说,交感神经起源于下丘脑后部并支配肾上腺髓质,交感神经的活动刺激了肾上腺髓质,进而释放肾上腺素(齐铭铭,张庆林,关丽丽,杨娟,2011)。心理性应激在神经内分泌系统上的生物标记物主要是血清、血浆、唾液中的皮质醇和促肾上腺皮质素。从心血管系统来说，个体面对心理性应激时会心率加速，心肌收缩力增强，心输出量增加，血压升高。近年来，利用心率变异性监测应激已成为一种发展趋势(Donnell, Brydon, Wright, & Steptoe, 2008)。高频心率变异性与自主神经系统中的副交感神经活动有关，低频心率变异性与交感神经活动有关(Xhyheri, Manfrini, Mazzolini, Pizzi, & Bugiardini, 2012)。由于心率变异性高频、低频指标与自主神经系统中的副交感神经、交感神经存在极佳的相关性，可以实现对应激状态下交感神经和副交感神经活性的实时测量，因此心率变异性被认为是心理性应激在心血管系统上的一个重要生物标记物。随着对心理性应激的深入研究，人们逐渐意识到应激反应的非特异性中也存在特异性(严进，2008)，即同样的心理性应激源作用于不同的个体，应激的反应形式可能存在重要差异，而这种差异可能与个体的人格特质有关。

心理学研究发现，个体对应激源的反应各不相同，造成这种现象的因素有很多，人格特质的差异可能是其中之一，而情绪调节在应激反应与人格特质的关系中起着关键作用。自主神经系统和下丘脑—垂体—肾上腺轴都与情绪调节能力有关(Porges et al., 1994; Stansbury & Gunnar, 1994)。外向性也具有情绪调节的特点，一般认为外向者通常比内向者能够更有效地调节自己的情绪。如果确实如此，那么外向者和内向者的皮质醇激素水平应该存在差异。

为了验证上述假设，有研究者开展了一项生理心理学研究。他们招募了 523 名荷兰青少年参加实验，用“大五”人格问卷测量被试的外向性后采集唾液样品检测皮质醇，并系统测量心率等下丘脑—垂体—肾上腺轴反应指标。研究旨在探究个体的人格差异在何种程度上预测了生理应激的基线和心理压力源反应。

结果发现，外向性得分与皮质醇水平存在显著的负相关(如表 3.1 所示)，也就是说，外向者的皮质醇水平显著低于内向者。研究者借用艾森克的唤醒理论对此予以解释，外向者的主要网状皮质回路和其他唤醒系统的基线唤醒较低，因此外向者在生理上对压力的反应可能要比内向者弱。特别是当压力源包含社会评价因素时，外向者可能对压力源反应较弱，因为他们倾向于体验积极情感，所以在社会情境中不那么拘束(Wilsona et al. , 2015)。

表 3.1 外向性和皮质醇变化之间的二元相关性(Wilsona et al. , 2015)

	短期交配导向	长期交配导向	以往性经历	外向性得分	皮质醇变化—时间 1	皮质醇变化—时间 2
1. 短期交配导向	1	−0.181*	0.399***	0.123	−0.225	−0.215**
2. 长期交配导向		1	−0.165*	0.137	0.035	0.022
3. 以往性经历			1	0.263***	−0.258***	−0.241**
4. 外向性得分				1	−0.212**	−0.199**
5. 皮质醇变化—时间 1					1	0.923***
6. 皮质醇变化—时间 2						1

* $p<0.10$； ** $p<0.05$； *** $p<0.01$

研究还发现，外向者的下丘脑—垂体—肾上腺轴反应水平显著低于内向者，说明下丘脑—垂体—肾上腺轴的功能对社会影响高度敏感，性格外向的人更喜欢和别人待在一起，而不是独处，喜欢与他人互动，参加社交活动和聚会，因此社会支持对下丘脑—垂体—肾上腺轴有缓冲作用(Hostinar & Gunnara, 2013; Stansbury & Gunnar, 1994)。

另一项研究采用回归分析，结果发现，“大五”人格特质中只有外向性对皮质醇有预测作用。希尔招募了 107 名成年被试，探究“大五”人格特质与皮质醇觉醒反应(cortisol-awakening response, CAR)之间的关系。研究的具体操作是，被试在一个工作日的早晨醒来后，分别在醒来的 0 分钟、30 分钟和 60 分钟三个时间点测量被试唾液中的皮质醇样本值，同时让被试报告自己实际的皮质醇觉醒反应，最后得到两种 CAR 值：CARauc 和 CARi。结果发现，外向性能有效负向预测被试的 CARauc 和 CARi。外向性得分越高的被试，测得的皮质醇水平和报告的皮质醇觉醒反应水平越低(见表 3.2 和表 3.3)(Hill et al. , 2013)。

睾丸素

睾丸素(testosterone，又称睾酮、睾丸酮或睾甾酮)是一种类固醇激素，主要由男性的睾丸或女性的卵巢分泌，肾上腺亦有少量分泌。睾丸素具有维持肌肉强度及质量、维持骨质密度及强度、提神以及提升体能

表 3.2 皮质醇水平与"大五"人格得分的描述统计(Hill et al., 2013)

变　量	平均值(标准差)	最小值	最大值
皮质醇值(0 分钟)	13.72(4.45)	5.00	26.80
皮质醇值(30 分钟)	17.80(6.11)	5.80	30.20
皮质醇值(60 分钟)	13.63(6.31)	5.00	34.60
CARauc	15.73(0.58)	5.88	30.40
CARi	2.02(4.55)	−9.97	12.75
尽责性	3.71(0.65)	2.33	4.89
随和性	3.86(0.61)	1.89	5.00
外向性	3.16(0.86)	1.50	5.00
神经质	2.82(0.81)	1.00	4.75
开放性	3.62(0.52)	2.40	4.90

表 3.3 外向性对皮质醇水平的预测性(Hill et al., 2013)

预测变量	β	sr^2	R	R^2	校正 R^2	F	df	p
组 1			0.379	0.144	0.124	7.46	2.89	0.001
性别	0.385*	0.141						
年龄	−0.137	0.018						
组 2			0.501	0.251	0.188	4.02	5.84	0.001
性别	0.418*	0.134						
年龄	−0.130	0.013						
尽责性	0.010	<.001						
随和性	−0.002	<.001						
外向性	0.255**	0.056						
神经质	−0.127	0.012						
开放性	0.077	0.004						

等作用。

睾丸素不仅与生殖和性功能密切相关,而且参与人格特质及行为的形成和调节。就外向性特质来说,外向者倾向于寻求外在刺激,因此比内向者有更多的人际交往,男性外向者与女性交往时往往会努力展现自己的男性魅力和吸引力,与男性交往时则涉及资源(配偶、社会地位等)的竞争,这些行为都可能与睾丸素存在关联,因此,近年来一些研究者开始关注外向性与男性睾丸素之间的关系。

梅泰宁等人(Määttänen et al., 2013)对近 700 名芬兰男性进行了为期6年的追踪研究，以探究与外向性特质相关的新奇寻求、伤害避免、奖赏依赖和坚持性与睾丸素的关系。结果发现，新奇寻求与睾丸素水平存在正相关，而且这种相关具有较强的时间稳定性：6年时间里观察的前测和后测结果非常一致，说明外向性水平高的男性可能比外向性水平低的男性具有更高的睾丸素水平，这可能是驱动外向性水平高的男性寻求外在刺激、追求更多浪漫关系的内分泌因素（如表3.4和图3.13所示）。

表3.4 新奇寻求、伤害避免、奖赏依赖、坚持性与男性睾丸素的描述统计（Määttänen et al.，2013）

变量	2001年			2007年		
	平均数（标准差）	范围	人数	平均数（标准差）	范围	人数
年龄	31.4(5.0)	24.0～39.0	997	37.4(5.0)	30.0～45.0	994
新奇寻求	117.6(15.7)	59.0～183.0	877	116.4(15.1)	51.0～181.0	844
伤害避免	87.0(17.9)	41.0～151.0	876	87.8(17.7)	40.0～151.0	845
奖赏依赖	75.1(9.8)	33.0～102.0	881	74.0(9.5)	36.0～107.0	845
坚持性	25.7(4.3)	10.0～38.0	883	25.9(4.2)	13.0～38.0	845
睾丸素	18.5(5.6)	5.9～50.0	977	16.3(5.3)	2.3～64.8	994
游离睾丸素水平	409.9(106.0)	148.3～829.8	974	352.9(94.7)	109.0～771.9	992
性激素结合蛋白	30.8(11.9)	4.0～98.1	977	31.1(12.0)	5.9～93.1	994

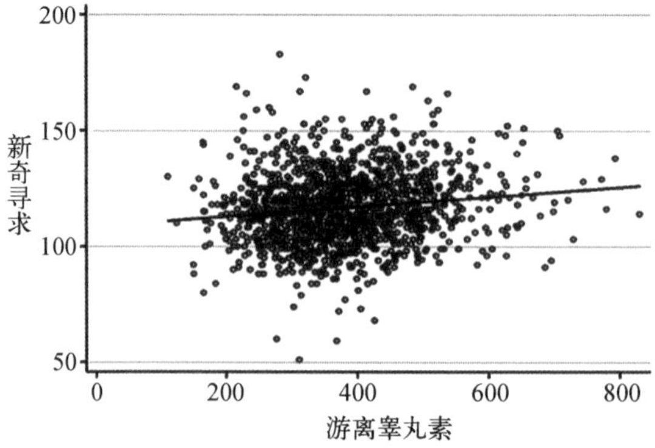

图3.13 新奇寻求与游离睾丸素之间的正相关关系
（Määttänen et al.，2013）

一项对塞内加尔男性生育率的研究似乎也为外向性与睾丸素之间的关系提供了证据。阿尔韦涅等人认为，作为一个与社会能力、活动、支配相关联的人格维度，外向性可以预测人类进行交配的努力，而这种努力的个体差异很可能通过睾丸素来调节。具体假设是，男性外向者的睾丸素水平高于男性内向者，而且睾丸素水平越高的男性生育率也越高。研究者随机招募了 41 名健康的塞内加尔中年男性（年龄范围 31～50 岁，平均年龄 41 岁），测量他们的外向性水平、睾丸素水平，统计他们生育的子女数量。通过相关分析发现，外向性得分与睾丸素水平存在相关（如图 3.14 所示）（Alvergne et al.，2010）。

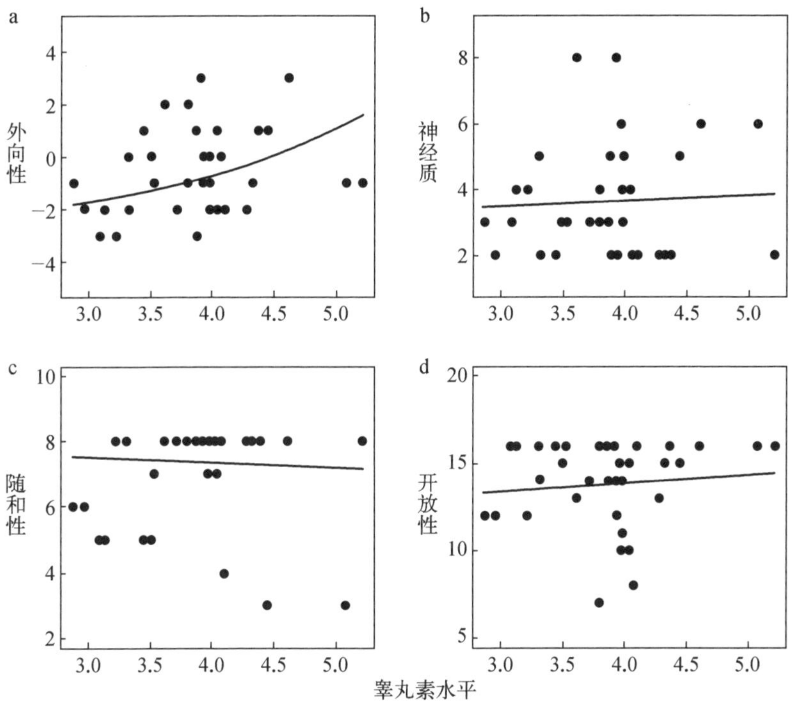

图 3.14　人格特质与男性睾丸素之间的相关关系（Alvergne et al.，2010）

如前所述，女性的卵巢也会分泌睾丸素，它是否也会影响不同外向性水平的女性的社会交往，如与男性伴侣的关系？为回答此问题，科斯塔等人招募了 73 名葡萄牙成年女性（32 名社会人士，41 名大学生）。在她们填写完外向性和感觉寻求量表后，使用发光免疫测定法测量唾液中的睾丸素水平，同时调查她们性伴侣的情况和养育子女的意愿。结果发现，外向性和感觉寻求得分越高的女性，睾丸素水平也越高，性伴侣越不稳定，承担母亲责任和养育子女的意愿越低。反之，外向性得分越低的女性，性伴侣越稳定，越愿意养育子女，睾丸素水平也越低（如表 3.5 和图 3.15 所示）。此结果与对男性的研究结果基本一致，说明无论是男性还是女性，外向性和睾丸素均交互作用影响浪漫关系和养育子女的情况（Costa，Correia，& Oliveira，2015）。

表 3.5 有固定性伴侣和无固定性伴侣女性的基础睾丸素水平的单因素方差分析（Costa，Correia，& Oliveira，2015）

	有固定性伴侣 边际均值(标准差)，人数	无固定性伴侣 边际均值(标准差)，人数	F	偏差平方
总样本数	22.48(16.00)，51	37.75(4.75)，22	7.09**	0.097
外向性	25.08(4.82)，25	39.63(8.63)，9	2.13	—
内向性	20.74(3.78)，26	35.83(5.48)，13	5.09*	0.13
高感觉寻求	25.06(2.75)，27	26.42(4.79)，10	0.06	—
低感觉寻求	20.08(5.44)，24	46.91(7.91)，12	7.71**	0.20

* $p<0.05$　** $p<0.01$。

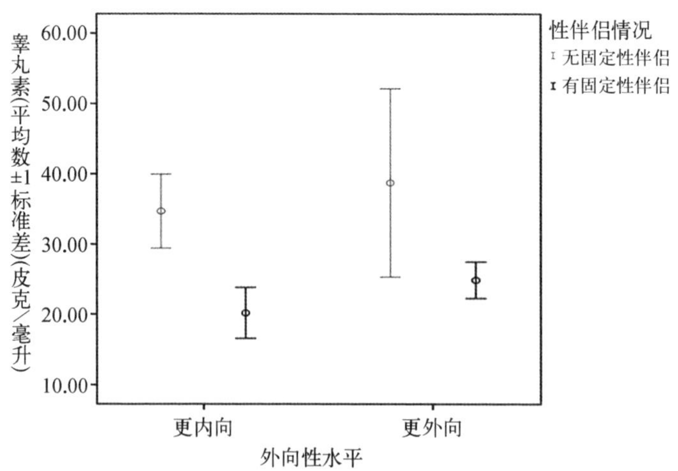

图 3.15 不同外向性水平的女性睾丸素与性伴侣之间的关系
（Costa，Correia，& Oliveira，2015）

4 神经质的生理基础

和外向性一样，神经质(neuroticism)也是人们普遍认可的一种人格特质，艾森克的三因素人格结构，以及科斯塔、麦克雷的五因素人格结构都将它放在第二个特质的位置(Eysenck & Eysenck, 1985; Costa & McCrae, 1992)。神经质主要反映个体的情绪稳定性，同低神经质者相比，高神经质者情绪更不稳定，会有更多负性情绪体验。为此，艾森克认为高神经质者往往是焦虑的、抑郁的、内疚的、低自尊的、紧张的、无理取闹的、害羞的、喜怒无常的和情绪不稳定的(Eysenck & Eysenck, 1985)。科斯塔和麦克雷将神经质表述为焦虑、敌对、抑郁、自以为是、冲动和脆弱(Costa & McCrae, 1992)。可见，情绪波动大和负性情绪偏向是高神经质者的两个核心情绪特征。情绪是人脑对外界客观事物与主体需求之间关系的反应，是伴随着认知和意识过程产生的对外界事物态度的体验，是以个体需要为中介的一种心理活动。虽然对情绪的定义众多，但它们都承认情绪具有三种成分：(1) 情绪具有身体的变化，这些变化是情绪的表达形式；(2) 情绪包含认知成分，涉及对外界事物的评价；(3) 情绪涉及有意识的体验。因此，情绪的产生其实是知、情、意三个相互关联的心理成分共同作用的结果，就参与的神经系统来说，囊括周围神经系统和前额叶高级中枢；就意识参与度来说，既有自主神经反应，也有高级的意识加工；就神经化学机制来说，既包括神经递质，也包括内分泌激素。

4.1 自主神经反应

自主神经系统(autonomic nervous system, ANS)是周围神经系统的一部分,又称植物性神经系统或不随意神经系统,即不受意识直接控制的神经系统。自主神经系统由交感神经系统和副交感神经系统两部分组成,支配和调节机体各器官、血管、平滑肌和腺体的活动,参与内分泌以调节葡萄糖、脂肪、水和电解质代谢,调节体温、睡眠和血压等。

情绪归因理论(attribution theory of emotion)认为,情绪是生理唤醒状态和认知因素交互作用的产物,这里的生理唤醒主要指心率加快、呼吸急促和手心出汗等由自主神经系统调控的应激反应。高神经质的个体之所以表现出情绪不稳定性,很可能是因为他们在面对同一生活事件时,比低神经质者产生了更强烈的生理唤醒,而这种唤醒水平的差异首先通过自主神经系统的反应体现出来。

4.1.1 呼吸频率

呼吸频率主要由自主神经系统调控,是个体生理唤醒的一个重要指标。个体在紧张、焦虑或情绪高涨时,唤醒水平变高,呼吸频率也自动加快。由此推论,在面对同样强度的同种情绪刺激时,不同神经质水平的个体表现出不同的呼吸频率。

已有研究证据发现,愤怒视频对生理反应的影响主要表现为,它唤起的愤怒情绪使呼吸频率加快(Kreibig, 2010)。吴梦莹等人(2014)以41名女研究生(平均年龄25.2岁)为被试,研究月经期女性神经质水平对自身主观情绪和生理反应的影响。实验者通过愤怒视频刺激唤起被试的情绪反应,与此同时,收集被试的呼吸频率、心率和皮肤电反应,结果发现,处在月经期的高神经质女性观看愤怒视频时呼吸频率明显加快,而低神经质女性的呼吸频率反而减慢,表明高神经质女性对愤怒视频的感受比低神经质女性更强烈。可见,即使在情绪易变的生理期,相比于高神经质女性，低神经质女性同样不易受到外在刺激的影响，表现出更加稳定的情绪反应。

4.1.2 皮肤电反应

当机体受到外界刺激或情绪状态发生改变时，自主神经系统的活动就会引起皮肤内血管的舒张和收缩以及汗腺分泌等变化，从而导致皮肤电阻发生改变，这就是皮肤电反应(galvanic skin response, GSR)。皮肤电反应是一种情绪生理指标，一般用电阻值及其对数，或电导及其平方根表示。

诺里斯等人(Norris, Larsen, & Cacioppo, 2007)采用情绪图片为诱发刺激，比较了不同神经质水平的个体的皮肤电反应。他们招募了61名健康女大学生为被试，诱发材料是66张从国际情绪图片系统选出来的表情图片(包含愉快、中性、不愉快三种情绪的表情图片)。实验中，要求被试认真观看屏幕上呈现的表情图片，同时用一个贴于被试手掌上的8毫米银/氯化银(Ag/AgCl)电极记录皮肤电导。统计分析实验数据后发现：(1) 高神经质者在三种情绪条件下的皮肤电反应都显著强于低神经质者；(2) 虽然高、低神经质者在三种情绪条件下的皮肤电反应均存在主效应，但多重比较的效果方向不同(如图4.1所示)。高神经质者在不愉快情绪条件下皮肤电反应最强，愉快情绪条件下次之，中性情绪条件下最弱；低神经质者在愉快情绪条件下皮肤电反应最强，中性情绪

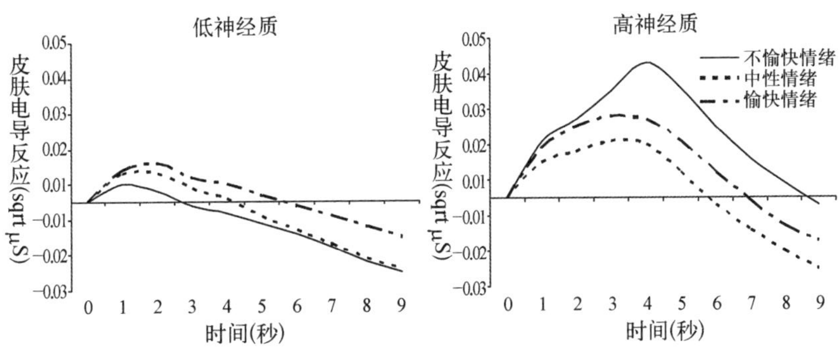

图4.1 高、低神经质者受三种情绪诱导的皮肤电反应大小和方向比较
(Norris, Larsen, & Cacioppo, 2007)

条件下次之，不愉快情绪条件下最弱。研究结果表明，高神经质者的皮肤电反应不仅在所有情绪条件下均比低神经质者更强，而且对负性情绪更敏感。

4.1.3 心血管反应

不同神经质水平的个体在自主神经系统反应上的差异还体现在心血管上。心血管活动在机体神经和体液的调节下，改变心排血量和外周阻力，协调各器官组织之间的血流分配，以满足各器官组织对血流量的需要。因此，个体在不同的唤醒状态下，心率、血管的收缩与舒张也有所不同。

一项研究以荷兰阿姆斯特丹的352名中老年人为被试（男性161名，女性191名），考察人格特质对急性心理应激心血管反应的影响。研究者先采用人格特质量表测量个体的神经质，然后对被试进行压力测试以测量个体的收缩压（systolic blood pressure，SBP）、舒张压（diastolic blood pressure，DBP）、心率（heart rate，HR）三个应激心血管反应指标。最后按照神经质得分把被试分为高、中、低三个水平组。比较分析三组被试的应激心血管反应指标，结果发现，被试的神经质得分与心率和收缩压呈正相关（如图4.2和图4.3所示）。高水平的心率和收缩压是应

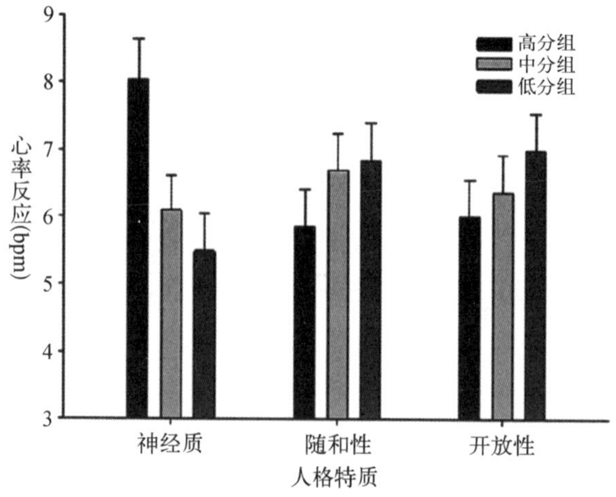

图4.2 神经质与心率的负相关关系（Bibbey et al.，2013）

激心血管反应的指标，这表明在相同压力的情况下，高神经质者比低神经质者表现出更强烈的应激心血管反应(Bibbey et al.，2013)。

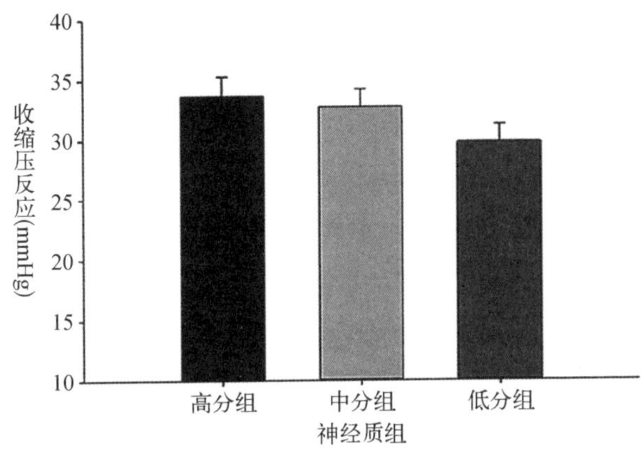

图 4.3　神经质与收缩压的负相关关系(Bibbey et al.，2013)

4.1.4　心率变异性

心率变异性(heart rate variability，HRV)是指心率节奏快慢随时间发生的变化。心率变异性分析逐个心跳周期的细微时间变化及其规律，可以反映自主神经系统的活动节律和灵活性。一般来说，心率变异性低表明身体处于来自运动、心理事件或其他压力源的压力之下；心率变异性较高则通常意味着身体具有较强的压力耐受能力或从先前压力中逐渐恢复。

有研究(Thayer & Brosschot，2005)发现，神经质水平高的个体通常会表现出特质焦虑和消极情感状态，而且高频心率变异性(high frequency HRV，HF-HRV)较弱。辛普利西奥等人(Simplicio et al.，2012)验证了上述观点。他们采用艾森克人格问卷测量 30 名被试(男性 14 名，女性 16 名)的神经质，并让被试完成一个情绪调节任务。在情绪调节任务中，通过向被试呈现情绪图片来诱发相应的情绪状态。情绪图片共有 40 张，分为 8 组随机呈现，呈现每组图片之前会显示一个“保持”或“抑制”的指令，即要求被试保持任务过程中的情绪或抑制情绪。用 500 Hz 采样率的心脏保健导航系统记录被试完成任务时的心电图，并计算高频心率变异性。对获得的数据进行统计分析，结果发现，神经质水平低的被试在抑制状态下的高频心率变异性显著高于保持状态下的高频心率变异性，而神经质水平高的被试在抑制和保持两种任务条件下的高频心率变异性没有显著差异（如图 4.4 所示）。这一结果表明，和神经质水平低的人相比，神经质水平高的人在负性情绪刺激的认知调节过程中，副交感神经心血管张力的灵活性降低，即神经质水平高的人可能不太能够调节他们对负性情绪刺激的反应。

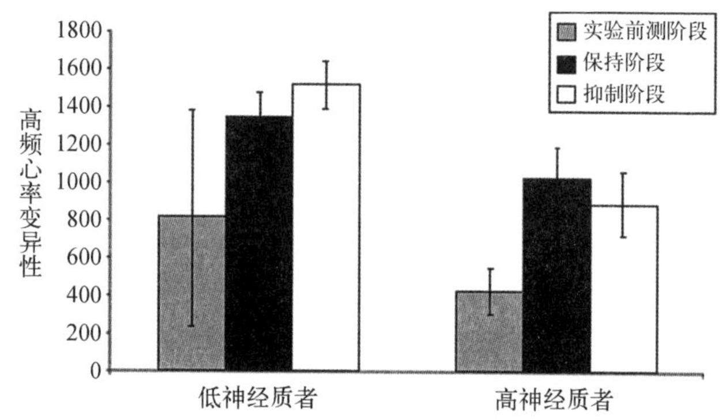

图 4.4 高、低神经质者在情绪调节任务中的高频心率变异性差异
(Simplicio et al., 2012)

4.2 大脑结构

本章前面提到，神经质的核心特征是情绪不稳定和负性情绪偏向。第一节介绍的多项自主神经活动指标是神经质的终端生理特征。高神经质者为何具有这些生理特征，或者说什么样的生理机制引发了这些特征，这就涉及中枢神经系统特别是大脑的结构问题。大脑作为人类生理、心理和社会活动的最高级中枢，无疑在情绪产生和调节过程中起着至关重要的作用。

有研究者（Servaas et al., 2013）对 18 项磁共振成像或功能性磁共振成像研究进行元分析，结果发现，有 21 个脑区参与了不同神经质水平的个体与情绪加工相关的任务，其中体积与神经质得分呈负相关的脑区有 15 个，包括右侧颞中回、左侧后扣带回/楔前叶/中扣带回、左侧枕中回、右侧枕中回、左侧前扣带回（膝侧）、左丘脑、左侧舌回/楔前叶/海马旁回、左侧壳核、左侧海马/海马旁回/梭状回/颞下回、左侧颞中回、左侧尾状核、右侧缘上回、左侧楔前叶/舌回、右侧海马、左侧枕中回。体积与神经质得分呈正相关的脑区有 6 个，包括右侧中扣带回（背侧）、左侧额上回、左侧海马/海马旁回/丘脑、左侧海马旁回/梭状回/颞下回、左内侧额上回、右侧中扣带回（腹侧）（如表 4.1 所示）。这项元分析还计算出每个脑区的体积和各个亚区的三维坐标点（X－Y－Z）。由此可见，与神经质形成相关的脑区几乎覆盖了整个脑的 1/5，包括边缘系统以及部分颞叶、枕叶和额叶。这项元分析一方面说明，神经质的脑机制研究激发了众多研究者的兴趣；另一方面也说明，现有的研究还处在探索之中，得到的结果还较为粗糙，整合性质的更为精细的研究势在必行。

下面以边缘系统和前额叶的眶额皮质、白质和灰质的成熟和衰退为例，介绍它们与神经质的相关研究结果。

表 4.1 与神经质相关脑区的体积、效应量和坐标的元分析结果

(Servaas et al.，2013)

编号	大脑区域	体积（mm^3）	最大T值	最大效应量	最大相关效应量	三维坐标			df
						X	Y	Z	
负相关关系									
1	右侧颞中回	6 168	−15.48	−1.08	−0.67	50	−50	8	8
			−15.31	−1.74	−0.66	46	−48	12	8
			−15.14	−1.41	−0.58	48	−44	14	8
			−9.71	−1.63	−0.63	46	−62	−4	8
			−6.99	−1.13	−0.49	44	−50	22	9
2	左侧后扣带回/楔前叶/中扣带回	3 472	−10.92	−1.51	−0.6	−8	−34	28	8
			−10.29	−1.59	−0.62	−14	−58	34	8
			−9.71	−1.22	−0.52	−4	−38	36	9
			−6.71	−1.17	−0.5	−2	−36	32	9
3	左侧枕中回	5 184	−10.86	−1.53	−0.61	38	−72	4	8
			−10.86	−1.53	−0.61	24	−80	20	8
			−6.32	−1.18	−0.51	40	−72	2	9

续 表

编号	大脑区域	体积（mm³）	最大T值	最大效应量	最大相关效应量	三维坐标			df
						X	Y	Z	
4	右侧枕中回	192	−10.81	−1.54	−0.61	−32	−68	30	8
			−10.05	−1.6	−0.63	−30	−62	32	8
5	左侧前扣带回（膝侧）	576	−10.77	−1.47	−0.59	−8	36	0	8
6	左丘脑	1 488	−10.64	−1.56	−0.62	−18	−16	18	8
			−8.68	−1.19	−0.51	−12	−28	12	9
7	左侧舌回/楔前叶/海马旁回	6 032	−10.29	−1.59	−0.62	14	−26	18	8
			−8.03	−1.76	−0.66	20	−46	4	8
			−8.03	−1.76	−0.66	18	−44	−10	8
			−8.03	−1.76	−0.66	24	−46	0	8
			−8.03	−1.76	−0.66	14	−24	−8	8
			−7.6	−1.28	−0.54	20	−46	16	9
			−6.69	−1.43	−0.58	20	−32	−10	9
			−6.11	−1.37	−0.57	22	−32	8	9
			−5.84	−1.42	−0.58	20	−40	−10	9
8	左侧壳核	232	−10.25	−1.59	−0.62	−32	−12	2	8
			−8.65	−1.3	−0.55	−34	−14	6	9
			−7.47	−1.28	−0.54	−30	−12	2	9
			−4.96	−1.25	−0.53	−26	−12	2	9
9	左侧海马/海马旁回/梭状回/颞下回	6 046	−9.05	−1.67	−0.64	−46	−32	0	8
			−9.05	−1.67	−0.64	−42	−32	6	8
			−9.04	−1.67	−0.64	−52	−36	−4	8
			−8.73	−1.7	−0.64	−36	−36	−14	8
			−8.73	−1.7	−0.65	−28	−36	−24	8
			−7.32	−1.38	−0.57	−30	−34	−24	8
			−6.29	−1.36	−0.56	−34	−36	−2	9
			−6.2	−1.37	−0.56	−26	−28	−20	8
			−5.57	−2.07	−0.72	−24	−42	−8	9
10	左侧颞中回	768	−9.04	−1.67	−0.64	−46	−48	4	8
			−9.04	−1.67	−0.64	−46	−48	4	8
11	左侧尾状核	160	−7.7	−1.27	−0.54	−14	24	4	9
12	右侧缘上回	440	−6.62	−0.83	−0.38	50	−30	24	9
13	左侧楔前叶/舌回	208	−5.75	−2.07	−0.72	−20	−38	2	8
			−5.75	−2.07	−0.72	−18	−38	0	8
			−5.75	−2.07	−0.72	−14	−38	2	8

续 表

编号	大脑区域	体积(mm^3)	最大T值	最大效应量	最大相关效应量	三维坐标 X	Y	Z	df
14	右侧海马	136	−5.75	−2.07	−0.72	−24	−32	2	8
15	左侧枕中回	824	−5.13	−0.86	−0.4	32	−84	28	9
正相关关系									
1	右侧中扣带回(背侧)	792	12.85	1.24	0.53	−8	20	36	9
			11.7	1.25	0.53	2	26	36	9
			4.93	0.78	0.36	4	32	40	11
2	左侧额上回	440	6.52	1.2	0.51	−22	36	28	10
3	左侧海马/海马旁回/丘脑	4 496	6.35	1.17	0.51	10	−18	−24	8
			5.88	1.02	0.46	18	−10	−18	9
			5.80	1.02	0.45	18	−12	−16	9
			4.99	1.04	0.46	8	−16	0	9
4	左侧海马旁回/梭状回/颞下回	1 008	5.79	0.67	0.32	−32	0	−30	9
			5.79	0.67	0.32	−36	−8	−34	9
			5.77	0.61	0.29	−34	−8	−34	10
			5.63	0.61	0.29	−28	−2	−32	10
			5.62	0.61	0.29	−32	−6	−26	10
5	左内侧额上回	640	5.21	0.9	0.41	−4	42	28	12
6	右侧中扣带回(腹侧)	2 152	4.38	0.83	0.38	2	8	34	9

4.2.1 边缘系统

边缘系统是指大脑中由古皮质、旧皮质演化而成的大脑组织，以及与这些组织有密切联系的神经结构和核团的总称。古皮质和旧皮质是被新皮质分隔开的基础结构。边缘系统的重要组成部分包括海马、海马旁回及内嗅区、齿状回、扣带回、乳头体和杏仁核。这些结构通过帕佩兹环路(Papez, 1937)相互联系，并与其他脑结构(新皮质、丘脑、脑干)交换信息，共同参与情绪的产生和调节。帕佩兹认为，情绪过程始于海马，当海马受到刺激时，冲动通过胼胝体下的白色纤维接力到下丘脑的乳头体。兴奋从下丘脑传递到丘脑前核，并上行至大脑内边界的扣带回，再回到海马和杏仁核，从而构成一个环路(如图 4.5 所示)。兴奋在这一环路中经扣带回扩散到大脑皮质，进而产生情绪体验。因此，边缘系统又称为情绪脑。

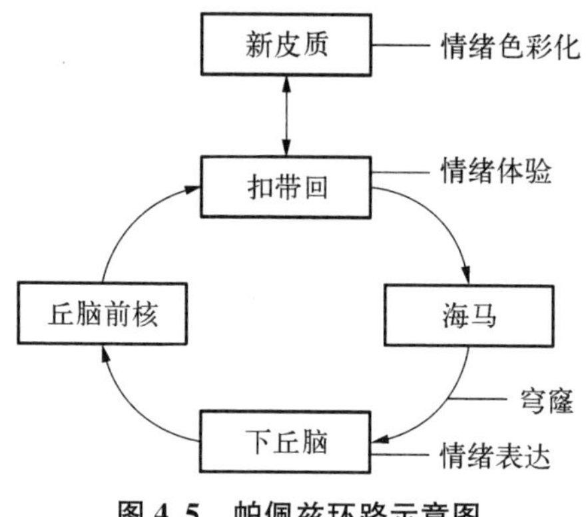

图 4.5　帕佩兹环路示意图

神经质的核心心理成分是情绪，因此德扬等人（Deyoung et al.，2010）假设，不同神经质水平的个体边缘系统可能存在结构上的差异。他们招募了 116 名健康的右利手被试（男女各 58 名，年龄范围 18～40 岁，平均年龄 22.9 岁）参与实验。研究者先采用修订后的“大五”人格问卷测量被试的人格特质，然后安排被试陆续接受磁共振成像扫描。对实验数据进行统计分析，结果发现，边缘系统中的后海马、基底节区、部分中脑区、苍白球和双侧丘脑底核这一片区域基础血氧代谢水平与神经质分数呈显著负相关，而双侧扣带回中部延伸到扣带回的白质和左半球尾状核的基础血氧代谢水平与神经质分数呈正相关（如图 4.6 所示）。进一步分析发现，神经质与被试包括后海马在内的左内侧颞叶的体积减小有关，与扣带回中灰质和白质的体积增大有关。因此，德扬等人认为，海马体积与焦虑控制（Gray & McNaughton，2000）呈正相关，与压力、抑郁呈负相关（Bremner et al.，2000），这表明海马体积可能与个体对负性情绪的控制能力有关，进而影响个体的神经质；扣带回与错误探测和疼痛反应有关（Eisenberger & Lieberman，2004），高神经质个体对错误可能性和惩罚后的疼痛更敏感；背内侧前额叶既可能与情绪失调有关，也可能与消极的自我评价倾向有关。总之，该研究结果支持了假设，即高神经质个体对威胁和惩罚更敏感，进而容易体验到消极情绪，情绪易失调，而且神经质的脑机制主要涉及边缘系统。

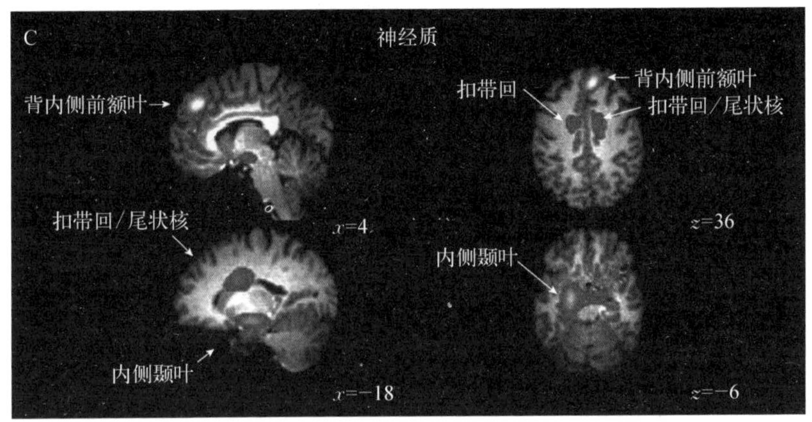

图 4.6 神经质与大脑边缘系统相关脑区的磁共振成像激活度
(Deyoung et al.，2010)(见彩插第 6 页)
(较浅的颜色代表较大的效应值，较深的颜色代表较小的效应值)

4.2.2 前额叶

眶额皮质

眶额皮质是覆盖于眼眶(形成眼窝的骨性结构)之上的大脑皮质。它是人类情绪产生和调控的最高级中枢，自然也与神经质相关。有研究者(Kapogiannis，Sutin，Davatzikos，Costa，& Resnick，2013)考察了不同神经质水平的个体眶额皮质结构的差异。他们招募了 87 名被试(男性 45 名，女性 42 名)，先用“大五”人格问卷测量被试的人格特质，然后对被试实施两次大脑磁共振成像扫描，平均间隔时间为 2 年。研究结果表明，神经质与右侧眶额皮质的体积呈负相关，即高神经质个体的右侧眶额皮质和右背侧前额叶的体积显著小于低神经质个体(如图 4.7 所示)。此前，眶额皮质的体积已被证实与特质焦虑(Roppongi et al.，2010)、焦虑症(Van Tol et al.，2010)、抑郁症(Lacerda et al.，2004)呈负相关，这在某种程度上支持了神经质可以作为一些精神疾病的预测因素的假设。研究还发现，神经质与腹侧视觉流区域的体积呈正相关（如图 4.7 所示）。腹侧视觉流区域的激活与情绪记忆加工过程有关，因此高神经质的个体可能拥有更强的情绪记忆加工，这也在一定程度上解释了他们对负性情绪的高度敏感性。

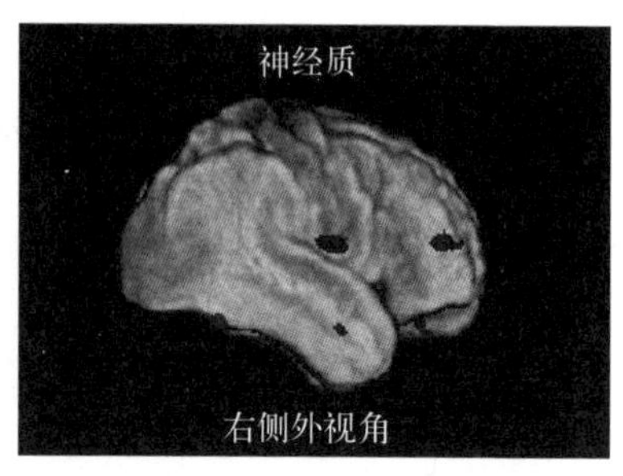

图 4.7 神经质与大脑相关区域灰质体积的关系（Kapogiannis, Sutin, Davatzikos, Costa, & Resnick, 2013）（见彩插第 6 页）

（红色：正相关；蓝色：负相关）

白质密度和灰质体积

随着衰老，个体的人格也会发生一定变化，一个典型的例子是更年期女性人格的变化。随着更年期的到来，女性的情绪不稳定性显著增强，并伴随着外显的行为表现。从脑与人格的角度来看，更年期女性人格发生改变的原因可能是，女性病理性衰老导致脑功能发生变化，进而导致她们在更年期神经质水平变高。研究者也反向推测，随着年龄的增长，高神经质个体前额叶的衰老速度应该更快，程度更大。杰克逊等人（Jackson, Balota, & Head, 2009）招募了来自华盛顿大学阿尔茨海默病研究中心的 79 名被试（男性 20 名，女性 59 名，年龄 44～88 岁，排除神经疾病史、中风、头部损伤、高血压、药物或酒精滥用因素），对他们施测"大五"人格问卷和进行脑成像扫描。分析数据后得出两个结果：(1) 个体的神经质得分与全脑区域皮质灰质体积和腹侧/背侧前额叶皮质体积均呈负相关（如图 4.8 所示），这验证了假设，即高神经质可能与脑的相关皮质及皮质下区域的体积减小有关。(2) 在白质密度的改变上，神经质与年龄的交互作用显著。虽然，随着年龄的增长，所有被试的白质密度均有所下降，但高神经质者白质密度下降的幅度显著大于低神经质者（如图 4.9 所示）。该研究表明，高神经质者在罹患阿尔茨海默病后，前额叶白质和灰质的衰退会比低神经质者更为严重。

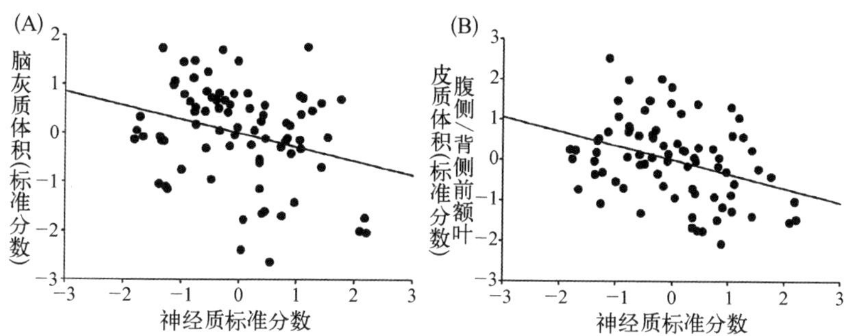

图 4.8 神经质对全脑性和区域性脑萎缩的影响(Jackson, Balota, & Head, 2009)

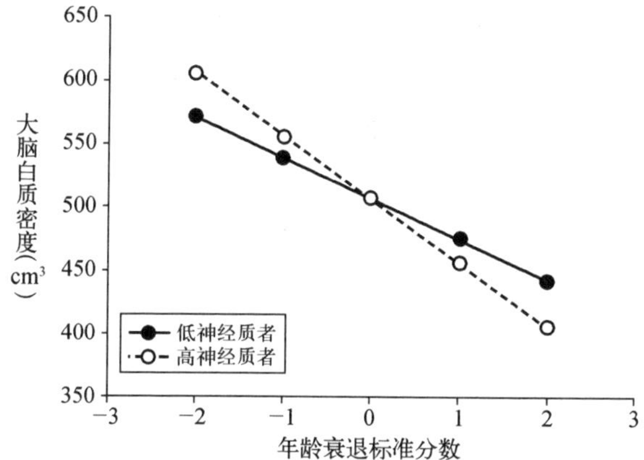

图 4.9 大脑白质密度随年龄下降的趋势受到神经质的调节(Jackson, Balota, & Head, 2009)

4.3 大脑功能

高神经质者与低神经质者为何对负性情绪的敏感性存在差异？一些认知神经科学研究采用事件相关电位、磁共振成像等技术分别从负性情绪唤醒、情绪效价区分、奖赏敏感性和自我意识参与等方面试图找出这种差异的内在认知神经机制。

4.3.1 负性情绪唤醒

高神经质者的典型特征之一是对负性情绪的偏向，该偏向的周围神经系统反应是，面对负性情绪刺激时会表现出更大的皮肤电导反应，也就是具有更强的自主神经系统唤醒(Norris，2007)。在负性情绪刺激条件下，高神经质者的中枢神经系统唤醒水平如何呢？穆奇勒等人(Mutschler et al.，2016)采用磁共振成像技术探究了这个问题。他们招募了来自瑞士巴塞尔大学的102名健康女性被试(平均年龄23.64岁)，人格测量工具是“大五”人格问卷，因变量指标除了磁共振成像外，还包括皮肤电导反应。

研究程序是，先让被试躺进磁共振成像扫描仪中完成状态焦虑量表，接着观看三个视频片段。第一个视频片段是5帧婴儿嬉笑视频，第二个视频片段是33帧婴儿哭闹视频，第三个视频片段重复5帧婴儿嬉笑视频。第二个视频片段设置较多的视频数量是为了考察适应性，第三个视频片段重复是为了控制和消除疲劳、习惯的影响。每帧视频呈现加上评估为一个“trail”，每个“trail”持续时间为60秒。每段视频结束后要求被试对视频的情绪三维度——效价、唤醒和舒适度进行7点双相评分(－3～＋3)。观看并评估完所有视频后再完成一次状态焦虑量表。实验过程中同步记录被试的皮肤电导反应和功能性磁共振成像数据。实验结果发现，在面对婴儿哭闹时，所有被试都会有负性情绪的激活，表现在杏仁核上就是杏仁核活动增强，但高、低神经质者在五个方面存在显著差异：(1)高神经质者在观看婴儿哭闹视频后负性情绪效价、唤醒度和不舒适度显著高于低神经质者；(2)高神经质者完成实验后测得的焦虑水平的提升显著高于低神经质者；(3)高神经质者在观看婴儿哭闹视频时的皮肤电导反应显著高于低神经质者；(4)高神经质者在观看婴儿哭闹视频时杏仁核和前扣带回的激活程度显著高于低神经质者；(5)高神经质者在观看婴儿哭闹视频时皮肤电导反应、杏仁核和前扣带回激活程度的适应性反应显著低于低神经质者(如图4.10、图4.11和图4.12所示)。

研究结果说明，高神经质者在婴儿哭闹时的情绪反应更强，体验到更多的负性情绪，也引发了更大的皮肤电导反应和更多的焦虑情绪。高神经质者对婴儿哭闹引起的负性情绪的认知调控更差。一些类似的研究

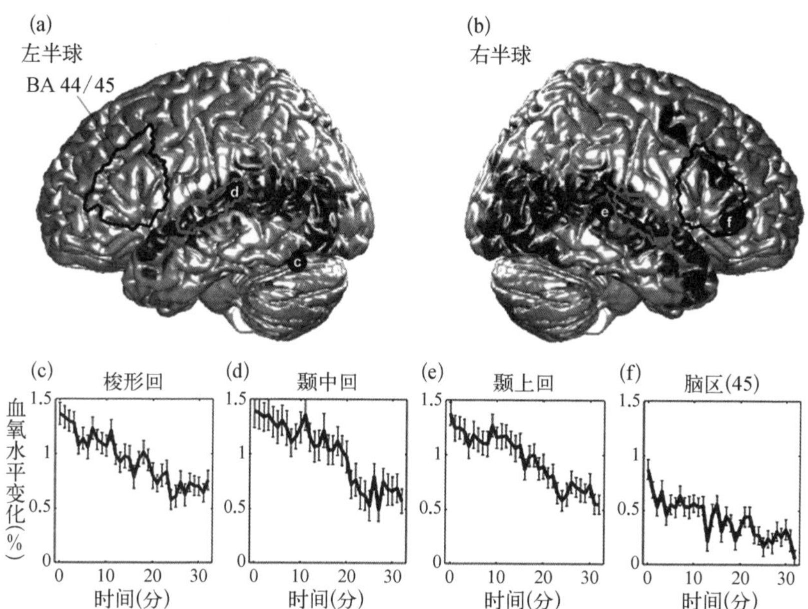

图 4.10 观看婴儿哭闹视频时被试功能性磁共振成像血氧水平变化图(Mutschler et al., 2016)(见彩插第 7 页)

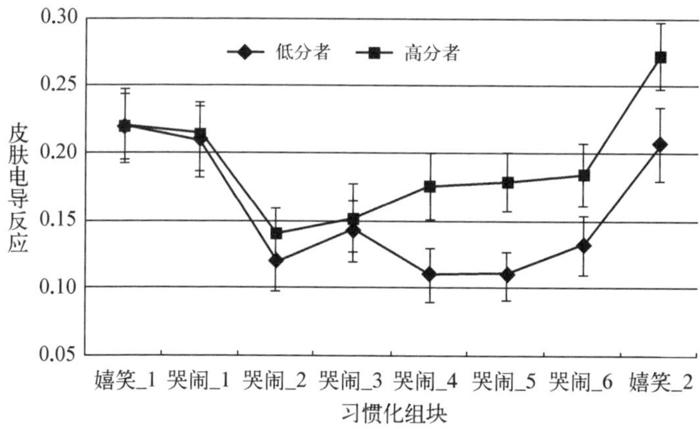

图 4.11 高、低神经质者观看婴儿哭闹视频时的皮肤电导反应(Mutschler et al., 2016)

(Riem et al., 2011; Lorberbaum et al., 2002; Musser, Kaiserlaurent, & Ablow, 2012)得出与穆奇勒等人相同的结论。

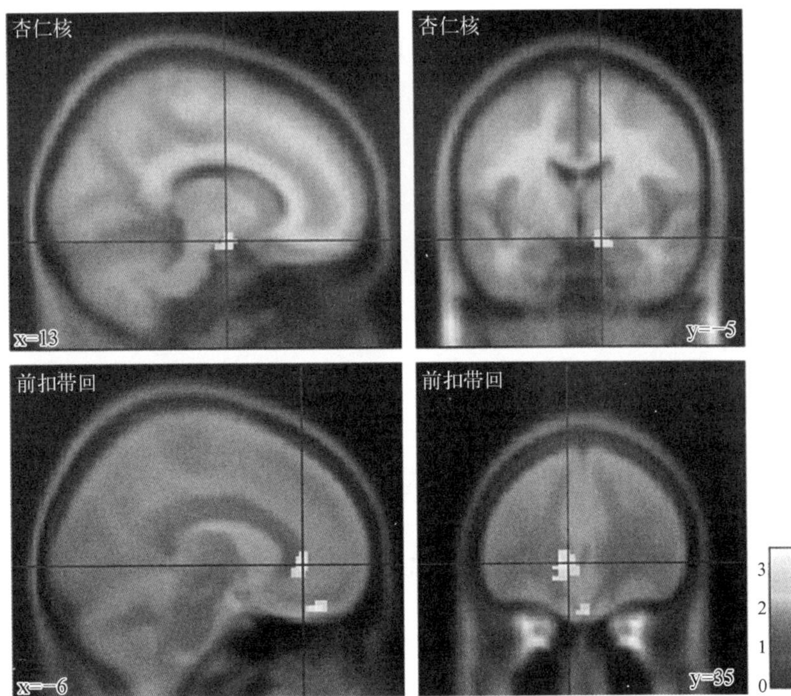

图 4.12 高、低神经质者观看婴儿哭闹视频时脑区激活的差异
(Mutschler et al., 2016)(见彩插第 8 页)

4.3.2 情绪效价区分

情绪效价是指对情绪刺激属性的自我评估,一般分为正性、中性和负性(也常称为积极、中性和消极)三种类型。有研究者(Hidalgo - Munoz et al., 2013)采用分类技术研究不同神经质水平的女性在情绪效价加工过程中脑电反映出的神经系统加工差异。他们用“大五”人格问卷选出高神经质者和低神经质者各 13 人,从国际情绪图片系统(International Affective Picture System, IAPS)中选出 24 幅高唤醒率的图片,其中 12 幅为正性情绪效价图片,12 幅为负性情绪效价图片。实验操作是,向被试呈现情绪效价图片并记录其头皮的脑电活动。因变量指标是脑电频率对情绪效价图片的识别精度和晚期正成分。结果表明:

(1) 高神经质者对两类刺激图片的识别精度在右半球顶区和枕区存在显著差异，对负性情绪的识别精度显著高于对正性情绪的识别精度，而低神经质者无此差异(如图 4.13 所示)。(2) 图 4.14 显示高神经质者面对正性情绪刺激时(上图)，中央顶区 Fp1 电极位置上的 600～800 毫秒晚期正成分波幅大于面对负性情绪刺激时的波幅(下图)。上述结果说明，高、低神经质者对正性情绪和负性情绪的识别精度存在显著差异，高神经质者具有更高的情绪识别精度，而且具有负性情绪偏向和右脑优势效应。

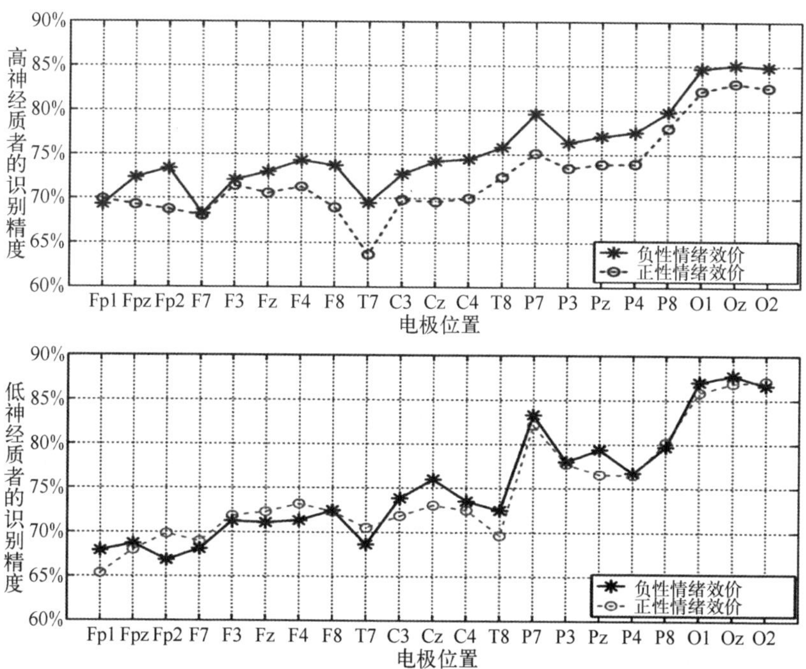

图 4.13 高、低神经质者脑电对情绪刺激图片识别精度的差异
(Hidalgo - Munoz et al.，2013)

丁妮、丁锦红和郭德俊(2007)得出与上述研究类似的结果。他们使用艾森克人格问卷简式量表中国版(Eysenck Personality Questionnaire - Revised，Short Scale for Chinese，EPQ - RSC)筛选出高、低神经质被试各 15 名(年龄范围 18～21 岁，平均年龄 19.5 岁)，研究采用图片辨别任务，要求被试对不同情绪效价图片进行分类，并记录被试的脑电。图片

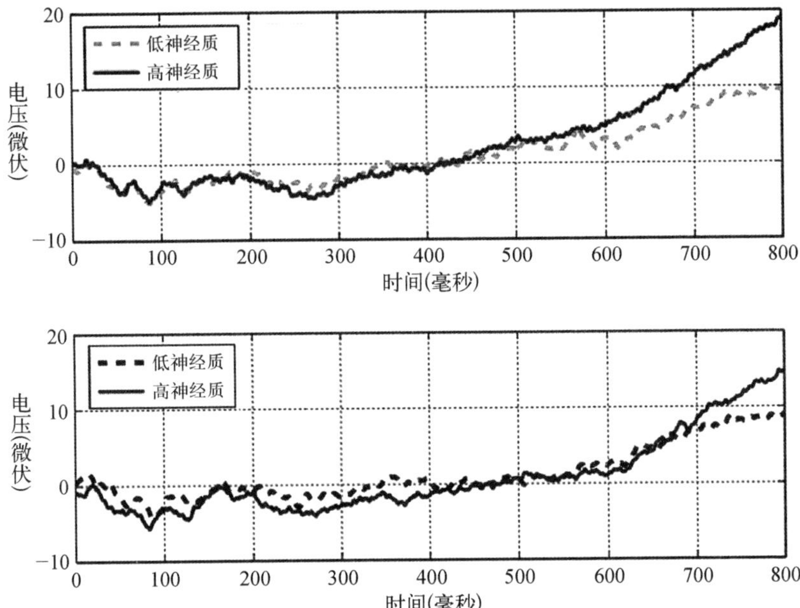

图 4.14 Fp1 通道事件相关电位的总平均值(上为正价,下为负价)
(Hidalgo - Munoz et al., 2013)

选自国际情绪图片系统,总共 75 张,其中正性图片、中性图片、负性图片各 25 张。经过数据处理分析发现,被试的神经质水平与情绪图片的效价之间交互作用显著,主要表现为:在负性情绪刺激条件下,高分组被试比低分组被试产生的晚期正电位平均波幅更大,而在正性和中性情绪刺激条件下,高分组与低分组被试的平均波幅差异不明显(如图 4.15 所示)。此外,对晚期时段 450～750 毫秒地形图的分析发现,低分组被试对负性情绪刺激的额叶激活强于高分组。

晚期正电位是参与情绪加工的重要事件相关电位成分,与对刺激的唤醒度、注意和动机有关。该研究结果表明,相比于低神经质个体,高神经质个体投入在负性情绪上的注意资源更多,而且参与动机更强烈。

4.3.3 奖赏敏感性

有研究表明,随着年龄的增长,青少年的神经质和外向性水平呈下

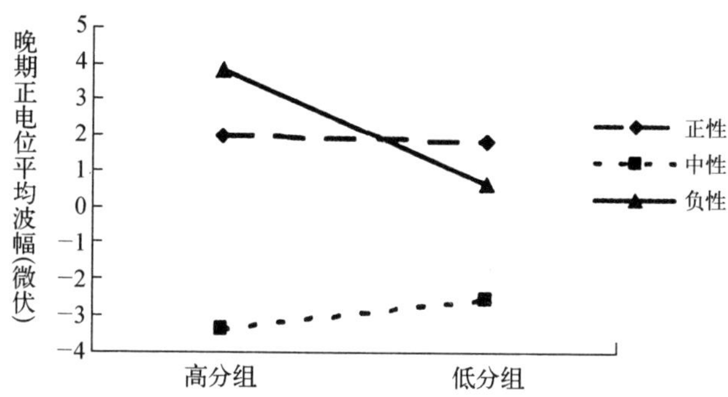

图 4.15 高、低神经质被试在三种刺激条件下的交互作用图
(丁妮,丁锦红,郭德俊,2007)

降的趋势(Roberts, Walton, & Viechtbauer, 2006)。与此同时,个体对奖赏刺激存在增强的情感和行为反应(Galvan et al., 2006; Luking, Luby, & Barch, 2014; Silverman, Jedd, & Luciana, 2015; Spear, 2011)。因此,有研究者猜测,外向性和神经质会相互作用并影响个体对奖赏刺激的神经反应。斯皮德等人(Speed et al., 2018)研究了上述问题。他们选取了550名平均年龄为15岁的没有抑郁史的青春期女孩作为被试,采用"大五"人格问卷对她们施测,然后在她们执行猜测任务(the doors task)的同时记录她们的脑电,以评估中枢神经系统对奖赏刺激的反应性。在猜测任务中,要求被试作出两种选择:一种选择会受到金钱收益的反馈,另一种选择会受到金钱损失的反馈。认知神经科学研究发现,在人的额叶中央部位,不同反馈会引起不同的事件相关电位成分,其中由奖赏性质的反馈引起的事件相关电位相对正性,称为奖赏正波(RewP),由损失反馈信息引起的事件相关电位相对负性,称为反馈负波。这两种事件相关电位之间的差异波称为ΔRewP。

实验结果发现,神经质与外向性交互影响个体对奖赏刺激的反应。在神经质水平较低的情况下,高水平的外向性与增加的奖赏正波(ΔRewP)有关(如图4.16所示),表明神经质水平的提升削弱了增加的奖赏正波与外向性之间的积极联系。而且,神经质还调节个体的年龄与增加的奖赏正波之间的关系(如图4.17所示),神经质水平越高,随着年龄的增长,增加的奖赏正波波幅越小,说明神经质阻碍了年龄对奖赏偏向的迁移效应。

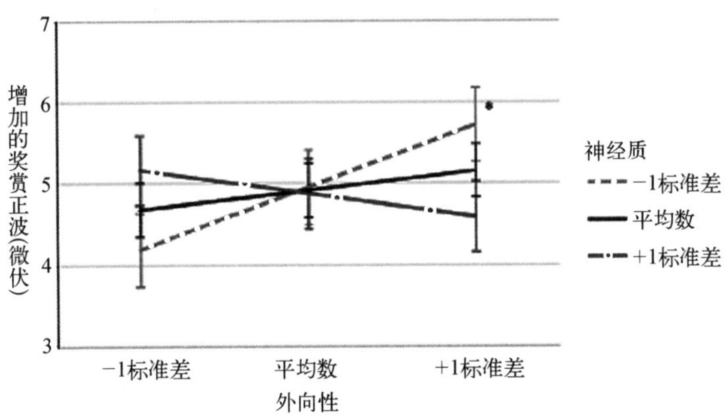

图 4.16 外向性与神经质对增加的奖赏正波的交互作用
(Speed et al., 2018)

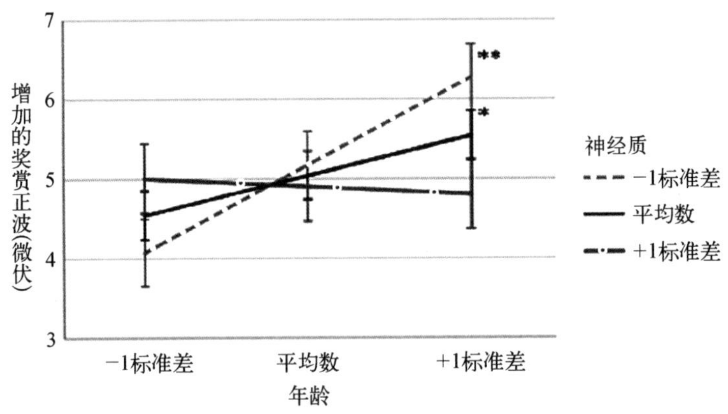

图 4.17 神经质与年龄对增加的奖赏正波的交互作用
(Speed et al., 2018)

4.3.4 自我意识参与

高神经质者常常更容易体验到焦虑情绪。格雷的焦虑理论认为,当个体所处的实际状态和预期状态不匹配时,神经比较器会探测到这种不匹配,从而产生负性情绪,使个体产生调节行为以接受或避免某些刺激。从这种角度来看，高神经质者很可能比低神经质者拥有更敏感的神经探测，从而更容易产生负性情绪。因此，格雷推断高神经质是由个体更敏感的差异探测神经引起的适应性人格特质。有研究者提出，背侧前扣带回(dorsal anterior cingulate cortex, dACC)的反应性在差异探测中起着重要作用，进而与神经质存在关联。个体的预期状态往往与自我意识和自我集中控制加工有关，这部分功能则主要受到内侧额顶神经网络的调节(Johnson et al., 2002; Kampe, Frith, & Frith, 2003; Kircher et al., 2001)。因此，艾森伯格和利伯曼(Eisenberger & Lieberman, 2004)提出两个实验假设:(1) 神经质与背侧前扣带回对差异的探测反应呈正相关。(2) 神经质与自我意识呈正相关，自我意识强的神经质者在差异探测时专注于自己，而不是外部任务环境。实验采用功能性磁共振成像收集数据，让被试执行一项 Oddball 差异探测任务。被试为 17 名来自美国洛杉矶的大学生(男性 4 名，女性 13 名)。在被试完成功能性磁共振成像实验 5～14 天后，对他们施测艾森克人格问卷和自我意识量表。实验结果完全证实了研究假设。神经质、自我意识两个特质变量与内侧额顶神经网络在 Oddball 差异探测任务中的反应性呈非常显著的正相关(如图 4.18 所示)。外向性特质则表现为相反的趋势，与自我意识、内侧额顶神经网络在 Oddball 差异

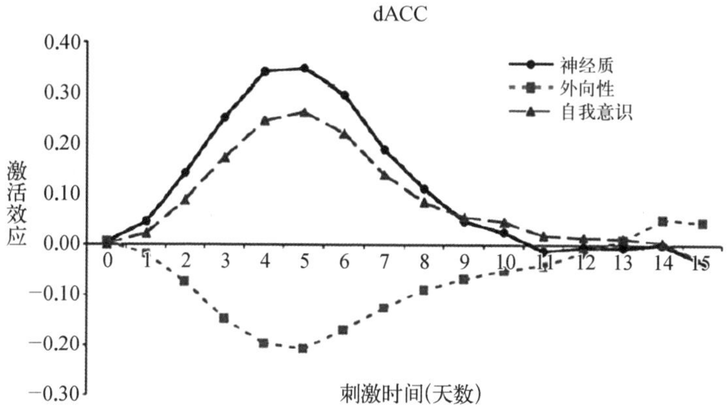

图 4.18 神经质、外向性和自我意识在内侧额顶神经网络区对 Oddball 差异探测任务的反应(Eisenberger & Lieberman, 2004)

探测任务中的反应性呈负相关。这一结果表明,高神经质者具有更强的自我意识,自我意识更容易参与日常的认知加工,因而更容易引发和体验负性情绪。

综上所述,艾森伯格和利伯曼的研究证据支持了焦虑理论的假设:高神经质者不仅对事物之间的差异更敏感,而且自我意识更容易参与相关的差异比较,这使得他们比低神经质者更容易察觉到实际状态与预期状态之间的差距,进而因为这种差距产生负性情绪。

4.3.5 三环节认知神经模型

前面讲到塞尔瓦斯等人(Servaas et al., 2013)基于元分析发现了21个与神经质认知加工相关的脑区域。在发表的文章中,他们还提出三环节认知神经模型以解释高神经质个体为何会比低神经质个体有更多不稳定的情绪反应和负性情绪偏向。

三环节认知神经模型的基本观点是,大脑活动的差异与不同水平的神经质个体的恐惧学习、厌恶预期以及情绪处理和调节三个认知神经加工环节有关(Servaas et al., 2013)。高神经质者倾向于更强的恐惧学习、更多的厌恶预期,以及过度的情绪处理和调节的认知神经机制。恐惧学习是指,日常生活事件常常能启动高神经质者的负性经验,从而将并不具有威胁性的线索与负性结果建立联结。这一环节的生理机制是,对于相同的刺激,高神经质者的海马—海马旁回复合体激活度显著高于低神经质者(Chan et al., 2007; Suls & Martin, 2010)。厌恶预期是指,高神经质者倾向于对多数事情的结果作出不利预期,从而限制或抑制与厌恶评估和决策相关的认知加工活动,表现出更少的认知调节策略。这一环节的生理机制是,与厌恶加工相关的脑区激活度显著降低,这些脑区包括前扣带回、后扣带回、前额叶、中扣带回、颞中回、海马、准海马/梭状回、舌回、枕中回、边缘上回、丘脑和纹状体(Alvarez et al., 2011; Grupe et al., 2012; Jensen et al., 2003)。情绪处理和调节是指,基于负性结果预期,高神经质者的生活压力会增大,从而采取过度或者不当的情绪处理和调节方式。这一环节的生理机制是,情绪加工时前额叶和扣带回的激活显著增强(Hofmann et al., 2012; Ochsner & Gross, 2005)。这三个环节认知神经加工的结果促使高神经质者表现出更多、更强和更不稳定的情绪反应(如表 4.2 所示)。

表 4.2 高神经质者情绪反应的三环节认知神经机制

(Servaas et al., 2013)

	更强的恐惧学习	更多的厌恶预期	过度的情绪处理和调节
刺激材料	中性事件	负性事件	情绪事件
认知加工	中性事件与负性结果相联结	确定的负性结果,无能为力	过度注意、评价和反应
神经反应	海马—海马旁回激活增强	厌恶加工脑区激活减弱	前额叶和扣带回激活增强
内心旁白	此情此景多凶险!	如此情景怎能奈何!	焦虑、抑郁

4.4 神经递质和激素

神经质作为一种以情绪为核心成分的特质,神经递质和激素也在其形成和发展过程中发挥着非常重要的作用。相关研究涉及的神经递质主要包括多巴胺、5-羟色胺和γ-氨基丁酸。激素主要包括皮质醇、黄体酮和睾丸素。

4.4.1 多巴胺

多巴胺是一种神经递质,它传递兴奋和愉快的信息,因此自然与人的情绪有关。不同神经质水平的个体,在兴奋性、情绪表现上都有所不同,因此有研究者假设,个体神经质水平的高低可能与多巴胺的作用机制有关。

李等人(Lee et al., 2005)研究了上述问题,发现高神经质者与低神经质者的纹状体多巴胺 D2 受体密度有所不同。他们通过广告从社区招募了 69 名被试(男性 38 名,女性 31 名),评定被试的神经质得分,并按照得分将被试分为高神经质组和低神经质组,最终确定高、低神经质被试各 17 名。连续 7 天对被试实施磁共振成像扫描以了解大脑代谢基线，然后对被试实施一次正电子发射断层扫描成像以测量纹状体多巴胺 D2 受体密度。对数据进行统计分析，结果发现，高神经质被试的纹状体多巴胺 D2 受体密度显著大于低神经质被试。对此，研究者认为，更高水平的纹状体多巴胺能活动可能是高神经质者对压力源更敏感或作出过度反应的原因之一。

还有研究者发现，高神经质者常常表现出更强的恐惧记忆习得(Barlow et al.，2014；Lonsdorf et al.，2017)，而多巴胺已被证明在保留和消除恐惧记忆方面起着重要作用(Panitz et al.，2018)。

4.4.2　5-羟色胺

5-羟色胺(5-hydroxytryptamine，5-HT)是一种抑制性神经递质。5-羟色胺转运体(5-HTT)是将 5-羟色胺从突触间隙转运到突触前神经元的一种膜蛋白。在突触前神经元那里，神经递质被降解或保留，以便稍后释放。海尔斯等人发现，5-羟色胺转运体基因启动子区(5-HTTLPR)的短等位基因与 5-羟色胺转运水平降低有关，即携带 5-HTTLPR 短等位基因的个体对 5-羟色胺的摄取活性低于携带 5-HTTLPR 长等位基因的个体(Heils et al.，1996)。

已有研究表明，神经质与 5-羟色胺转运体基因的功能多态性有关，5-HTTLPR 短等位基因携带者在神经质高分人群中的比例更高(Canli & Lesch，2007；Munafo et al.，2006)。金内尔等人(Gingnell，Comasco，Oreland，Fredrikson，& Sundström-Poromaa，2010)进一步探究了 5-HTTLPR 与神经质之间的关系。他们招募了 30 名经前焦虑症(premenstrual dysphoric disorder，PMDD)患者和 55 名健康女性作为被试。经前焦虑症是指，部分女性在月经周期黄体期反复出现一系列生理不适和负性情绪症状，症状程度与她们的神经质(心理焦虑、躯体焦虑、痛苦感、紧张感和不信任感)关系密切(Segebladh et al.，2009)。研究者采用瑞典大学制定的人格量表测量被试的神经质水平，并按照《精神障碍诊断与统计手册》(第四版)中规定的经前焦虑症的标准对被试进行临床评估和确认。接着,测试并分析其中 27 名经前焦虑症患者和 18 名健康女性的 5-HTTLPR 基因型。最终的统计分析结果表明,同携带 5-HTTLPR 长等位基因的经前焦虑症患者相比,携带 5-HTTLPR 短等位基因的经前焦虑症患者的神经质和特质焦虑得分更高,也更缺乏自信。

这一发现与坎利和莱施(Canli & Lesch, 2007)的研究结果一致,坎利和莱施的研究在 5-HTTLPR 多态位点上测定了 419 名被试的基因型和神经质,结果发现,5-HTTLPR 短等位基因的存在与神经质平均分呈显著正相关。而且,在神经质的六个维度评估中,5-HTTLPR 与焦虑、敌意、抑郁和自我意识四个维度有关,但与冲动和易损性两个维度无关。

由此可见,神经质与 5-羟色胺及其转运体基因的功能多态性有关。

4.4.3 γ-氨基丁酸

γ-氨基丁酸是脑内主要的抑制性神经递质之一,存在于抑制性和兴奋性突触中,是连接前额叶和边缘皮质的重要神经递质。前额叶和边缘皮质等结构与冲动行为有关,因此它们在行为抑制(Horn et al., 2003)和情感加工(Phan, Wager, Taylor, & Liberzon, 2002)中发挥着重要作用。另有研究发现,γ-氨基丁酸还与许多焦虑和抑郁特征相联系(Petty, 1995)。

基于此,有研究者(Xuan et al., 2009)假设大脑中的 γ-氨基丁酸水平与神经质之间存在相关。他们以 41 名健康志愿者(男性 21 名,女性 20 名,年龄 35±7 岁)为被试,使用 3T MRI 设备对被试进行磁共振成像扫描,并在体素定位中采用超级加压序列测量 γ-氨基丁酸的浓度。统计分析发现,只有额叶的 GABA(γ-氨基丁酸)/Cr(肌氨基酸)比值与外向性评分呈负相关,但与神经质评分不相关。他们还探索了大脑中四个 γ-氨基丁酸受体基因与焦虑症、抑郁症的遗传风险性之间的关系,同样未发现这些 γ-氨基丁酸受体基因的变异与焦虑谱系紊乱的易感性之间存在显著相关。

因此,现有证据表明,大脑的 γ-氨基丁酸水平可能与神经质不存在相关。

4.4.4 皮质醇

与前面讲到的高神经质者存在负性情绪偏向一致，有研究者发现高神经质者会体验到更多应激生活事件，对应激有夸大反应，而且从应激中恢复所需的时间更长(Suls & Martin, 2010)。因此，神经质不可避免地与应激激素有关，最常见的应激激素是皮质醇。如第三章所提到的，皮质醇属于肾上腺糖皮质激素的一种，在应激反应中起到重要作用。皮质醇是下丘脑—垂体—肾上腺轴神经内分泌通路的终端产物，下丘脑—垂体—肾上腺轴与交感神经—肾上腺髓质轴同源于下丘脑，而且受到边缘系统的调节，共同作用于人的情绪产生和平衡(Jankord & Herman, 2010;Dedovic et al., 2009)。因此，研究者试图寻找神经质与下丘脑—垂体—肾上腺轴机能之间的关系，以阐释神经质的神经内分泌机制。下丘脑—垂体—肾上腺轴产生的皮质醇进入血循环后 90%～95%迅速与球蛋白、白蛋白和红细胞结合而发生转运，这种结合态不具有生物活性。其余 5%～10%的皮质醇呈游离态，能进入靶细胞(如腮腺细胞)发挥生理效应，因而具有生物活性(Kudielka et al., 2012)。因此，血液和唾液中的皮质醇浓度成了下丘脑—垂体—肾上腺轴应激研究主要的生物学标志。有研究表明，唾液中皮质醇的数量与血液中游离皮质醇的数量非常一致(Hellhammer, Wüst, & Kudielka, 2009)，而唾液收集的简便性与非侵入性使它成为考察下丘脑—垂体—肾上腺轴活动最常用的标识。

探究皮质醇与神经质之间关系的一个指标是皮质醇觉醒反应(cortisol-awakening response, CAR)。皮质醇觉醒反应是指早晨醒来后皮质醇水平短暂升高的现象，很多研究者认为，它是对即将到来的一天的生活事件的心理预期和生理准备。研究发现，个体的慢性应激水平与皮质醇觉醒反应呈负相关趋势，长期的生活和工作压力往往与较低的皮质醇觉醒反应相联系，这也许意味着，神经内分泌资源因长期的应激状态而过度消耗。皮质醇觉醒反应的基本形态是，早晨醒来后个体的皮质醇水平出现急剧上升，达到峰值后开始下降并在醒后 1 个小时左右回到基线水平，具体计算公式为：CAR=(MaximumMorning - MeanMorning)/(MeanMorning * 100)(Weitzman et al., 1971)。两项前瞻性研究表明，皮质醇觉醒反应分数高和神经质分数高都会增加罹患抑郁症的风险。于是，有研究者考虑，神经质与皮质醇觉醒反应之间是否存在某种关联呢？马德森及其同事(Madsen et al.，2012)设计了一个实验，以探究神经质与皮质醇觉醒反应之间的关系。他们选取了 58 名 19～86 岁的健康成人被试(平均年龄 27.8 岁)，采用"大五"人格问卷测量被试的神经质分数，并在接下来的五天，每天早上采集被试睡醒后 0 分钟、15 分钟、30 分钟、45 分钟和 60 分钟的唾液皮质醇样本以计算皮质醇觉醒反应指标，最后统计分析皮质醇觉醒反应值与神经质分数的相关性。结果如图 4.19 所示，被试的神经质得分与皮质醇觉醒反应值呈显著正相关，且女性样本的神经质得分与皮质醇觉醒反应值的相关水平显著高于男性。另一项研究(Puig - Perez，Villada，Pulopulos，Hidalgo，& Salvador，2016)发现，只有女性的神经质与皮质醇觉醒反应呈显著正相关。研究者据此认为，男女在下丘脑—垂体—肾上腺轴功能方面存在性别差异，这可能是因为睾丸素和雌激素对下丘脑—垂体—肾上腺轴的功能产生了干扰，而且负反馈回路对女性的影响更大(DeSoto & Salinas，2015)。

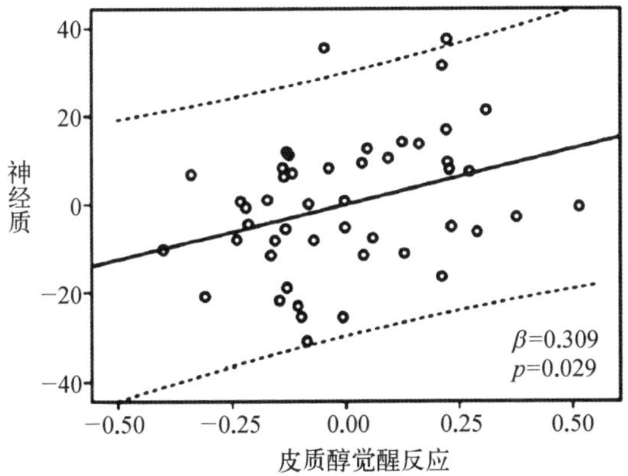

图 4.19 神经质与皮质醇觉醒反应呈显著正相关(Madsen et al.，2012)

探究皮质醇与神经质关系的另一个指标是皮质醇昼夜节律(cortisol circadian rhythm，CCR)。皮质醇昼夜节律的一般规律是，早晨 6～8 时血中皮质醇水平最高，随后逐渐下降，第二天凌晨 0～2 时最低，3～5 时开始上升，6～8时又达到顶峰。不同特质的人每天感受到的压力不同，应激反应水平及其波动也不同，因此皮质醇昼夜节律也存在差异。对高神经质者来说，由于具有对社会心理压力产生强烈情绪反应的倾向(Lahey, 2009)，他们每天会感知到更多的压力源，并对这些压力源产生更大的反应，需要更多的时间才能从压力状态下恢复过来。因此，有研究者推测，高神经质者白天皮质醇分泌量会增加，这反映出他们的下丘脑—垂体—肾上腺轴应对压力刺激的频率更高、强度更大。进一步形成的假设是，高神经质者比低神经质者有更高的白天基线皮质醇水平，且白天的皮质醇昼夜节律曲线波动不大，呈现出较为平缓的模式。班达及其同事(Banda et al., 2014)采用相关研究来验证这个假设。他们用"大五"人格问卷对上万名大学生施测，按照百分位27%的标准筛选出485名高神经质者(男性321名，女性164名)和398名低神经质者(男性263名，女性135名)。在特定一周的两天(星期二和星期四)收集这些被试五个时间段(觉醒时、醒后0.75小时、醒后2.5小时、醒后8小时和醒后12小时)的皮质醇样本加以分析。结果发现：(1)高神经质者五个时间段的皮质醇水平和比低神经质者高20%；(2)在皮质醇觉醒反应期(AUC 0～0.75 h)，高、低神经质组被试的皮质醇水平没有差异；(3)醒后0.75～12小时的平均皮质醇水平，高神经质者显著高于低神经质者。这些结果表明，白天12小时高神经质者的皮质醇水平高于低神经质者的整体效应，完全是由皮质醇觉醒反应后大部分时间的分泌差异导致的。图4.20显示的是高神经质被试和低神经质被试的皮质醇水平日平均剖面图。该剖面图清楚地表明，高、低神经质者的皮质醇分泌差异仅在皮质醇觉醒反应后才出现，而且高神经质者皮质醇日分泌的下降幅度显著小于低神经质者。此结果与研究假设完全一致。这项研究还发现，男性的皮质醇分泌水平普遍较高，下降的幅度较小，而女性皮质醇分泌水平下降的幅度较大，这个发现与一项大规模人口研究中观察到的早晚皮质醇值的性别差异一致(Larsson et al., 2009)。班达等人(Banda et al., 2014)采用麦克尤恩和温菲尔德(McEwen & Wingfield, 2010)的磨损模型(wear and tear model)解释上述一致的结果，他们认为，相比于低神经质者，高神经质者必须更加努力，花费更多精力以保持应对压力的动态平衡。这种精力成本的积累意味着个体对日常压力源的反应能力会逐渐减弱，从而可能导致下丘脑—垂体—肾上腺轴失调，即产生面对压力时减弱的皮质醇反应，以及白天高基线水平的皮质醇。一些相关研究为磨损模型提供了间接证据，如有研究发现，高神经质者在信息处理中具有负性偏向(Chan, Goodwin, & Harmer, 2007)，具有情绪调节困难(Mikolajczak, Roy, Luminet, Fillée, & Timary, 2007)，以及自我控制能力受损(Uziel & Baumeister, 2012)。

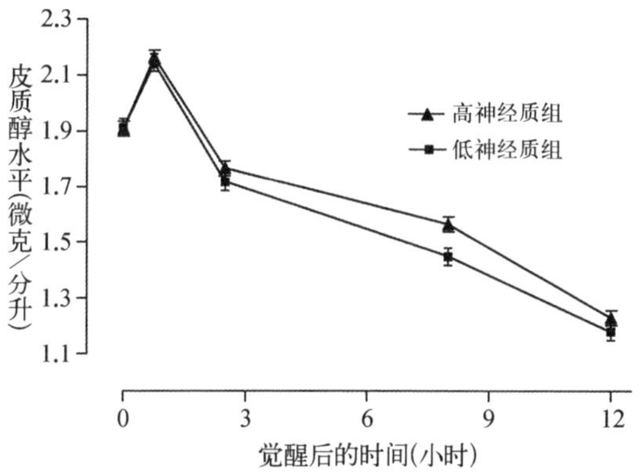

图 4.20 高、低神经质者每日皮质醇分泌剖面图(Banda et al., 2014)

2013 年，奥梅尔等人综述了认知神经和内分泌研究的结果，提出了一个解释神经质的神经—内分泌综合模型(如图 4.21 所示)。该模型的基本内容是，神经质可能反映了人体对负性刺激的感知和认知控制所涉及的脑回路的个体差异。具体来说，在帕佩兹环路的向上通路，高神经质者的杏仁核与前扣带回的连接减弱，这可能会影响杏仁核对焦虑刺激的反应(Depue, 2009)。在帕佩兹环路的向下通路，高神经质者的杏仁核与下丘脑、脑干等的连接增强，这使得杏仁核对参与情绪表达的下丘脑和脑干等靶点有更多信息输出(Hemer, 2003)。在认知控制减弱的背景下，这些信息输出会过度激活下丘脑—垂体—肾上腺轴、周围神经系统，导致高神经质者对生活压力的反应更大，对威胁更敏感，储存更多负性情绪记忆，产生更多焦虑和抑郁情绪。

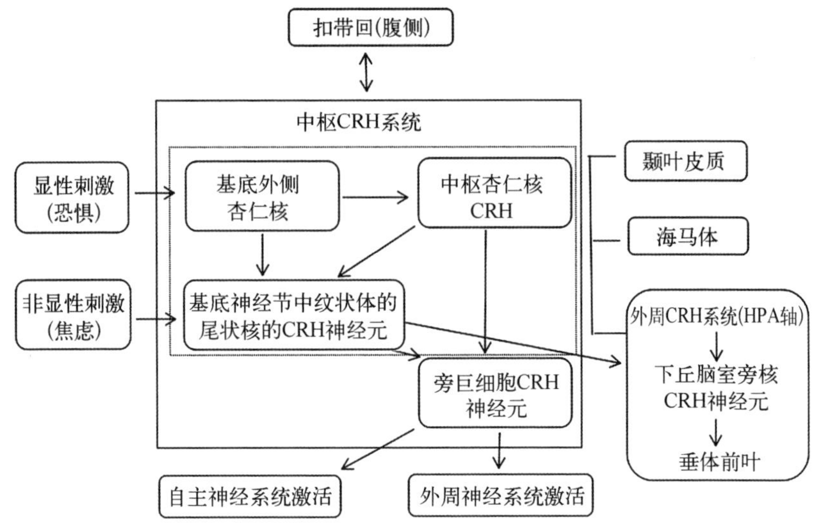

(CRH：促肾上腺皮质激素释放激素)

图 4.21　神经质的神经—内分泌综合模型

奥梅尔等人认为，神经—内分泌综合模型形成的内在机制可用认知适应性人格理论(Matthews，1999；Matthews，2004)来解释。该理论从进化角度假设，人格特征代表了个体面对生活中的关键挑战时的差异。就神经质来说，神经质与威胁管理策略中的偏好有关，高神经质者倾向于避免威胁或先发制人应对威胁的策略，这些策略要求个体对潜在威胁具有更低的检测阈值。在危险的或不断变化的环境中，较低的检测阈值可能具有适应性。在安全的或可预测的环境中，较高的检测阈值可能具有适应性。神经质的这种适应性可能解释了为什么与高神经质相关的基因仍然存在于群体基因库。如果神经质只具有不适应性，自然选择就会逐渐去除神经质相关的连锁基因。

4.4.5　黄体酮

女性的生理周期性激素水平波动会影响自身的情绪变化(Dreher et al.，2007；Treloar，Heath，& Martin，2002)，这种周期性的变化是否会对神经质产生影响？或者反过来说，不同神经质水平是否会调节女性性激素与情绪之间的关系呢？之前有研究发现，额叶 α 波不对称会对女性情绪产生精神病理学的影响，而女性在月经周期可能出现更强的额叶 α 波不对称波动(Coan & Allen, 2004)。因此，有研究者(Huang et al.，2015)假设，相比于低神经质女性，高神经质女性的静息额叶 α 波不对称性更容易受到月经周期的影响。研究者以 37 名女性为被试，对她们进行严格计时抽血和检测，并通过情绪状态评估量表来评估她们的三维度情绪状态(愉快—不愉快、唤醒—非唤醒、支配—顺从)。完成量表后，记录被试的静息脑电图。相关分析结果显示，高神经质女性比低神经质女性表现出相对较少的左额叶 α 波总量和 α_1 波活动，且这种差异只出现在中晚黄体期(如图 4.22 所示)。这进一步表明，神经质作用的发挥受女性雌激素变化的影响，即女性神经质的表达与生理周期和雌激素水平存在交互作用。

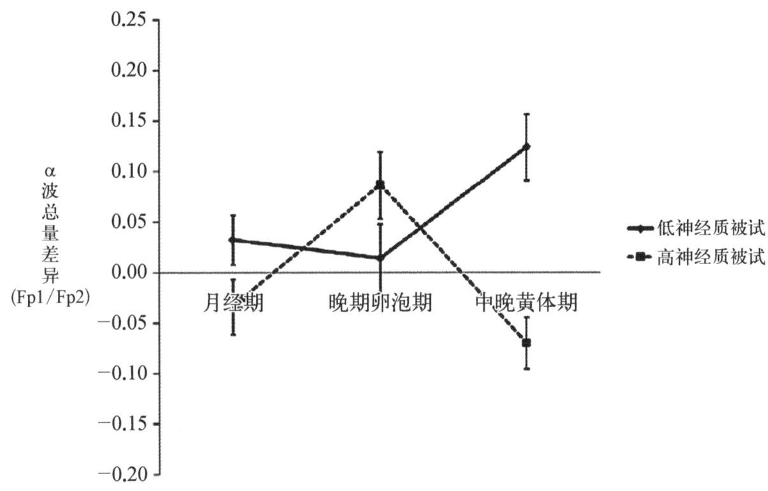

图 4.22 高、低神经质女性被试的生理周期与 α 波分布不对称性(Huang et al.，2015)

4.4.6 睾丸素

男性的神经质也会受睾丸素水平的影响。睾丸素是一种类固醇激素，主要由男性的睾丸或女性的卵巢分泌，具有维持肌肉强度及力量、维持骨质密度及强度、提神以及提升体能等作用。有研究发现，睾丸素能够影响小脑—下丘脑耦合，减少氧应激引起的小脑灰质细胞的死亡(Tsui, Kanady, & Agapie, 2013)。20 世纪 70 年代，有研究者提出情绪与小脑存在相关，越来越多的证据证实了小脑参与情绪状态的调节，而且发现小脑体积与神经质水平呈负相关。小脑损伤导致的神经认知缺陷患者在情绪调节方面存在困难，对健康被试的小脑进行干扰性经颅磁刺激会损害被试的情绪调节，并引起负性情绪增加(Schutter, 2016)。磁共振成像研究中也发现了非临床样本小脑体积与神经质之间呈负相关的证据(Schutter, 2012)。还有研究者发现，小脑与神经质之间的关系很大部分是由小脑与下丘脑之间的紧密联系导致的(Haines, Dietrichs, & Sowa, 1997)。

基于以上证据，研究者(Schutter, Meuwese, Bos, Crone, & Peper, 2017)开展了一项研究，试图探索内源性睾丸素水平、小脑容积和神经质之间的相互关系。该研究有三个假设：(1) 小脑体积与神经质呈负相关；(2) 内源性睾丸素水平与神经质呈负相关；(3) 内源性睾丸素水平在小脑体积与神经质之间起着中介作用。他们招募了 149 名被试参与实验，包括 91 名 12～17 岁的健康青少年(男性 46 名，女性 45 名)和 58 名 18～27 岁的成年人(男性 30 名，女性 28 名)。研究过程是，先用“大五”人格问卷测量被试的神经质水平，然后安排被试接受磁共振成像扫描以获取小脑体积数据，并要求被试在接受磁共振成像扫描当天醒来的时刻，在家中采集晨间唾液样本以测定被试的内源性睾丸素水平。

结果验证了假设：(1) 被试小脑体积与神经质得分之间存在显著的负相关。进一步分析表明，此相关主要是小脑灰质体积而不是白质体积与神经质得分之间的相关(如图 4.23 所示)。(2) 男性被试的内源性睾丸素水平与小脑体积和神经质得分呈显著相关(如图 4.24 和图 4.25 所示)，女性被试无此相关。(3) 中介分析表明，男性被试的睾丸素水平显著影响右侧小脑灰质体积与神经质得分之间的关系。睾丸素水平高的男性右侧小脑灰质体积较大，神经质得分较低(如图 4.26 所示)。

这项研究证实了青少年和成年男性的小脑体积与神经质之间的负

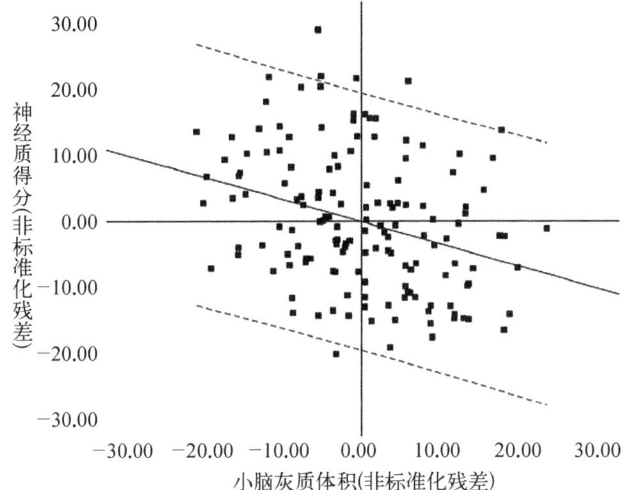

图 4.23 小脑灰质体积与神经质得分呈显著负相关(Schutter, Meuwese, Bos, Crone, & Peper, 2017)

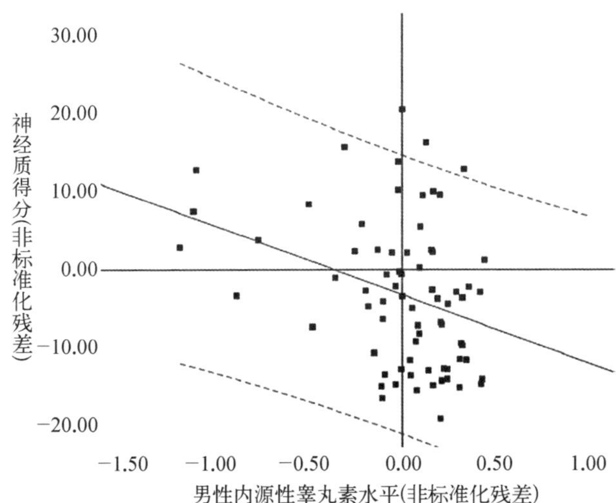

图 4.24 男性被试的内源性睾丸素水平与神经质得分呈显著负相关(Schutter, Meuwese, Bos, Crone, & Peper, 2017)

相关关系，而且睾丸素在小脑灰质体积与神经质的关系中起中介作用。研究者对此的解释是，较高的睾丸素水平通过对男性小脑灰质的正效应来降低神经质。这与奥格曼等人(O'Gorman et al., 2006)的研究结论

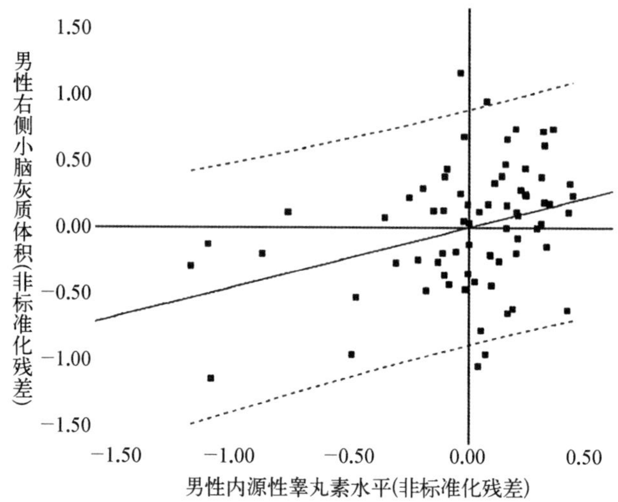

图 4.25 男性被试的内源性睾丸素水平与小脑灰质体积呈正相关
(Schutter, Meuwese, Bos, Crone, & Peper, 2017)

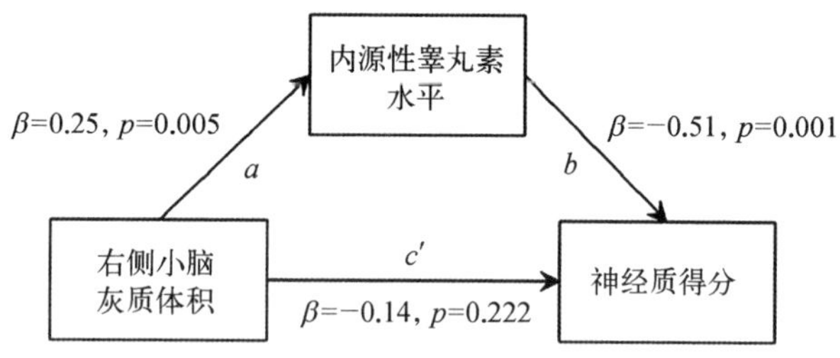

图 4.26 内源性睾丸素水平中介右侧小脑灰质体积与神经质得分之间的关系
(Schutter, Meuwese, Bos, Crone, & Peper, 2017)

一致,小脑灰质体积较小的个体倾向于避免伤害,而避免伤害与行为回避和高神经质的表现有很大重叠,包括惩罚敏感性强、担忧、缺乏主动性、羞怯和焦虑(Cloninger, 1993; Fruyt, Wiele, & Heeringen, 2000)。小脑与神经质之间的关联可能表明了小脑在焦虑、担忧和主观失控情绪中所起的作用(Schutter, 2012)。一些解剖学研究发现,情绪障碍患者的小脑灰质体积要比健康者小得多(Adamaszek et al., 2016)。反向的证据也为此提供了间接支持,具有较高内源性睾丸素水平的个体小脑的血流量较大(Smet - Janssen et al., 2015)。这些研究结果为激素—脑—人格特质之间的相互作用提供了一定的证据。

5 感觉寻求的生理基础

感觉寻求(sensation seeking)特质是指个体对多变的、新异的、复杂的和强烈的感官体验的追求,而且为了获得这些体验,甘愿从事可能对生理、社会、经济有危害的冒险活动(Zuckerman, 1990)。感觉寻求特质受到20世纪中期关于探讨感觉刺激对个体唤醒作用的研究工作的影响。其中,证明感觉刺激为个体正常功能所必需的,最为有力的证据是关于感觉剥夺的研究(Bexton, Heron, & Scott, 1954; Heron, Doane, & Scott, 1956)。这些研究发现,感觉剥夺会导致个体产生幻觉、强烈的负性情绪,以及认知功能的损害。基于此,有研究者提出,感官刺激在促进个体正常发育,以及保持有效信息处理的最佳唤醒水平方面起着关键作用,并将感官刺激视为一种奖赏性的事件(Fiske & Maddi, 1961)。

朱克曼及其同事(Zuckerman et al., 1964)正式提出感觉寻求概念,并开发出第一个测量该特质的量表。经过多次修订,当前使用最为广泛的是感觉寻求量表(第五版)(Sensation Seeking Scale Form-Ⅴ, SSS-Ⅴ),该量表共有40道题目,分为四个子维度,每个子维度10道题目(Zuckerman, 1994)。这四个子维度分别是:(1) 刺激和冒险寻求(thrill and adventure seeking, TAS),在该维度上得分较高的个体对参加冒险活动以提高生理唤醒有着强烈的渴望;(2) 经验寻求(experience seeking, ES),在该维度上得分较高的个体渴望通过感觉和心灵寻求新的体验;(3) 去抑制(disinhibition, DIS),在该维度上得分较高的个体对社会享乐活动有着较高的追求,容易沉迷于毒品和性;(4) 无聊易感性(boredom susceptibility, BS),在该维度上得分较高的个体无法忍受无聊、重复的体验或循规蹈矩的工作。在感觉寻求量表总分上得分较高的个体为高感觉寻求者(high sensation seeker, HSS),反之,则为低感觉寻求者(low sensation seeker, LSS)。

相比于低感觉寻求者,高感觉寻求者更倾向于从事高风险的活动以追求多变的、新异的和强烈的感官刺激。许多研究发现,高感觉寻求与多种高风险行为存在显著关联,这些高风险行为包括(但不限于)高冒险运动(如登山、跳伞)、危险驾驶、攻击行为、酗酒、香烟依赖、毒品使用、性滥交、赌博依赖以及网络成瘾等。

为什么高感觉寻求者和低感觉寻求者会有如此大的行为差异?为什么高感觉寻求者会频繁参加高风险活动,即使这些活动会危害到自己的身心健康,甚至走上违法犯罪的道路?多年来,研究者从生理基础层面进行了多方面的探讨,以期回答这些问题。

5.1 大脑结构

5.1.1 大脑不对称性

对于高感觉寻求者和低感觉寻求者面对新异的、强烈的刺激表现出不同行为反应倾向的原因,一种解释是趋近—回避动机理论。根据该理论,相比于低感觉寻求者,高感觉寻求者从整体上说具有强烈的趋近行为倾向,更乐于探索周围的环境,并对新异刺激作出反应(Zuckerman & Kuhlman, 2000)。新异刺激之所以能引发高感觉寻求者的趋近行为反应,可能是因为对他们来说,新异刺激具有奖赏价值,与正性情绪相联结(Zuckerman, 1990)。因此,高感觉寻求者寻求新异的、强烈的刺激可能是减少烦躁不安或应对焦虑情绪的一种方式(Smith, Ptacek, & Smoll, 1992)。

一些研究通过考察大脑前额脑电 α 波的活动来测量个体不同的趋近—回避反应倾向(Coan & Allen, 2004)。有研究者提出,大脑前额脑电活动的不对称性与行为的趋近—回避反应倾向有关,静息状态时前额脑电的不对称性能够反映个体对新异刺激和中等压力环境的趋近或回避倾向,以及积极或消极的情绪体验。前额左侧的脑电活动强于右侧的脑电活动的个体更能调动自身资源以参与目标驱动行为,而且体验到积极情绪,与此相反,前额右侧的脑电活动强于左侧的脑电活动的个体则更倾向于参与回避行为,而且体验到消极情绪(Davidson, 2000)。

基于此,圣泰索等人(Santesso et al., 2008)探讨了高、低感觉寻求者在静息状态时脑电活动的不对称性。在研究的实验一中,他们招募了37名青年被试,其中28名女性,9名男性。使用感觉寻求量表(第五版)测量被试的感觉寻求特质,并记录被试的静息态脑电。对前额 α 波活动的不对称性与感觉寻求分数作相关分析发现,男性被试前额脑电活动的不对称性与感觉寻求总分、去抑制和无聊易感性子维度得分呈显著相关,而女性被试无此现象(如图 5.1 所示)。

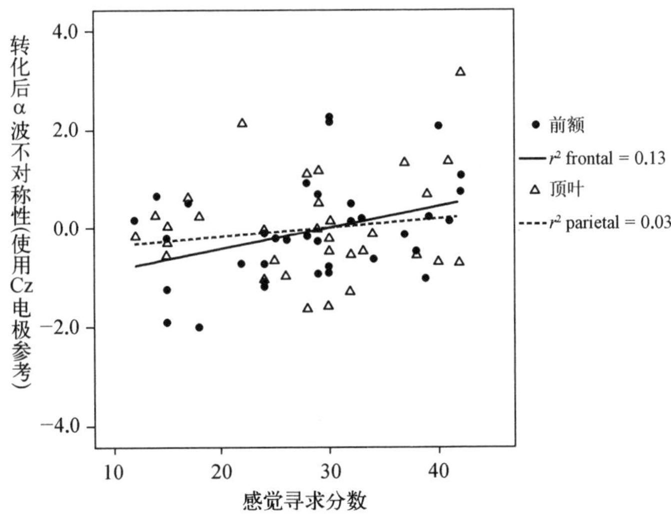

图 5.1 感觉寻求分数与前额和顶叶 α 波不对称性的相关
(Santesso et al., 2008)

鉴于实验一只在男性被试身上发现了前额脑电不对称性与感觉寻求的相关,而且参与的男性被试数量较少,因此圣泰索等人(Santesso et al., 2008)又开展了实验二。实验二招募了44名男性,实验操作和实验一相同,得出的结果也与实验一一致,男性被试的感觉寻求分数与前额 α 波的不对称性呈显著相关(如图 5.2 所示)。基于此研究结果,研究者认为,这种前额脑电活动的不对称性模式可能是高感觉寻求者寻求新异的奖赏刺激,以及毒品使用行为的原因。

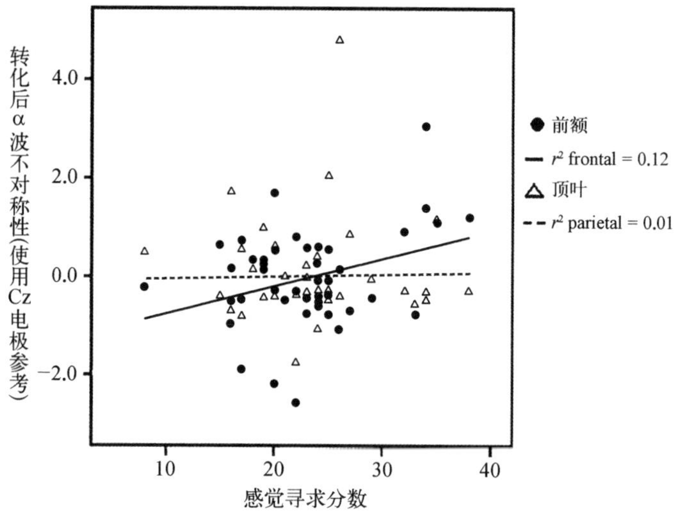

图 5.2 感觉寻求分数与前额和顶叶 α 波不对称性的相关
(Santesso et al., 2008)

5.1.2 海马

高感觉寻求者的一个重要特征是寻求新异刺激和体验的行为倾向。这种行为倾向的基础是要能够判断刺激是否新颖,然后才决定寻求与否。研究表明,人类大脑中的海马结构在判断刺激和环境是否新异的过程中起着重要作用。动物模型的研究表明,海马具有将呈现的刺激信息与记忆中的信息进行匹配,以判断呈现的信息是否为新异信息的功能(Lisman, 2005)。功能性磁共振的研究也发现,相比于熟悉刺激,新异刺激能够引起个体海马的显著激活(O'kane, Insler, & Wagner, 2005)。因此,不难理解研究者对于将海马与感觉寻求中的经验寻求子维度联系起来的兴趣(Martin et al., 2007)。

马丁等人的研究使用感觉寻求量表招募了20名高感觉寻求者和20名低感觉寻求者,使用高分辨率的磁共振成像在静息状态下扫描被试的大脑。采用手动追踪分析(manual tracing analysis)和基于体素的形态测量分析(voxel-based morphometric analysis),结果发现,右侧海马灰质体积与感觉寻求的经验寻求子维度得分呈显著正相关(如图5.3所示)。对于此结果,研究者提出两种假设:一是高经验寻求者的海马体积天生就更大,因此促使他们追求新异刺激;二是高经验寻求者的海马体积原本和普通人一样大,只是在成长过程中,由于多巴胺回路的发展,个体的经验寻求行为有所不同,以至于反过来影响了海马的发育。这两种假设孰是孰非还有待验证。

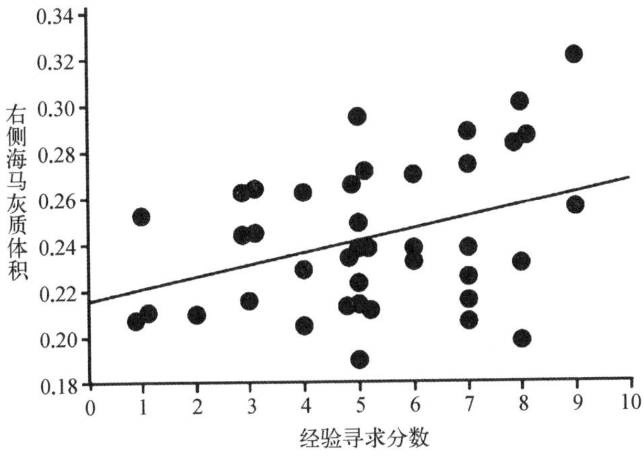

图5.3 经验寻求分数与右侧海马灰质体积呈正相关(Martin et al., 2007)

5.1.3 杏仁核—眶额皮质

一些研究者认为,高感觉寻求者之所以不断追求高强度的刺激行为,是为了提升自身的情绪水平,而杏仁核作为情绪的初级中枢,眶额皮质作为社会情境中情绪精确控制的高级中枢,两者的结构或者功能连接是否与高感觉寻求特质有关呢?

有研究者(Wang, Wen et al., 2017)考察了肥胖者大脑杏仁核结构异常与感觉寻求之间的关系。研究被试包括49名体重正常的成年被试和 31 名肥胖的成年被试。采用感觉寻求量表测量被试的感觉寻求特质，使用磁共振成像扫描被试的大脑。结果发现，相比于控制组，肥胖组的感觉寻求水平更高。同时，在肥胖组中，感觉寻求得分与杏仁核体积呈负相关。研究者认为，肥胖者暴饮暴食的一个主要原因是通过暴饮暴食来应对负性情绪，而杏仁核结构的异常可能是内在生理基础。

克兰等人（Crane et al.，2018）招募了 78 名狂欢型酗酒者，使用磁共振成像扫描他们的大脑，并分析杏仁核—眶额皮质的功能连接与被试饮酒及感觉寻求特质之间的关系。结果发现，感觉寻求特质能够显著预测被试的饮酒量，而且这种预测关系是通过杏仁核—眶额皮质的功能连接起作用的。以往研究发现，杏仁核—眶额皮质功能连接的减弱能够正向预测青少年的酗酒行为，也会导致个体情绪调节不良。因此，研究者认为，杏仁核—眶额皮质的功能连接可能是高感觉寻求特质的神经标志，同时是酗酒行为发生的风险因素。

5.1.4 奖赏回路

相比于低感觉寻求者，高感觉寻求者更倾向于染上毒瘾（Craig，1979）。因此，一些成瘾领域的研究专家对揭示感觉寻求特质与成瘾行为之间的神经机制充满兴趣（Cheng et al.，2015）。由于成瘾行为和感觉寻求特质都与多巴胺奖赏回路具有紧密的联系，因此有研究者假设，感觉寻求特质与海洛因成瘾之间的关联可能与皮质下奖赏回路的脑区结构损害或功能连接异常有关（Cheng et al.，2015）。

该研究招募了 63 名被试，其中 33 名被试是处于戒断期的海洛因成瘾者，另外 30 名被试是根据年龄、性别等匹配的健康对照组。使用感觉寻求量表测量被试的感觉寻求特质，采用磁共振成像扫描被试静息状态下的大脑。基于大脑形态测量分析计算大脑结构的体积，使用种子点相关分析计算大脑不同区域之间的静息状态功能连接。结果发现，在海洛因成瘾组中，感觉寻求总分与中脑灰质体积呈负相关，而在控制组中，感觉寻求总分与中脑灰质体积呈正相关（如图 5.4 所示）。对此结果，研究者认为，由于中脑在多巴胺奖赏系统中具有重要作用，控制组感觉寻求分数与中脑灰质体积呈正相关说明高感觉寻求者具有更强烈的奖赏需求，而高感觉寻求特质的海洛因成瘾者中脑灰质体积减小则说明使用海洛因损害中脑结构，导致器质性损害。在功能连接方面，相比于控制组，高感觉寻求特质的海洛因成瘾者腹内侧前额叶与中脑的功能连接增强。对此结果，研究者认为，腹内侧前额叶与中脑的连接参与驱动奖赏行为，说明高感觉寻求特质的海洛因成瘾者奖赏驱动增加。这些研究结果无疑对揭示感觉寻求与成瘾行为相关的神经机制具有重要意义。

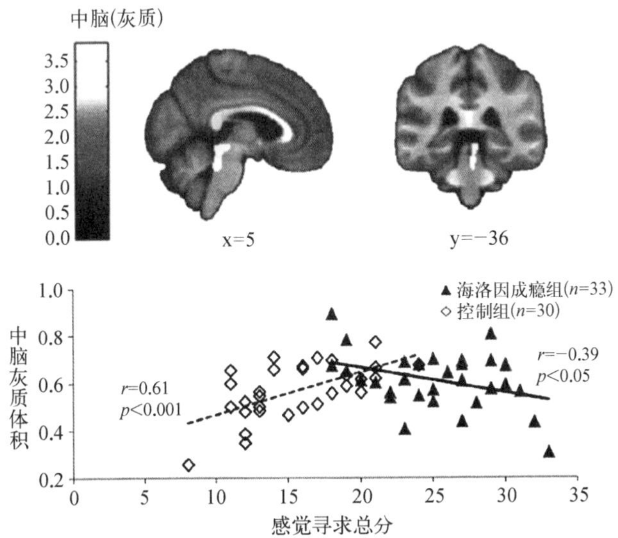

图 5.4 海洛因成瘾者的中脑灰质体积与感觉寻求总分呈负相关
(Cheng et al.，2015)(见彩插第 8 页)

还有研究者(Subramaniam et al.，2018)探讨了感觉寻求与成瘾者奖赏回路相关脑区结构异常的联系。研究被试包括 22 名对大麻有依赖性的青少年和 19 名健康青少年。在静息状态下使用磁共振成像扫描被试的大脑，计算各脑区结构的体积，并与感觉寻求得分进行相关分析。结果发现，在感觉寻求得分方面，大麻依赖者的感觉寻求总分，以及去抑制、经验寻求和无聊易感性子维度的得分都显著高于健康者。对脑结构的体积进行分析后发现，相比于控制组，大麻依赖者的尾状核显著增大，而且尾状核的体积与无聊易感性子维度的得分呈负相关。由于尾状核在多巴胺奖赏回路中具有重要作用，因此研究者认为尾状核更大可能表明大麻依赖者具有更强烈的奖赏需求。

5.1.5 认知控制回路

除了奖赏回路，研究者还探讨了感觉寻求特质与认知控制回路相关脑区之间的联系。由于高感觉寻求者通常会从事高风险的行为，而且与冲动性特质具有较大的关联，因此一些研究者假设，高感觉寻求可能与负责认知控制的脑区的受损或者低效有关。有研究者（Cheng et al.，2015）除了发现高感觉寻求特质的海洛因成瘾者中脑灰质体积减小和中脑—腹内侧前额叶功能连接增强外，还发现相比于控制组，高感觉寻求特质的海洛因成瘾者中脑—背外侧前额叶功能连接减弱。对此结果，研究者认为，由于背外侧前额叶与中脑的连接参与自上而下的认知控制，因此研究结果说明高感觉寻求特质的海洛因成瘾者自上而下的认知控制受到损害。但是，这一研究结果是针对海洛因成瘾者取得的，健康个体是否也这样呢？

霍姆斯等人（Holmes et al.，2016）探讨了健康被试的感觉寻求特质与认知控制相关脑区结构的关联。霍姆斯等人的研究是一个大样本研究，包括 1 015 名被试，使用磁共振成像收集被试的脑成像数据，然后使用离线软件计算相关脑区的结构体积和皮质厚度。同时，使用感觉寻求量表测量被试的感觉寻求特质，并让被试报告酒精、香烟和咖啡因的使用情况。结果发现，高感觉寻求特质与认知控制回路相关脑区的皮质厚度的减小有关。这些脑区包括前扣带回和额中回。前扣带回和额中回对目标定向行为和冲动决策的抑制控制都有重要作用，这一结果说明，高感觉寻求者的目标定向行为和抑制冲动决策的功能都有一定程度的损害。同时，由于该研究结果在有药物使用史和无药物使用史的被试中都存在，因此研究者认为，高感觉寻求者认知控制回路相关脑区皮质厚度的减小并不是药物作用的结果。同时，研究者进一步推测，可能正是高感觉寻求者认知控制回路脑区的异常才导致他们更容易寻求高风险行为。该研究结果无疑为感觉寻求与成瘾行为的因果联系提供了强有力的证据。

总结以上关于感觉寻求特质脑结构的研究，不难发现研究者主要关注两个焦点问题。一是高感觉寻求者寻求新异刺激和环境的脑结构特征，表现为高感觉寻求者具有更强的左脑 α 波活动和更大的海马体积，左脑更强的 α 波活动促使个体具有趋近行为动机，更大的海马体积为个体快速评估刺激与环境的新异性提供了神经基础。二是高感觉寻求与冒险行为之间存在关联的脑结构特征，表现为高感觉寻求者具有更大的奖赏回路脑区（如尾状核）体积和更小的认知控制回路脑区（如扣带回和额中回）体积，前者使得高感觉寻求者对奖赏有更大的追求，后者使得他们无法控制这种冲动行为倾向，这种冲动行为倾向可能是受损的认知控制回路和奖赏回路综合作用的结果。两者的综合作用使高感觉寻求者更容易从事高风险行为，如吸毒、性滥交等。

5.2 大脑功能

5.2.1 扩大—缩小理论

20 世纪中期，脑电技术的发展为探讨高、低感觉寻求者对不同强度的刺激的脑反应提供了便利。1971 年，布克斯鲍姆等人使用脑电技术研究高、低感觉寻求者，结果发现，高感觉寻求者视觉诱发电位（visual evoked potential，VEP）的波幅随着视觉刺激强度的提升而增大，低感觉寻求者视觉诱发电位的波幅则随着视觉刺激强度的提升而减小。基于此，研究者提出脑皮质唤醒的扩大—缩小（cortical augmenting-reducing）理论，即高感觉寻求者是唤醒扩大者，会随刺激强度的提升而扩大唤醒；低感觉寻求者是唤醒缩小者，会随刺激强度的提升而缩小唤醒。

此后，研究者从视觉和听觉两个通道探讨了高、低感觉寻求者的诱发电位与刺激强度变化的关系。朱克曼等人（Zuckerman et al.，1974）招募了 49 名被试，设计了五种不同强度的灯光刺激，以测量被试由每种灯光诱发的视觉电位的波幅，分析的视觉诱发电位指标为 N1 和 P1 成分。结果发现，被试感觉寻求的去抑制子维度得分与 P1－N1 波幅呈显著正相关。研究者按照去抑制得分将被试分为高去抑制组和低去抑制组,结果发现,高去抑制组被试 P1－N1 波幅随着刺激强度的增加而增强,低去抑制组被试 P1－N1 波幅则随着刺激强度的增加而减弱(如图 5.5 所示)。因此,实验结果支持了扩大—缩小理论。

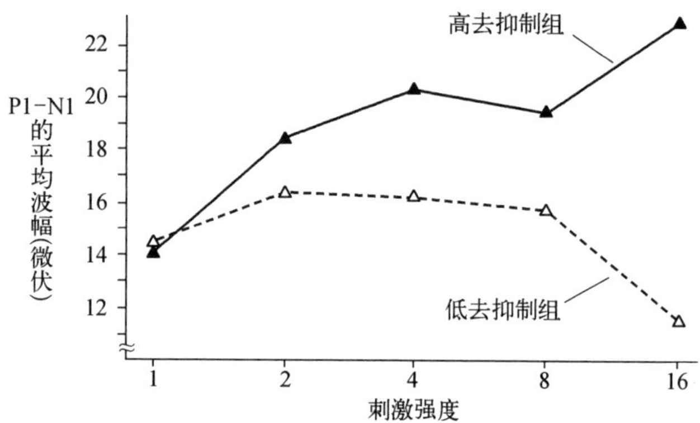

图 5.5 高、低去抑制组被试在五种不同强度的灯光刺激下的 P1－N1 波幅(Zuckerman et al., 1974)

1988 年,朱克曼等人在听觉通道探讨了刺激强度效应,观察指标为听觉诱发电位(auditory evoked potential, AEP),主要成分为 N1 和 P1。结果发现,高去抑制组的波幅随着声音分贝的增加而增强,低去抑制组的波幅则相反(如图 5.6 所示)。结果同样支持了扩大—缩小理论。

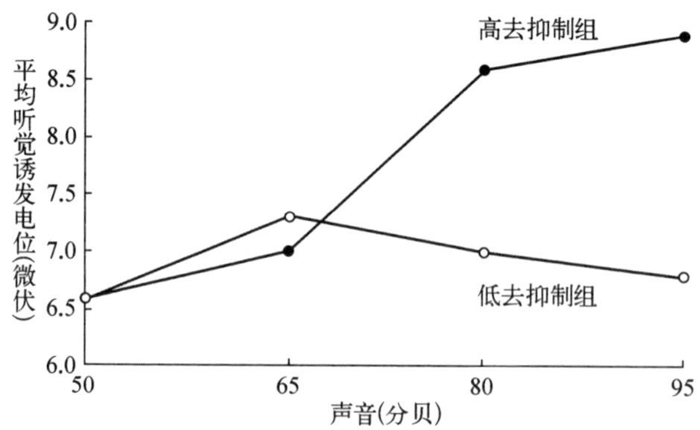

图 5.6 高、低去抑制组平均听觉诱发电位与声音分贝的关系(Zuckerman et al., 1988)

研究者也称上述现象为强度依赖(intensity dependence)现象,并使用波幅/刺激强度函数(amplitude/stimulus intensity function, ASF)来表征这种强度依赖关系,该函数反映了随着刺激强度的变化,个体脑电波幅变化的趋势。以刺激强度变化为横轴,以诱发的脑电波幅度为纵轴,可得到一个数学函数。若该函数的斜率较大,直线比较陡峭,则说明个体具有较强的强度依赖性,为扩大现象;若斜率较小,直线较为平坦,则说明强度依赖性较弱,为缩小现象(许晶,杨丽珠,2002)。高感觉寻求者(尤其是高去抑制者)在诱发电位上表现出明显的强度依赖现象,直线较为陡峭;低感觉寻求者(尤其是低去抑制者)的强度依赖性则比较弱,直线较为平坦(Carrillo-de-la-Peña, 1992)。

使用皮肤电和心率等生理指标的研究也发现了类似的扩大—缩小现象。面对高强度刺激如暴力、色情刺激时,高感觉寻求者比低感觉寻求者有更强的皮肤电反应。同样,以复杂彩色图片作为新异刺激的实验也发现,高感觉寻求者面对这类刺激时的皮肤电反应显著大于低感觉寻求者。而且,面对新异刺激时,高感觉寻求者心率减慢,产生朝向反射;低感觉寻求者心率加快,表现出防御反应。基于这些研究证据,朱克曼提出关于感觉寻求的最佳唤醒理论(Zuckerman, 1990)。该理论认为,为达到最佳唤醒水平,对于中等强度的新异刺激,高感觉寻求者倾向于比低感觉寻求者作出更强的生理反应,特别是对这种刺激具有特定兴趣时;低感觉寻求者则倾向于作出回避反应,表现出生理反应减弱的现象。

5.2.2 前注意

如前所述,高感觉寻求者倾向于是皮质扩大者,刺激强度越大,皮质唤醒越强;低感觉寻求者倾向于是皮质缩小者,刺激强度越大,皮质唤醒越弱。相关证据主要来源于对视觉、听觉初级成分(如 N1 - P1 或 P1 - N1)的考察,这些成分反映的是个体对刺激的有意注意或唤醒水平,不能反映个体对刺激变化的自动探测能力,而事件相关电位成分失匹配负波(mismatch negativity, MMN)则是表征个体在前注意层面对外界刺激自动探测能力的指标。由于高感觉寻求者更偏好变化的、新异的刺激，因此研究者（He et al.，2016）假设，相比于低感觉寻求者，高感觉寻求者可能对新异刺激具有更强的自动探测能力。

他们使用事件相关电位技术，以失匹配负波为指标探讨高、低感觉寻求者在前注意层面对纯音刺激自动探测能力的差异。研究使用感觉寻求量表筛选出高、低感觉寻求者各 20 名，实验范式为修改版的 Oddball 范式。标准刺激为 70 分贝纯音，偏差刺激分别为 49 分贝、56 分贝、63 分贝、77 分贝、84 分贝、91 分贝的纯音，强度变化幅度等级为 10%。结果发现，当偏差刺激的强度大于标准刺激时，高、低感觉寻求组诱发的失匹配负波差异不显著；但当偏差刺激的强度小于标准刺激时，相比于低感觉寻求组，高感觉寻求组诱发的失匹配负波显著更强（如图 5.7 所示）。研究者认为，这一结果表明高感觉寻求者在前注意层面对刺激强度的变化更为敏感。

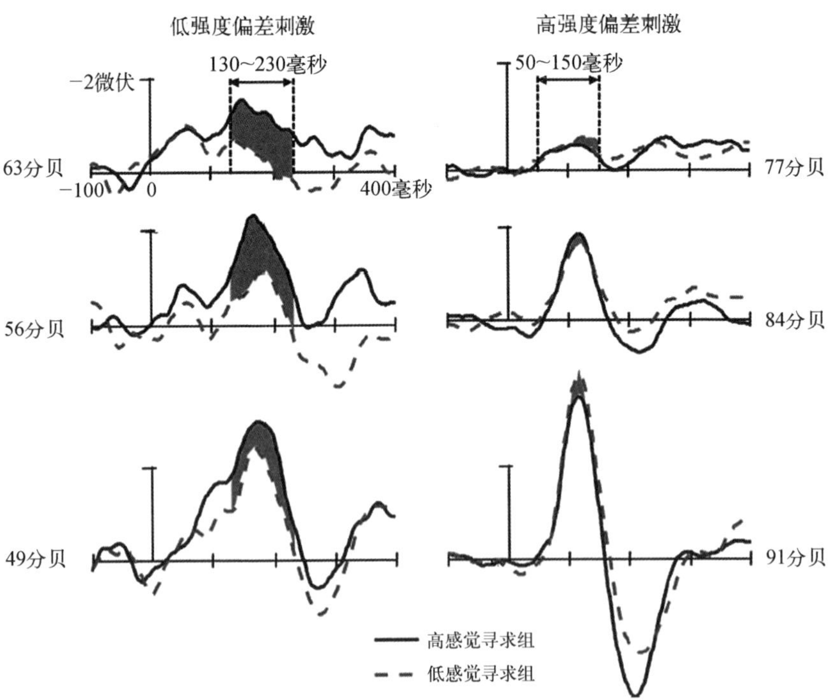

图 5.7 高、低感觉寻求组被试听觉失匹配负波的组间比较（He et al.，2016）

由于该研究使用的刺激为纯音刺激，为了提高研究的生态效度，研究者(He et al., 2019)采用 Oddball 范式，以听觉失匹配负波为指标，考察高、低感觉寻求者对两种不同意义的复杂声音(田园生活声音、警觉声音)的唤醒和无意识自动化探测能力。结果发现，高感觉寻求者由警觉声音诱发的失匹配负波波幅大于低感觉寻求者，说明高感觉寻求者对警觉声音的自动探测能力强于低感觉寻求者。为什么会这样呢？研究者认为，高感觉寻求者更偏好变化的、新颖的刺激，尽管警觉声音包含具有危险性的意义，但高感觉寻求者对这类刺激的判断是好的，能够满足自己对新颖刺激的需求，因此会自动化地寻求这一类刺激。

5.2.3 习惯化

黑格尔等人(Hegerl et al., 1989)率先探讨了高、低感觉寻求者对刺激习惯化差异的生理机制，他们认为高感觉寻求者更倾向于加工新异刺激，因此应该比低感觉寻求者更容易对刺激产生习惯化反应。研究采用听觉事件相关电位技术，使用不同分贝的声音作为刺激，在首次测试后 20 分钟和 3 周重复测试。初测时，高感觉寻求者听觉诱发电位随刺激强度的提升而增强，但低感觉寻求者变化不明显。20 分钟后重测发现，高感觉寻求者听觉诱发电位明显减弱(对刺激出现快速习惯化反应)，低感觉寻求者变化依然不明显。这种快速习惯化的现象符合高感觉寻求者的心理特征，即一方面有对新异刺激情境的持续需求，另一方面又较快地对这些情境丧失兴趣；间隔 3 周的重复测试结果表明，高、低感觉寻求者均保持了相当的一致性。有研究者(Carrillo-de-la-Peña, 2001)把间隔时间延长到 1 年，采用相同刺激对高、低感觉寻求者进行初测和重复测试，结果验证了上述现象。

拉罗等人(LaRowe et al., 2006)也发现，更高的感觉寻求与更快的惊吓习惯化(startle habituation)反应有关。有研究者(Fjell et al., 2007)使用 P300 成分验证了高感觉寻求者的晚期认知功能也存在习惯化现象。该研究使用事件相关电位技术，招募了三组被试，一组为由 27 名极限运动爱好者组成的极限运动组，另外两组为用朱克曼—库尔曼人格问卷筛选出的高感觉寻求组(15 人)和低感觉寻求组(18 人)。实验采用随机插入新异刺激的视觉 Oddball 范式,以诱发 P3a 和 P3b 成分。比较三组被试的 P3 波幅发现,各组之间初始试次的波幅没有显著差异,但随着实验的开展,极限运动组 P3a 成分的波幅逐渐降低,降低幅度显著大于其他两组,而低感觉寻求组的 P3a 波幅随实验的开展并没有降低,反而有一定的上升趋势,在 P3b 成分中没有发现这种现象(如图 5.8 所示)。由于 P3b 更多地与大脑的认知过程有关,P3a 是对新异刺激的朝向反射指标,因此研究结果说明高感觉寻求者更容易对刺激产生适应。

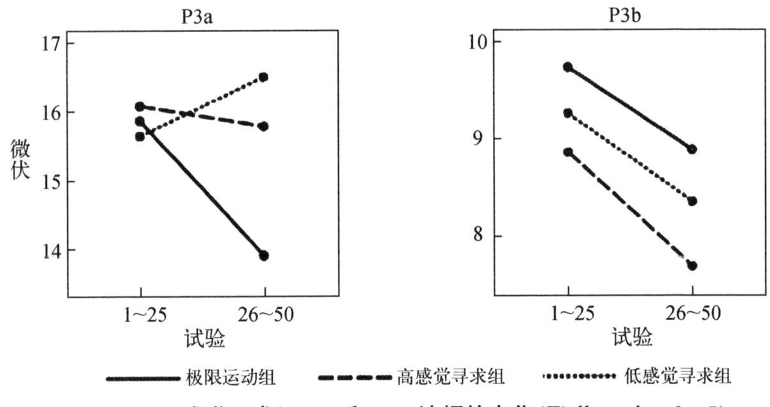

图 5.8 不同感觉寻求组 P3a 和 P3b 波幅的变化(Fjell et al., 2007)

还有研究者(Jiang et al., 2009)认为,高感觉寻求者不擅长从事需要长时间注意的任务,容易对重复的刺激感到无聊,因此他们以事件相关电位的晚期正成分为指标探讨高感觉寻求者的记忆加工习惯化现象。研究使用感觉寻求量表筛选出高、低感觉寻求者各 20 名。实验分为两个阶段:第一个阶段是编码记忆阶段,要求被试记住图片呈现的物体,测验正确率达到 95%～100%就可以停止;第二个阶段是分类阶段,给被试随机呈现一半旧刺激和一半新刺激,被试需要将呈现的刺激区分开来是人造的还是非人造的,其中已学过的刺激(旧刺激)与未学过的刺激(新刺激)重复(1～3 次)随机混合呈现,并在第二个阶段记录被试的脑电。行为学的结果显示,在第二次和第三次呈现刺激时,被试的反应时比第一次显著减少。脑电结果显示,低感觉寻求者晚期正成分的峰值潜伏期比高感觉寻求者短。在第一次呈现分类刺激时，低感觉寻求者对旧刺激的晚期正成分波幅比新刺激更高，即低感觉寻求者对先前呈现过的刺激更加敏感。同时，研究者还分析了感觉寻求子维度的得分与晚期正成分潜伏期之间的相关。结果发现，无聊易感性得分与晚期正成分潜伏期呈显著正相关(如图 5.9 所示)。高感觉寻求者具有更长的潜伏期说明他们对重复刺激产生了无聊感和倦怠，低感觉寻求者则更倾向于接受重复的、熟悉的刺激。

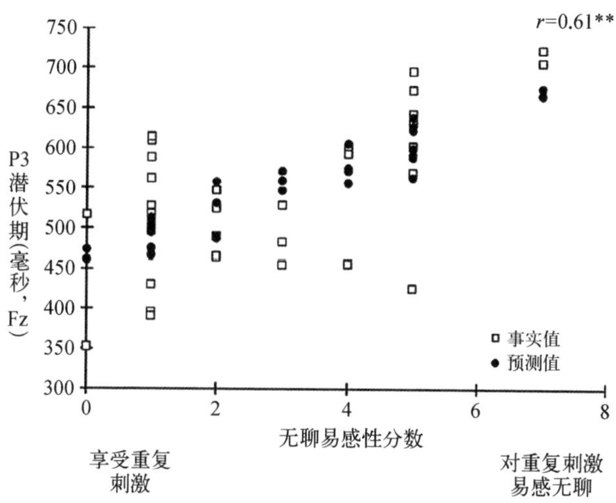

图 5.9 感觉寻求无聊易感性子维度与前额晚期正成分潜伏期呈显著正相关(Jiang et al.，2009)

5.2.4 趋近—回避动机理论

如前所述，趋近—回避系统理论认为高感觉寻求者具有更强的趋近系统，因此对新异的和高强度的刺激具有更强的趋近行为动机，更乐于接触新异的事物。低感觉寻求者则具有更强的回避系统，因此对新异的和高强度的刺激具有更弱的趋近行为动机。

有研究者(Zheng et al.，2010)运用事件相关电位技术验证了趋近—回避动机理论。研究使用感觉寻求量表筛选出高、低感觉寻求者各20 名，实验任务采用新异 Oddball 范式，标准刺激为正三角形(80%)，靶刺激为倒三角形(10%),新异刺激为一些形状奇异、现实中不存在的图形(10%)。结果发现,低感觉寻求者前额区的新异 N2 波幅显著高于高感觉寻求者,而高感觉寻求者的新异 P3a 波幅在前额区和中央区显著高于低感觉寻求者,标准刺激和靶刺激诱发的事件相关电位没有组间差异(如图 5.10 所示)。对此结果,研究者认为是由低感觉寻求者更强的回避系统和高感觉寻求者更强的趋近系统引发的。高、低感觉寻求者对周围环境的解读存在差异。日常生活中,低感觉寻求者总是使自己处于更加安全的生活状态,高感觉寻求者则更愿意寻求新异刺激的体验。因此,当新异刺激突然出现时,低感觉寻求者倾向于将其判断为一个警觉信号予以回避,因此先诱发了更高的 N2,随后 P3 降低,而高感觉寻求者面对新异刺激时警觉反应较弱,当探测到新异刺激时趋近系统激活,在晚期评价阶段给予新异刺激更多注意资源,因此诱发更低的 N2 和更高的 P3。该实验结果支持了感觉寻求的趋近—回避动机理论。

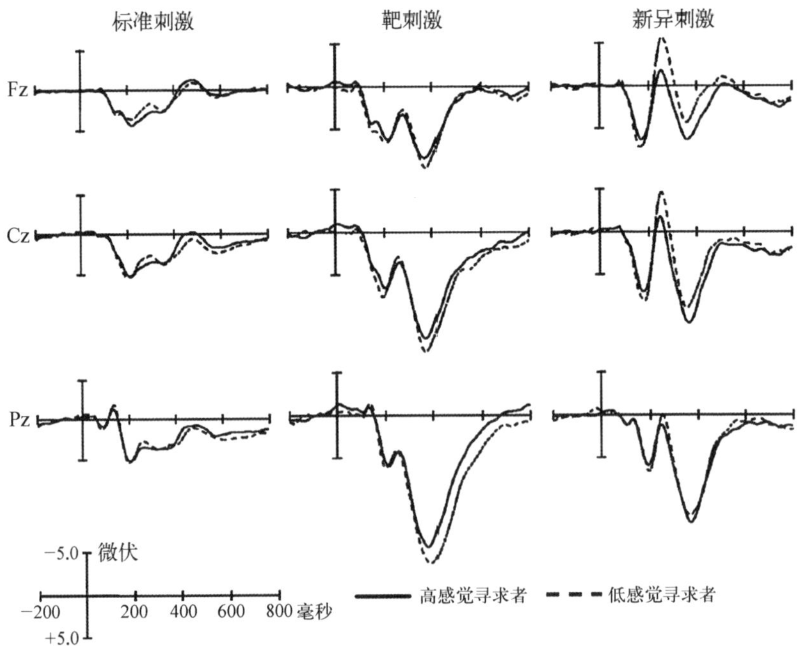

图 5.10 高、低感觉寻求者对标准刺激、靶刺激和新异刺激的脑电反应
(Zheng et al., 2010)

基于之前的研究,有人(Zheng et al., 2011)假设,低感觉寻求者之所以表现出对新异刺激更强的早期侦测,是因为他们更倾向于在早期注意阶段保持对周围环境刺激的警觉,尤其是有威胁的刺激,在晚期评估阶段避免探索这样的刺激;高感觉寻求者则倾向于在晚期评估阶段对新异刺激给予更多注意分配,在早期注意阶段不太考虑行为可能带来的后果。

他们使用情绪图片刺激来验证自己的假设。研究记录了16名高感觉寻求者和16名低感觉寻求者在情绪Oddball范式任务过程中的事件相关电位。情绪Oddball范式的标准刺激为三角形,靶刺激为来自中国情绪图片系统(Chinese Affective Picture System, CAPS)的80张情绪图片,包括高唤醒正性情绪图片、低唤醒正性情绪图片、高唤醒负性情绪图片和低唤醒负性情绪图片各20张。结果发现,低感觉寻求者表现出情绪N2成分的增强反应,高感觉寻求者表现出情绪P3成分的增强反应(如图5.11所示)。这说明,低感觉寻求者更容易对情绪刺激表现出活跃的警觉反应,更倾向于在早期注意阶段保持对周围环境刺激的警觉,尤其是有威胁的刺激,在晚期评估阶段避免探索这样的刺激尤其是消极刺激;高感觉寻求者则更偏好强烈的刺激,更倾向于在晚期评估阶段给

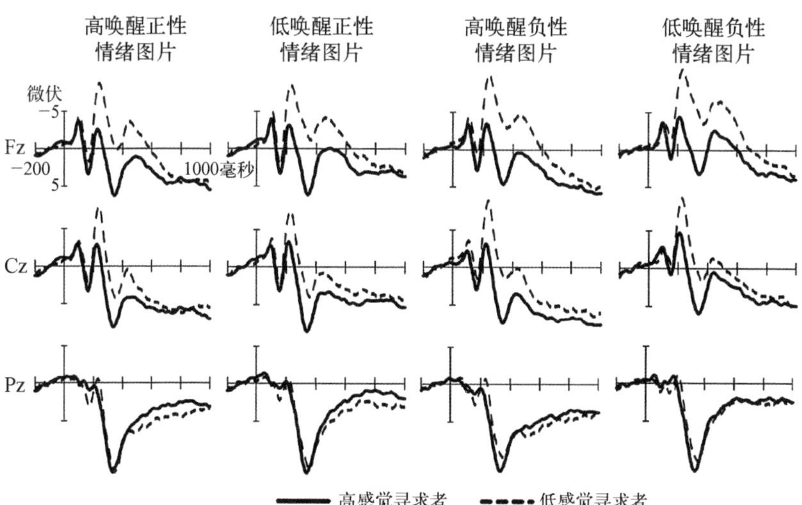

图5.11 高、低感觉寻求者由情绪图片诱发的事件相关电位
(Zheng et al., 2011)

予更多注意分配，而且在一定程度上不考虑自己的行为可能带来的后果。

之后，研究者(Zheng et al., 2015)又在16名高感觉寻求者和16名低感觉寻求者观看不同类型图片(中性图片、休闲图片、超现实图片、冒险图片)的过程中记录和分析他们的脑电反应。结果发现，与低感觉寻求者相比，高感觉寻求者由高唤醒刺激(冒险图片和超现实图片)诱发的P300更低；高、低感觉寻求者由低唤醒刺激(休闲图片和中性图片)诱发的P300无差异。研究者认为，出现上述结果可能是因为高感觉寻求者的回避系统更弱。

一些研究者还从脑成像层面为高、低感觉寻求者趋近—回避动机系统的差异提供了证据。约瑟夫等人(Joseph et al., 2009)在高、低感觉寻求者观看情绪图片(选自国际情绪图片系统)的过程中记录和分析他们的脑成像数据。结果发现，观看情绪图片时，高感觉寻求者的右侧脑岛和内眶额皮质后部等与情绪唤醒和强化有关的脑区有更大的激活，而相同条件下低感觉寻求者的内眶额皮质前部和前扣带回等与情绪控制相关的脑区有较早且更大的激活。因此，研究者认为，高感觉寻求者往往更加关注情绪图片的唤醒状态，忽略效价，有着较强的趋近系统和较弱的回避系统；低感觉寻求者则对情绪图片的效价更敏感，具有较强的回避系统。

斯特劳布等人(Straube et al., 2010)在60名被试观看威胁刺激和中性刺激的过程中，使用功能性磁共振成像技术记录和分析他们的脑成像数据，并使用感觉寻求量表测量被试的感觉寻求特质。结果发现，相比于中性刺激，威胁刺激对大脑前脑岛、丘脑和视觉皮质的激活与感觉寻求得分呈正相关，而这种正相关是由于在中性刺激诱发下，高感觉寻求者具有更低的激活水平。研究者指出，高感觉寻求者面对中性刺激有更低的激活水平，可能导致他们低估甚至忽略环境中的潜在危险。对低感觉寻求者来说，面对中性刺激，相对增强的岛叶激活有助于他们发现潜在的危险信息。

以上研究都表明，高感觉寻求者具有相对较强的大脑趋近系统，而低感觉寻求者具有相对较强的大脑回避系统。

5.2.5 决策

高感觉寻求者的一个主要特征就是寻求高冒险行为,研究者将高冒险行为界定为具有相对较大的收益或损失的行为,即高收益或高损失的行为;低冒险行为则为具有相对较小的收益或损失的行为,即低收益或低损失的行为(Slovic, 1987)。选择高冒险行为还是低冒险行为无疑要经过认知决策过程,要评估行为的潜在风险和收益,以决定最终是趋近还是回避该行为。奖赏和控制在决策过程中有重要作用,奖赏期望越高,控制能力越弱的个体,无疑更倾向于选择高冒险行为。鉴于高感觉寻求者表现出稳定的高冒险行为水平,研究者将目光聚焦于高感觉寻求者与决策过程(奖赏、控制)有关的脑机制。

埃布勒等人(Abler et al., 2006)率先使用功能性磁共振成像技术探讨奖赏过程中个体伏隔核激活与感觉寻求特质之间的关系。研究招募了 11 名男性被试,使用感觉寻求量表测量被试的感觉寻求得分,实验任务是简单的金钱激励任务,首先呈现奖赏线索,提示此“trail”能够获得奖赏的概率(0%、25%、50%、75%、100%),接下来是一个延迟阶段,此为奖赏预期阶段,之后是一个简单的按键任务。按键完成后,屏幕提示被试是否获得奖赏,此为奖赏反馈阶段。结果发现,在奖赏预期和奖赏反馈阶段,伏隔核的激活随奖赏概率的提升而增强,感觉寻求中的刺激和冒险寻求子维度得分与伏隔核激活呈正相关(如图 5.12 所示)。研究者认为,这一结果说明高感觉寻求者追求冒险行为可能与他们的奖赏回路相关脑区更高的活跃度有关。

比约克等人(Bjork et al., 2008)在 13 名青少年酗酒者和 13 名健康者执行金钱奖赏任务的过程中用功能性磁共振成像扫描他们的大脑,并用简版感觉寻求量表(Brief Sensation Seeking Scale)(Hoyle et al., 2002)测量被试的感觉寻求特质。结果发现,在奖赏预期和奖赏反馈阶段,两组被试与奖赏相关的脑区(如伏隔核、双侧脑岛)都有激活,但并无显著差异。控制组被试和酗酒组被试感觉寻求特质得分都与奖赏预期过程中左侧伏隔核的激活呈显著正相关(如图 5.13 所示)。研究者认为,高感觉寻求者比低感觉寻求者有更强的奖赏敏感性,其脑机制在于

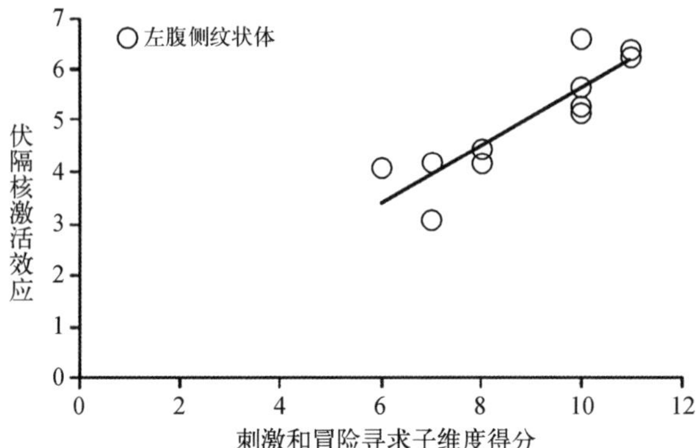

图 5.12　奖赏过程中伏隔核激活与刺激和冒险寻求子维度得分呈正相关(Abler et al.，2006)

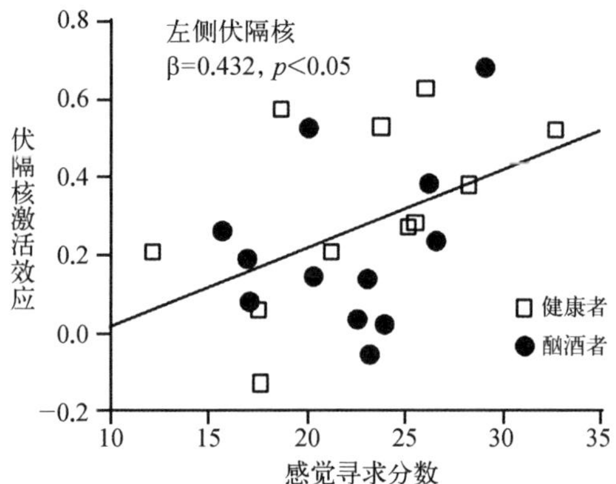

图 5.13　奖赏预期中感觉寻求与伏隔核激活呈正相关(Bjork et al.，2008)

高感觉寻求者的奖赏回路对奖赏预期有更高激活反应，这可能是高感觉寻求青少年酗酒的生理因素。

克鲁施维茨等人(Kruschwitz et al.，2012)将注意聚焦于高刺激和冒险寻求者以及低刺激和冒险寻求者在奖赏过程中的神经反应差异。研究者使用感觉寻求量表中的刺激和冒险寻求分量表，将 188 名被试分为高刺激和冒险寻求者以及低刺激和冒险寻求者各 94 名。实验任务为风险收益任务(risky-gains task)，被试可以选择 3 个数字(20、40 和 80)。

选择20可以稳定地获得20美分的收益，选择40或80既可能获得40或80美分的收益，也可能损失40或80美分。执行任务的过程中，使用功能性磁共振成像扫描被试的大脑。结果发现，在行为层面上，相比于低刺激和冒险寻求者，高刺激和冒险寻求者对惩罚更不敏感，即使刚接受过惩罚，仍然坚持高风险选择。在神经层面上，相比于低刺激和冒险寻求者，高刺激和冒险寻求者在奖赏反馈过程中额上回、左脑岛、左侧豆状核、右侧伏隔核等脑区（与趋近动机相关）有更强的激活，而低刺激和冒险寻求者在惩罚条件下右侧伏隔核和左楔前叶有更强的激活。研究者据此得出，高刺激和冒险寻求者参加高风险任务可能与他们更强的趋近系统和更弱的回避系统有关，即高刺激和冒险寻求者对奖赏更敏感，对惩罚更不敏感。

博格等人（Bogg et al.，2012）在27名酗酒的大学生执行气球模拟冒险任务（balloon analogue risk task）的过程中，使用功能性磁共振成像扫描被试的大脑，结果发现，在奖赏寻求过程中（连续的气球膨胀选择），被试每周的酒精消耗量越大、去抑制维度得分越高，其腹内侧前额叶、前扣带回的激活越低，在奖赏反馈过程中腹内侧前额叶、前扣带回的激活越高（如图5.14所示）。由于腹内侧前额叶与认知控制过程中的奖赏和风险评估有关，因此研究者认为，在奖赏寻求过程中，腹内侧前额叶、前扣带回更低的激活可能与高去抑制得分者受损的风险评估能力有关；在奖赏反馈过程中，腹内侧前额叶、前扣带回更高的激活可能与高去抑制得分者更高的奖赏激活有关。因此，研究结果支持了高感觉寻求者在决策过程中往往忽视选择过程中的潜在风险；在奖赏反馈时，倾向于享受更大的奖赏效应。

韦兰等人（Weiland et al.，2013）认为，以往研究探讨的都是个体在奖赏任务中单个脑区的激活情况与感觉寻求特质的关系，有必要考察奖赏过程中脑区之间的功能连接与感觉寻求的关系。韦兰等人招募了49名有家庭酗酒史的被试和21名无家庭酗酒史的被试，使用功能性磁共振成像考察他们在奖赏任务中各脑区之间功能连接的差异。结果发现，在奖赏反馈过程中，有家庭酗酒史的被试左侧伏隔核—辅助感觉运动区

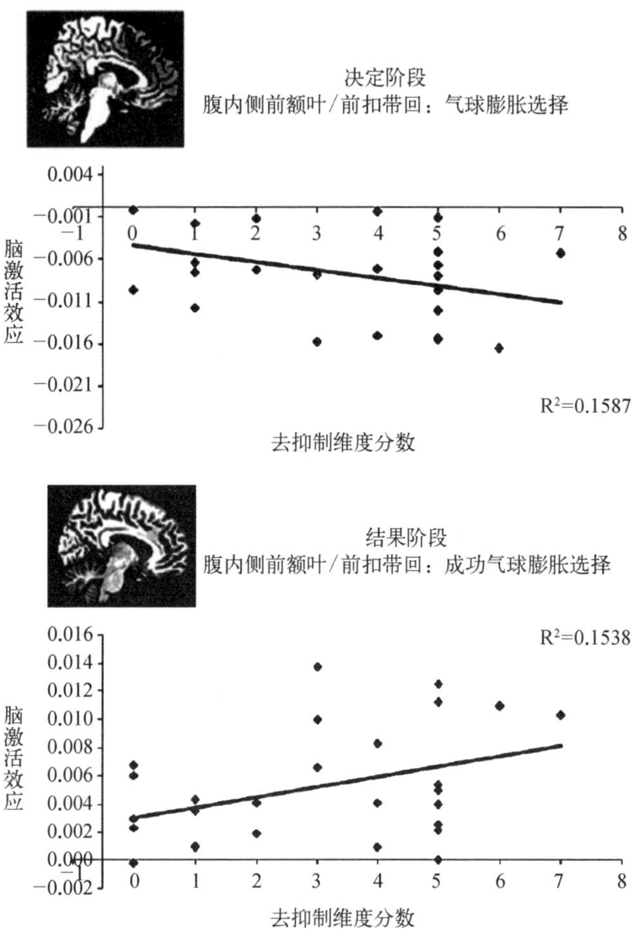

图 5.14 奖赏寻求和奖赏反馈阶段去抑制得分与腹内侧前额叶、前扣带回的激活相关(Bogg et al.，2012)(见彩插第 9 页)

(supplementary sensorimotor area)的功能连接与感觉寻求和酒精使用呈正相关。研究者认为，高感觉寻求者较强的伏隔核—辅助感觉运动区功能连接可能是他们酗酒行为的生理风险因素。

以上这些研究表明，高感觉寻求者在决策过程中有着更高的奖赏预期，而在反馈过程中有着更大的奖赏效应和更小的惩罚效应。但这些研究结果主要来源于问题行为被试(酗酒者)以及有问题行为家族史的被试，或者感觉寻求的某个子维度(刺激和冒险寻求、去抑制)。因此，这些结果能否适用于健康的高、低感觉寻求者有待商榷。切尔文卡等人(Cservenka et al.，2013)的研究直接探讨健康的高、低感觉寻求者在奖赏加工过程中大脑激活的差异。该研究使用朱克曼—库尔曼人格问卷筛选出高、低感觉寻求者各27名。在被试执行“幸运之轮”(wheel of fortune)决策任务的过程中使用功能性磁共振成像扫描他们的大脑。“幸运之轮”决策任务包括三个阶段：首先是选择阶段，有三种选择，赢钱概率越大的选择收益越低，赢钱概率越小的选择收益越高；其次是奖赏预期阶段，要求被试判断自己对于选择的确认程度；最后是奖赏反馈阶段。结果发现，高感觉寻求者在“赢相比于没赢”选择时，双侧脑岛和前额叶有着更高的激活，而低感觉寻求者无此差异。研究者认为，出现这一结果主要是因为高感觉寻求者对奖赏缺失更不敏感，即高感觉寻求者对消极反馈给予更少注意资源，而对消极反馈的敏感性差可能是高感觉寻求者不计后果地选择高风险行为(如成瘾行为)的潜在风险因素。

有研究者(Zheng et al.，2015)使用事件相关电位技术探讨健康的高、低感觉寻求者在赌博任务中电生理反应的差异。在事件相关电位研究中，奖赏预期指标是刺激前负波(stimulus-preceding negativity)，这是反馈出现前波幅缓慢增加的一个负波。结果评价指标是反馈相关负波(feedback-related negativity，FRN)和P300。反馈相关负波是反馈出现后250～300毫秒在前额中心出现的一个负成分，是奖赏或惩罚效应的指标。P300标记奖赏和惩罚对被试的唤醒程度。研究包括21名高感觉寻求者和22名低感觉寻求者。研究结果显示，在行为学指标方面，高感觉寻求者表现出风险偏好的模式，而低感觉寻求者表现出风险厌恶的模式。在电生理学指标方面，在奖赏预期阶段，相比于高感觉寻求者，低感觉寻求者面对高风险选择时有更大的刺激前负波；在结果反馈阶段，低感觉寻求者面对高风险选择时表现出更大的反馈相关负波；同时，相比于低感觉寻求者，高感觉寻求者不管是在损失还是在收益情况下都表现出更低波幅的P300。基于此，研究者认为，高感觉寻求者不管是对奖赏还是对损失，都有更低的敏感性。于凯和邢强(2015)招募了高、低感觉寻求者各11名，在被试执行赌博任务的过程中记录他们的脑电。结果发现，与低感觉寻求者相比，高感觉寻求者更多地选择了不利的纸牌，他们冒险的决策策略没有随着决策次数的增加而改变，说明他们在风险决策中更倾向于冒险；同时，与高感觉寻求者相比，低感觉寻求者在负性反馈结果条件下诱发了更大的反馈相关负波，表明低感觉寻求者对代表惩罚的负性刺激更敏感，使得他们在风险决策中更保守。

基于前期事件相关电位研究，有研究者(Zheng et al.，2017)继续使用功能性磁共振成像探讨健康的高、低感觉寻求者在寻求潜在风险行为时的神经机制。他们用感觉寻求量表筛选出高、低感觉寻求者各 28 名，在被试执行赌博任务的过程中使用功能性磁共振成像扫描他们的大脑。该赌博任务允许被试自行选择追求或抑制风险选项。行为学分析显示，高感觉寻求者比低感觉寻求者有着更大的冒险倾向。脑成像分析显示，当选择风险选项时，相比于低感觉寻求者，高感觉寻求者与风险处理相关的脑区，如背内侧前额叶和丘脑有着更低的激活，表明高感觉寻求者在选择风险选项时认知控制较弱。当抑制风险选项时，相比于低感觉寻求者，高感觉寻求者在涉及认知控制的脑区(双侧扣带回)和负性情绪相关的脑区(右侧前脑岛)有着更高的激活，表明抑制风险选项可能需要高感觉寻求者更多认知资源，而且放弃风险选项可能诱发高感觉寻求者的负性情绪。基于此，研究者认为，高感觉寻求者寻求高风险行为的动机，可能是由自愿追求风险选项时较低的神经系统激活和自愿抑制风险选项时较高的神经系统激活共同驱动的。

霍斯等人(Hawes et al.，2017)探讨了不同年龄段个体在接受奖赏和惩罚时神经机制的差异。研究共招募了 10～25 岁的被试 139 名，实验任务包括三种反馈结果，分别为奖赏反馈、惩罚反馈和中性反馈。结果发现，在青春期早期(10～12 岁)，奖赏反馈时伏隔核激活水平与感觉寻求特质呈负相关；在青春期中期(12～16 岁)，奖赏反馈时伏隔核激活水平与感觉寻求特质没有相关；在青春期晚期到成年期(17～25 岁)，奖赏反馈时伏隔核激活水平与感觉寻求特质呈正相关。基于此，研究者认为在寻求奖赏时，感觉寻求特质与伏隔核激活的联系在不同年龄段显示出不同的特征。

总结以上关于决策的研究可以发现，在涉及奖赏或风险决策的任务中，高感觉寻求者往往追求奖赏大、风险高的选择，此时与奖赏有关的脑区（如伏隔核、尾状核）激活水平更高，与控制有关的脑区（如扣带回）激活水平更低。在结果反馈阶段，当反馈结果为奖赏时，高感觉寻求者有着更强的奖赏脑区激活反应（伏隔核、脑岛激活水平更高）；当反馈结果为惩罚时，高感觉寻求者有着更弱的惩罚脑区激活反应（楔前叶激活水平更低、反馈相关负波和 P300 波幅更低）。这些结果说明，高感觉寻求者的高风险决策可能是由奖赏系统和认知控制系统共同驱动的。

5.2.6 记忆

前面谈到高感觉寻求者追求新异刺激，而且对新异图片或内容分配更多注意资源，有更好的记忆水平，而海马体积的大小在判断刺激是否为新异刺激时有重要作用。但有研究者认为，还需要进一步探究高、低感觉寻求者在记忆新异刺激或熟悉刺激时的脑功能差异。旧—新记忆任务（old-new memory task）是探究个体记忆机制的重要范式。该任务包括两个阶段，即学习阶段和再认阶段。学习阶段要求被试学习和记忆一系列刺激；在再认阶段，向被试随机呈现学习过的旧刺激和未学习的新刺激，被试的任务是判断呈现的刺激是否学习过。使用事件相关电位技术，结果发现，在再认阶段学习过的旧刺激和未学习的新刺激诱发了个体稳定的事件相关电位差异。具体来说，相比于旧刺激，新刺激会诱发一个更负的 N2 和 FN400 成分；相比于新刺激，旧刺激会诱发一个更正的晚期正成分，这就是旧—新效应。研究者认为，N2 和 FN400 是对刺激熟悉性的判断，而晚期正成分是对刺激再认的判断。使用旧—新记忆任务的功能性磁共振成像研究发现，海马、杏仁核和眶额皮质在刺激熟悉性的判断中有重要作用，尾状核在刺激再认的过程中有重要作用（Yonelinas，2002）。

基于此，劳森等人（Lawson，Liu et al.，2012）同时使用事件相关电位和功能性磁共振成像技术探讨高、低感觉寻求者在执行旧—新记忆任务中电生理和脑激活的差异。研究者假设，在再认阶段，相比于低感觉寻求者，新刺激会诱发高感觉寻求者更负的 N2 和 FN400 成分。在脑区激活中，研究者预测，相比于低感觉寻求者，新刺激会诱发高感觉寻求者眶额皮质、海马和尾状核等脑区更高水平的激活。研究使用简版感觉寻求量表筛选出高、低感觉寻求者各 20 名，刺激材料为一系列图片材料。结果发现，在电生理方面，相比于低感觉寻求者，新刺激诱发了高感觉寻求者更大的 N2 效应。在晚期正成分上，两组被试无显著差异。在脑区激活方面，相比于低感觉寻求者，新刺激诱发了高感觉寻求者眶额中回(middle orbitofrontal gyrus)、顶区皮质(superior parietal cortex)等脑区更高水平的激活。另外，研究者发现，N2 效应的差异与眶额中回的激活差异呈显著相关(如图 5.15 所示)。由于 N2 和眶额中回都与个体对刺激新异性的评估有关，因此研究者认为，高感觉寻求者对刺激的熟悉性和新异性特征更加敏感。

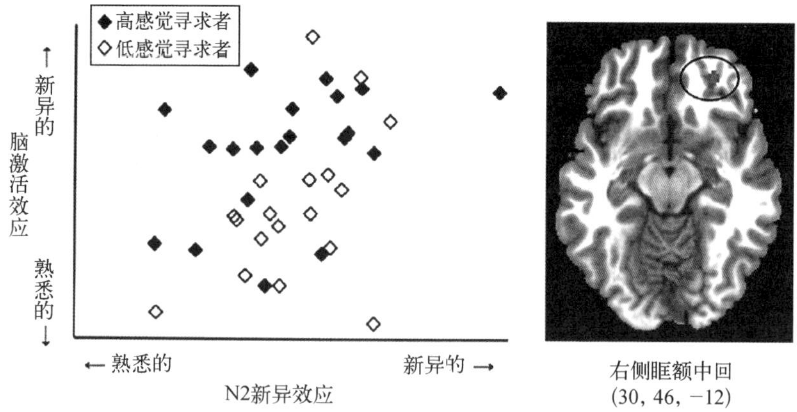

图 5.15　N2 新异效应与眶额中回新异效应呈显著相关
(Lawson, Liu et al., 2012)(见彩插第 10 页)

劳森等人(Lawson, Gauer et al., 2012)还以皮肤电为指标，探讨高、低感觉寻求者在记忆高、低唤醒情绪图片时的电生理差异。遗憾的是，研究结果未发现两组被试在高、低唤醒情绪图片记忆加工中的组间差异。因此，高、低感觉寻求者在对不同刺激材料进行记忆加工时的脑功能差异还有待进一步探讨。

5.3 神经递质和激素

5.3.1 神经递质

多巴胺

在神经递质层面,朱克曼使用儿茶酚胺系统活性(catecholamine system activity, CSA)的最佳水平理论来解释高、低感觉寻求者在行为表现倾向上的差异。该理论与最佳唤醒理论相对应,在儿茶酚胺系统活性处于最佳反应水平时,个体的情绪是积极的,反应性和社交性是适应的;在儿茶酚胺系统活性处于过高或过低水平时,个体的情绪是躁狂不安的,反应受到限定和抑制,会表现出孤僻性、攻击性和反社会性。该理论认为,在无刺激状态下,高感觉寻求者具有更低的基础儿茶酚胺系统活性,导致高感觉寻求者处于无聊状态,因此驱使他们去寻求新异刺激和冒险体验,以达到最佳的儿茶酚胺系统活性水平(Zuckerman, 1984, 1986,2005)。儿茶酚胺类物质主要包括去甲肾上腺素和多巴胺,关于感觉寻求的儿茶酚胺类物质基础,研究者主要关注多巴胺(张明,梅松丽,2007; Norbury & Husain, 2015)。综合来看,已往研究主要考察了感觉寻求与内源性多巴胺水平、多巴胺 D2 类受体水平之间的关系,并探讨了高、低感觉寻求者对多巴胺能刺激物(如安非他命)的反应差异。

首先,在内源性多巴胺水平层面,研究者发现,相比于低感觉寻求者,高感觉寻求者可能有更高的内源性多巴胺水平(Norbury & Husain, 2015)。由于内源性多巴胺水平难以直接测量,因此支持该结论的证据大多是间接的。间接证据主要来源于两个方面:第一,相比于低感觉寻求者,高感觉寻求者具有更低的血小板水平,并携带活性更低的单胺氧化酶,单胺氧化酶是一种与多巴胺降解相关的酶,含量越低说明被试的多巴胺水平可能越高(Zuckerman, 1985)。斯库勒等人(Schooler et al., 1978)测量了 94 名被试的血小板单胺氧化酶活性,并使用感觉寻求量表测量了 94 名被试的感觉寻求特质,相关分析发现,被试的感觉寻求分数与单胺氧化酶活性水平呈显著负相关。与此相似，卡拉斯科等人(Carrasco et al.，1999)研究了16名高感觉寻求的职业斗牛士，结果发现，相比于控制组，斗牛士组的单胺氧化酶水平显著更低。加彭斯特兰德等人(Garpenstrand et al.，2002)研究发现，相比于控制组，99名高感觉寻求罪犯的单胺氧化酶水平显著更低。第二，相比于低感觉寻求者，高感觉寻求者的纹状体区域表现出相对更高的多巴脱羧酶(dopadecarboxylase)活性，多巴脱羧酶是一种多巴胺合成的限速酶，活性越高说明被试的多巴胺水平越高。高感觉寻求者更高的多巴脱羧酶活性可能是通过多巴脱羧酶基因本身的变异和多巴胺D2受体基因Taq1A的多态性来实现的。

其次，在多巴胺D2类受体(D2、D3、D4受体)层面，研究者认为，高感觉寻求者可能具有较低的D2受体可用性(Gjedde et al.，2010；Norbury et al.，2015)。吉德等人(Gjedde et al.，2010)总结以往研究发现，感觉寻求特质和纹状体D2/3受体可用性随年龄而变化，其中新异寻求特质与多巴胺受体可用性呈负相关。基于此，他们假设，感觉寻求特质与多巴胺受体可用性之间可能呈负相关或倒U型关系。为验证这一假设，他们用正电子发射断层扫描测查了18名健康男性被试纹状体中的^{11}C-雷洛必利结合电位水平(^{11}C-raclopride binding potentials)，该指标用于评定个体多巴胺受体可用性，并用感觉寻求量表测量被试的感觉寻求特质水平。研究结果显示，被试的多巴胺受体可用性与感觉寻求得分呈倒U型关系(如图5.16所示)，研究结果支持了研究假设。诺伯里等人(Norbury et al.，2013)认为，虽然研究发现感觉寻求特质与多巴胺受体可用性相关，但还缺乏因果联系的证据，因此他们招募了20名男性，探讨多巴胺D2/3受体兴奋剂卡麦角林(cabergoline)对被试执行概率冒险决策任务的影响。结果发现，卡麦角林增强了个体对赢的选择的敏感性，同时降低了个体对潜在损失的选择的概率。影响效应最大的为高、低感觉寻求得分的个体。研究者推测，高、低感觉寻求者都具有较低的多巴胺D2/3受体水平，因此卡麦角林对他们的影响效应更大。

最后，研究者发现，相比于低感觉寻求者，高感觉寻求者对多巴胺能靶向药物的生理反应和主观反应都更强。凯利等人(Kelly et al.，2006)

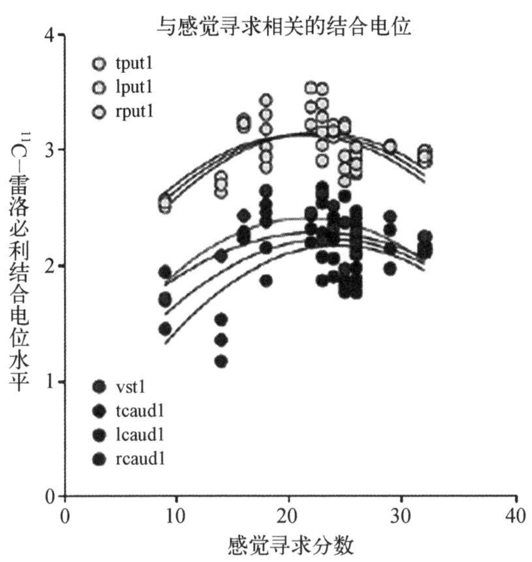

图 5.16 纹状体中多巴胺 D2/3 受体水平与感觉寻求呈倒 U 型关系(Gjedde et al.，2010)

基于感觉寻求特质与药物滥用的高相关性，探讨了安非他命对高、低感觉寻求者的不同作用。研究使用感觉寻求量表筛选出高、低感觉寻求者各 10 名，在双盲条件下让被试服用不同剂量的安非他命(0 mg、7.5 mg/70 kg 和 15 mg/70 kg)，比较两组被试的主观体验、行为表现和心血管效应的差异。行为表现任务为冲动行为的测量，包括注意力、抑制和冒险行为。结果发现，在基线水平，高、低感觉寻求者在行为表现上无显著差异；在安非他命的作用下，安非他命对高感觉寻求者主观体验的作用效应比低感觉寻求者更大，如报告感受到药物的作用、非常喜欢精神类药物，以及在药物作用下更兴奋的状态(如图 5.17 所示)。莱顿等人(Leyton et al.，2002)使用正电子发射断层扫描研究发现，在安非他命的作用下，^{11}C-雷洛必利结合电位水平与新异寻求特质、探索—兴奋性子维度(与感觉寻求特质高度重叠)呈正相关，而且^{11}C-雷洛必利结合电位水平与精神类药物的渴求感也呈正相关。彼得森等人(Peterson et al.，2006)在高、低感觉寻求者执行赌博任务的过程中发现，高感觉寻求者^{11}C-雷洛必利结合电位水平显著高于低感觉寻求者。

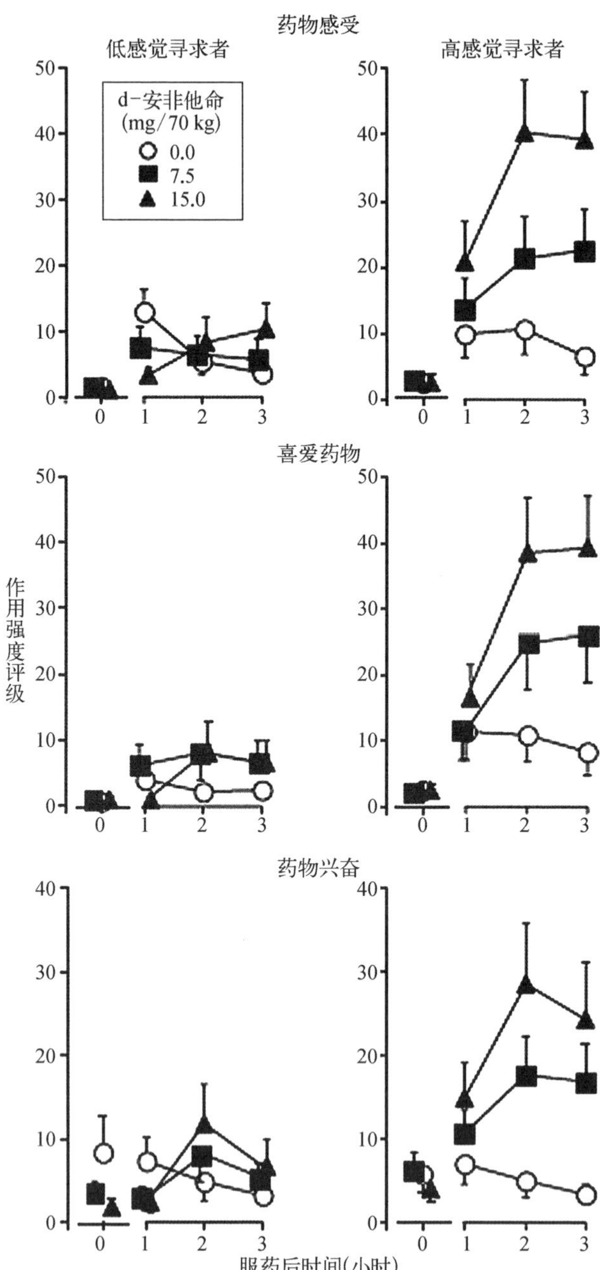

图 5.17　安非他命对高、低感觉寻求被试的作用差异(Kelly et al.，2006)

诺伯里和侯赛因(Norbury & Husain, 2015)总结了感觉寻求特质与多巴胺的诸多研究结果(如图5.18所示)。有研究者认为,高、低感觉寻求者不同的行为反应倾向与不同的多巴胺受体可用性有关。在相同刺激的作用下,由于低感觉寻求者多巴胺受体浓度更高,受体和多巴胺结合后信号放大作用更强,较弱的刺激便能使他们达到最佳唤醒水平,因此低感觉寻求者对较弱的刺激具有更多趋近行为;反之,由于高感觉寻求者多巴胺受体浓度更低,受体和多巴胺结合后信号放大作用更弱,较弱的刺激无法使高感觉寻求者达到最佳唤醒水平,只能追求更大强度的刺激以达到最佳唤醒,因此高感觉寻求者对高强度的刺激具有更多趋近行为(Gjedde, 2010; Norbury & Husain, 2015)。这也能解释为什么高感觉寻求者更容易有成瘾行为,成瘾药物会直接或间接地作用于个体的多巴胺系统,提高多巴胺受体水平,促使成瘾者达到最佳唤醒水平,所以高感觉寻求者更容易有成瘾行为。

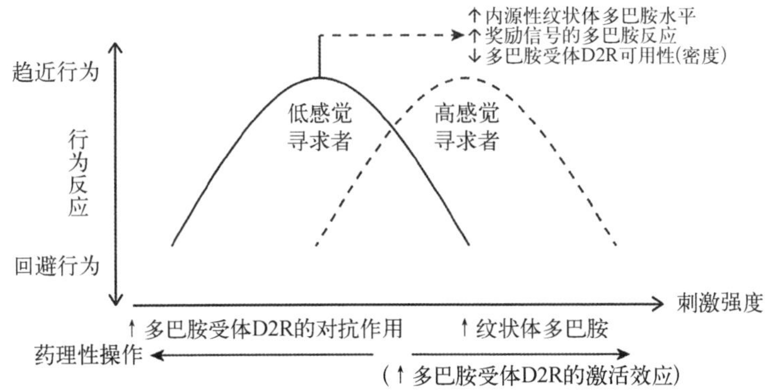

图 5.18　高、低感觉寻求者对不同刺激强度的趋近—回避差异的多巴胺机制(Norbury & Husain, 2015)

谷氨酸

谷氨酸(glutamic acid, Glu)是中枢神经系统中一种主要的兴奋性递质,对个体的认知和行为调节都具有重要作用。研究发现,大脑前扣带回区域的谷氨酸浓度与个体的伤害避免、奖赏加工、焦虑情绪、冲动特质和攻击性都有密切联系。研究者认为,前扣带回的谷氨酸浓度与个体的认知控制能力有关，前扣带回的谷氨酸浓度更高与认知控制能力更强有关(Bozkurt et al.，2005)。

基于以往研究发现的高感觉寻求与更弱的认知控制能力有关，加利纳特等人(Gallinat et al.，2007)假设高感觉寻求者前扣带回的谷氨酸浓度可能更低。研究共招募了18名男性被试和20名女性被试，使用3-Tesla氢质子磁共振波谱(3-Tesla proton magnetic resonance spectroscopy)测量被试前扣带回区域的绝对谷氨酸浓度(absolute glutamate concentrations)，并使用感觉寻求量表测量被试的感觉寻求特质水平。结果发现，被试前扣带回的谷氨酸浓度与感觉寻求特质分数呈显著负相关(如图5.19所示)。对此结果，研究者认为，前扣带回的谷氨酸浓度与个体的目标驱动行为有关，而高感觉寻求者谷氨酸浓度更低可能是他们参与高风险行为的易感因素。

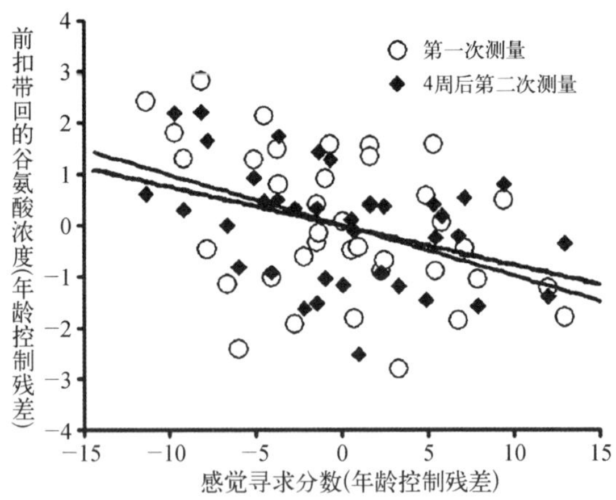

图5.19 感觉寻求特质与前扣带回的谷氨酸浓度呈负相关
(Gallinat et al.，2007)

5-羟色胺

5-羟色胺又称血清素(serotonin)，是一种抑制类神经递质，通常与回避行为有关，5-羟色胺功能水平低通常与个体的冲动行为有关，5-羟色胺功能水平高可降低个体对负性情绪刺激的反应，减少攻击行为，增强合作性和社交潜能(Carver et al.，2009)。因此，从直观上来讲，5-羟色胺系统活性水平应该与感觉寻求特质呈负相关。

内特等人(Netter et al.，1996)招募了20名健康男性被试，用感觉寻求量表测量被试的感觉寻求特质，还测量了在伊沙匹隆(Ipsapirone，一种5-羟色胺兴奋剂)的作用下被试5-羟色胺系统活性水平的变化。结果发现，感觉寻求的经验寻求和去抑制子维度得分与5-羟色胺系统受伊沙匹隆激活的水平呈显著负相关。但沙巴尼等人(Shabani et al.，2011)的研究并未支持此结论。沙巴尼等人的研究直接测量了57名被试血清中的5-羟色胺水平，并使用感觉寻求量表测量被试的感觉寻求特质。结果发现，被试的感觉寻求与5-羟色胺水平并无显著相关(如图5.20所示)。沙巴尼等人的研究结果与内特等人的研究结果不同的原因可能是，两项研究5-羟色胺取样的方法不同。同时，内特等人的研究采用实验方法，考察因果关系，而沙巴尼等人的研究采用测量方法，考察相关关系。因此，5-羟色胺水平和感觉寻求特质之间的关系还需要更多研究证据来澄清。

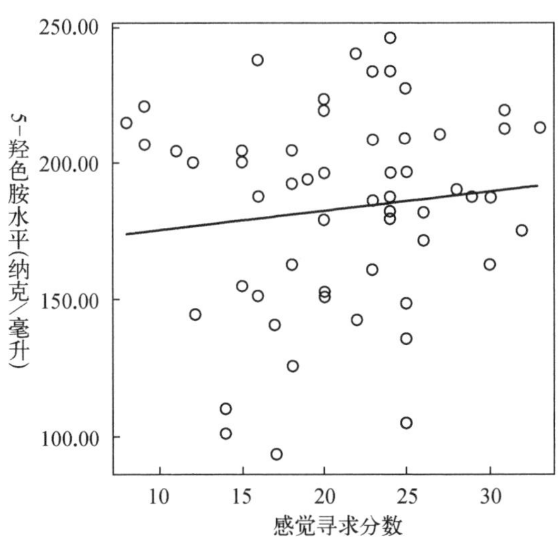

图5.20　5-羟色胺水平与感觉寻求之间无显著相关
(Shabani et al.，2011)

综合来说，多巴胺系统活性更弱可能是高感觉寻求者寻求新异刺激、奖赏行为或高风险行为的神经递质基础。前扣带回的谷氨酸浓度更低可能使高感觉寻求者无法控制冲动行为,5-羟色胺系统活性更弱使得高感觉寻求者的趋近行为倾向更强和回避行为倾向更弱。当然,目前来看,感觉寻求与谷氨酸、5-羟色胺之间关系的研究还是初步的,未来需要更多研究证据。

5.3.2 激素

睾丸素

前面已经提到,睾丸素主要由男性睾丸分泌,女性卵巢也能分泌少量睾丸素。睾丸素在个体青少年时期分泌最多,成年后逐渐减少,男性睾丸素分泌量远远大于女性。这与感觉寻求的年龄差异和性别差异相符,研究表明,在个体一生中,青春期中期(14～17岁)感觉寻求特质水平最高,成年后逐渐降低,同时男性的感觉寻求水平往往高于女性(Steinberg et al., 2008; Harden & Tucker - Drob, 2011)。既然感觉寻求和睾丸素水平表现出相似的共变关系,那么两者之间是否有直接关联呢?

戴兹曼等人(Daitzman et al., 1978)率先探讨了感觉寻求与性激素之间的关系。该研究包括两个子研究,研究一招募了25名男性被试,使用感觉寻求量表测量被试的感觉寻求特质,并在被试空腹的状态下,测查血液中雄性激素(androgen,主要为睾丸素)的水平,结果发现,感觉寻求去抑制子维度得分与雄性激素水平呈显著正相关。研究二增加了被试量,有51名男性和7名女性,分两次(间隔10天)测量被试血液中雄性激素的水平以考察雄性激素水平的信度。结果同样发现,两次测量的雄性激素水平都与感觉寻求去抑制子维度得分呈显著正相关。

戴兹曼和朱克曼(Daitzman & Zuckerman, 1980)验证了上述关系。研究根据去抑制子维度的得分将40名男性分为20名高去抑制者和20名低去抑制者,并在空腹状态下测量被试血液样本中睾丸素的水平。结果发现,高去抑制者的睾丸素水平显著高于低去抑制者。由于高水平的睾丸素通常与高外向性、高冲动性和高攻击性行为有关,因此研究者认为,高感觉寻求者更高的睾丸素水平可能是他们寻求高风险行为的因素之一。

杰拉等人(Gerra et al.，1999)研究了74名男性被试，结果发现，感觉寻求特质与睾丸素水平呈正相关。阿卢亚等人(Aluja & Torrubia，2004)探讨了30名男性的感觉寻求、敌意—攻击性和睾丸素的关系，结果发现，敌意—攻击性与睾丸素无显著相关，但感觉寻求与睾丸素呈显著正相关。阿卢亚等人(Aluja & García，2005)研究了95名监狱犯人，同样发现感觉寻求特质与睾丸素水平呈显著正相关。梅塔等人(Mehta et al.，2015)综合考察了感觉寻求特质、睾丸素与皮质醇之间的关系，结果发现，皮质醇是睾丸素与感觉寻求之间关系的调节因素，即只有在皮质醇水平较低的情况下，感觉寻求与睾丸素才呈显著相关。但有研究未发现感觉寻求与睾丸素存在显著相关，如罗森布利特等人(Rosenblitt et al.，2001)研究了68名男性和75名女性，并未发现感觉寻求与睾丸素存在显著相关。

为什么高感觉寻求者具有更高的睾丸素水平？博盖尔特和费希尔(Bogaert & Fisher，1995)从进化心理学角度提出，高感觉寻求特质是性选择的产物。岗斯塔德和辛普森(Gangestad & Simpson，1990)提出无限制社会性取向(unrestricted sociosexual orientation)和有限制社会性取向(restricted sociosexual orientation)两种不同的性选择策略。采用无限制社会性取向的个体倾向于选择短期交配策略，具有开放的性态度和更多的性伴侣；采用有限制社会性取向的个体具有保守的性态度和更少的性伴侣。博盖尔特和费希尔(Bogaert & Fisher，1995)推测，高感觉寻求者之所以具有更高的睾丸素水平，是因为睾丸素与男性魅力有关，高感觉寻求者更倾向于选择短期交配策略，具有更多的性伴侣。基于此，博盖尔特和费希尔招募了250名男性被试，使用感觉寻求量表测量被试的感觉寻求特质水平，提取被试的唾液以检测睾丸素水平，并要求被试报告自己的性伴侣数量，使用自评问卷和他评问卷评估被试的外表吸引力。结果发现，感觉寻求分数与被试的睾丸素水平、外表吸引力，以及性伴侣的数量都呈显著正相关。对此结果，研究者认为高感觉寻求的性别功能在于，它能更好地服务于短期交配策略。

一些研究支持了进化心理学的观点。如琼斯等人(Jones et al.，

2007)认为，只有男性拥有较好的身体状态时，才足以支持他们去追求高风险活动(如跳伞、蹦极等)，而参与高风险活动的男性更容易被女性认为具有吸引力。因此，琼斯等人认为高感觉寻求的男性应该偏好更具女性气质的面孔。为证明此猜想，他们招募了156名男性被试，要求被试选择不同女性气质的照片，结果发现，高感觉寻求者偏好更具女性气质的面孔(如图5.21所示)。研究者认为，高感觉寻求者睾丸素水平更高，身体状态更好，因此偏好更具吸引力的异性伴侣。坎贝尔等人(Campbell et al.，2010)测量了98名年轻男性被试的感觉寻求特质水平和唾液睾丸素水平，并检测被试的面部男性气概(facial masculinity)。结果发现，感觉寻求无聊易感性子维度得分与睾丸素水平、面部男性气概都呈显著正相关。芬克等人(Fink et al.，2010)研究了117名18～30岁的男性，结果发现，在控制体重、身高等因素后，被试的握力(与睾丸素有关)与感觉寻求分数呈显著正相关(如图5.22所示)，研究者认为，力量更强的男性，他们的高感觉寻求更具适应性意义，因为高感觉寻求活动能够展示他们的强壮体质，以吸引优质的异性。佩里尼等人(Perini et al.，2012)比较了已婚男性和恋爱中的男性的感觉寻求特质和睾丸素水平，结果发现，已婚男性的感觉寻求特质分数和睾丸素水平都显著高于恋爱中的男性。这一结果同样支持了高感觉寻求特质和高水平的睾丸素可能与男性吸引异性的策略有关。

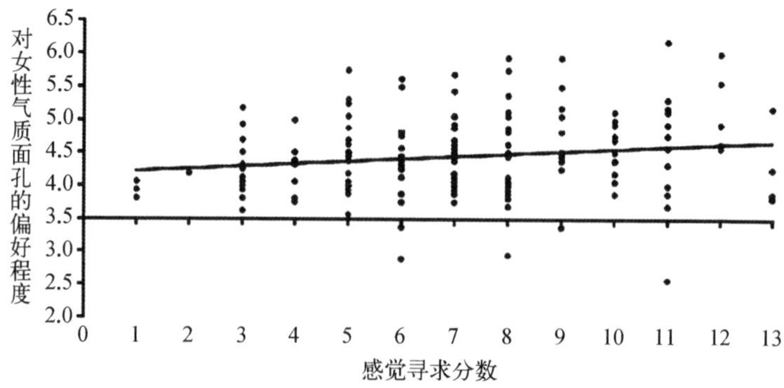

图5.21 男性对女性气质面孔的偏好与感觉寻求特质呈正相关(Jones et al.，2007)

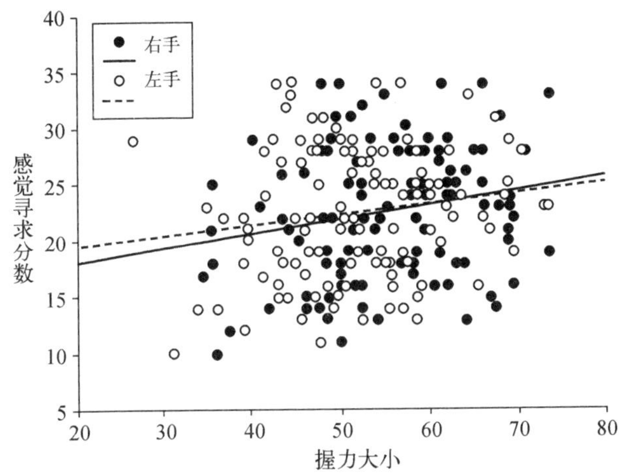

图 5.22 男性的握力与感觉寻求特质呈正相关(Fink et al., 2010)

皮质醇

前面已经提到,皮质醇是一种应激激素,个体面对压力情境时,更高的皮质醇水平有利于调动能量以应对压力情境,但同时会使个体感受到更大的压力。马祖尔(Mazur, 1995)根据他对大量退伍军人样本的研究,预测皮质醇与冒险行为之间存在负相关。他推断,皮质醇含量高的个体参与高感觉寻求行为的可能性较小,因为这些个体参与冒险行为会体验到过大的压力,而皮质醇含量低的个体更可能习惯打破常规,因为他们参与冒险行为不会体验到过大的压力。既然高感觉寻求者倾向于参与冒险行为,那么他们的皮质醇水平会比低感觉寻求者更低吗?

为了验证上述假设,罗森布利特等人(Rosenblitt et al., 2001)招募了 68 名男性和 75 名女性,使用感觉寻求量表测量被试的感觉寻求特质水平,提取被试的唾液样本以检测皮质醇水平。结果发现,男性被试的感觉寻求总分,以及无聊易感性、去抑制、经验寻求子维度得分都与皮质醇水平呈显著负相关,而女性被试无此相关。对于这种性别差异,研究者认为可能是性别化的社会规范和期望导致的,相比于女性,社会更提倡男性承担风险。这种社会文化因素的影响使得高感觉寻求的女性压抑自己的冒险倾向,因此女性的感觉寻求与皮质醇相关不显著。一项对27名越南退伍军人的研究发现,被试的新异寻求特质水平与皮质醇水平呈显著负相关(Wang et al.,1997)。沙巴尼等人(Shabani et al.,2011)招募了57名男性被试,使用感觉寻求量表测量被试的感觉寻求特质水平,提取唾液样本以检测被试的皮质醇水平。结果发现,被试的感觉寻求分数与皮质醇水平呈显著负相关(如图5.23所示)。科尔尼延科(Kornienko,2014)根据感觉寻求分数将159名中学生被试分为低感觉寻求组、中等感觉寻求组和高感觉寻求组,结果发现,只有中等感觉寻求组的感觉寻求分数与皮质醇水平呈显著负相关。

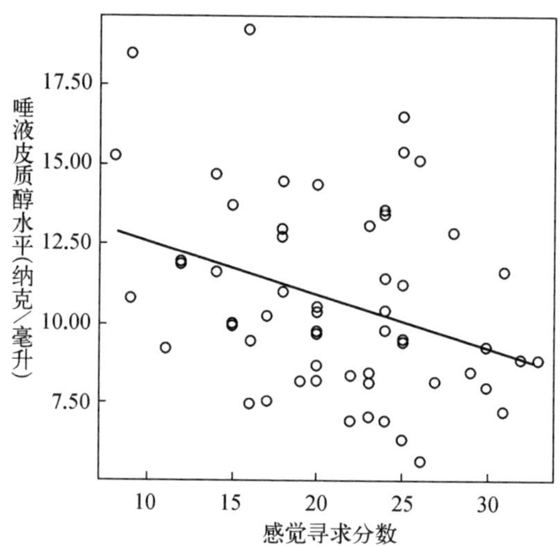

图5.23 感觉寻求与唾液皮质醇水平呈显著负相关
(Shabani et al.,2011)

以上研究均探讨被试在基线状态下的感觉寻求与皮质醇水平的关系,一些研究也探讨了在应激状态下或任务状态下的感觉寻求与皮质醇水平的关系。克鲁瓦桑等人(Croissant et al.,2008)考察了被试在酒精诱导下的感觉寻求与皮质醇水平的关系。他们通过感觉寻求量表筛选出高、低感觉寻求者各43名。研究过程包括饮酒阶段、压力诱发阶段和测试阶段三个阶段。在饮酒阶段,给实验组被试一定剂量的酒精,给控制组被试相同剂量的水。被试饮酒后大约 15 分钟进入压力诱发阶段，在压力诱发阶段被试需要完成三个实验任务，包括两个反应时任务和一个心算任务，都要求被试作出快速而准确的反应，以使被试处于压力情境。在压力诱发阶段结束后 0 分钟、30 分钟、60 分钟测量被试的皮质醇水平。结果发现，低感觉寻求者饮酒后，在压力诱发阶段的皮质醇水平比控制组显著降低，高感觉寻求者则无此现象（如图 5.24 所示）。对此结果，研究者认为，这可能是因为低感觉寻求者日常处于高抑制状态，而饮酒后解除了抑制，造成皮质醇水平下降；但酒精对高感觉寻求者的抑制状态影响较小，因此皮质醇水平无明显变化。

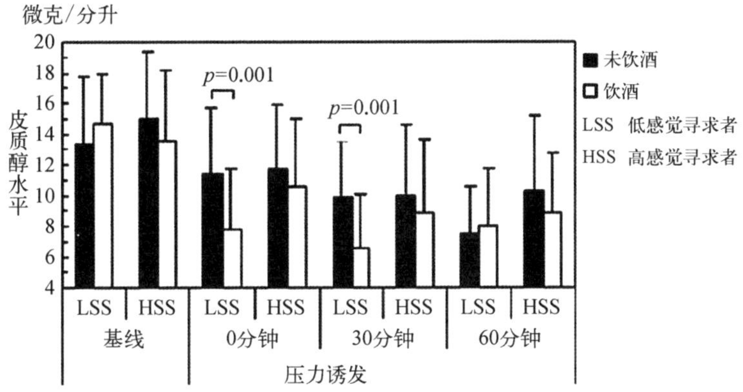

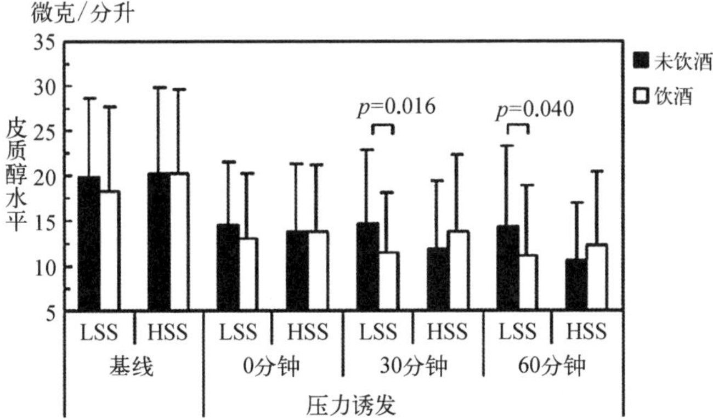

图 5.24 男性(上)和女性(下)高、低感觉寻求者在压力诱发下的皮质醇水平(Croissant et al.，2008)

弗里曼等人(Freeman et al., 2010)假设,高感觉寻求者在压力情境下的皮质醇水平更低可能与他们大脑前额叶的功能有关。为验证这一猜想,研究者招募了17名男性被试,使用感觉寻求量表测量被试的感觉寻求特质,在实验任务前后15分钟抽取唾液样本以检测皮质醇水平。在被试执行任务的过程中,使用功能性磁共振成像扫描被试的大脑。实验任务为风险选择任务,给被试呈现不同风险水平的情境,让被试按键选择参与该风险任务的意愿。结果发现,高感觉寻求与高风险意愿呈正相关,与任务前后皮质醇水平的变化呈负相关,高感觉寻求者表现出更小的皮质醇水平变化。对脑成像数据与测量数据的相关分析发现,眶额皮质激活水平在感觉寻求特质对皮质醇变化的影响中起中介作用,即高感觉寻求者因为眶额皮质的激活水平较低而负向影响了皮质醇水平的改变。因此,该结果支持研究者的假设,高感觉寻求者在压力情境下的皮质醇水平更低可能与前额叶控制能力更弱有关。

弗伦克尔等人(Frenkel et al., 2018)通过执行模拟冒险任务,探讨感觉寻求特质与皮质醇水平变化的关系。研究招募了28名男性被试,模拟冒险任务为一个模拟攀岩任务,被试需要模拟通过跳跃抓住攀爬绳,在任务前后(任务前10分钟、任务后10分钟和任务后20分钟)测量被试的皮质醇水平、心率变化和躯体焦虑水平。结果发现,与低感觉寻求者相比,高感觉寻求者在冒险任务中表现更好,具有更低的皮质醇水平和焦虑水平(如图5.25所示)。

总结这一部分的研究可以发现,就性激素来说,高感觉寻求者比低感觉寻求者具有更高的睾丸素水平,这可能是进化过程中性选择的产物。因为睾丸素与男性魅力有关,魅力大的男性更容易采取短期交配策略,而感觉寻求活动有利于展示他们的男性魅力,以得到异性的青睐。就应激激素来说,不管是基线状态还是模拟冒险任务状态,高感觉寻求者的皮质醇水平都更低,在冒险活动中体验到的压力水平也更低,因此更能较为轻松地参与高风险活动。

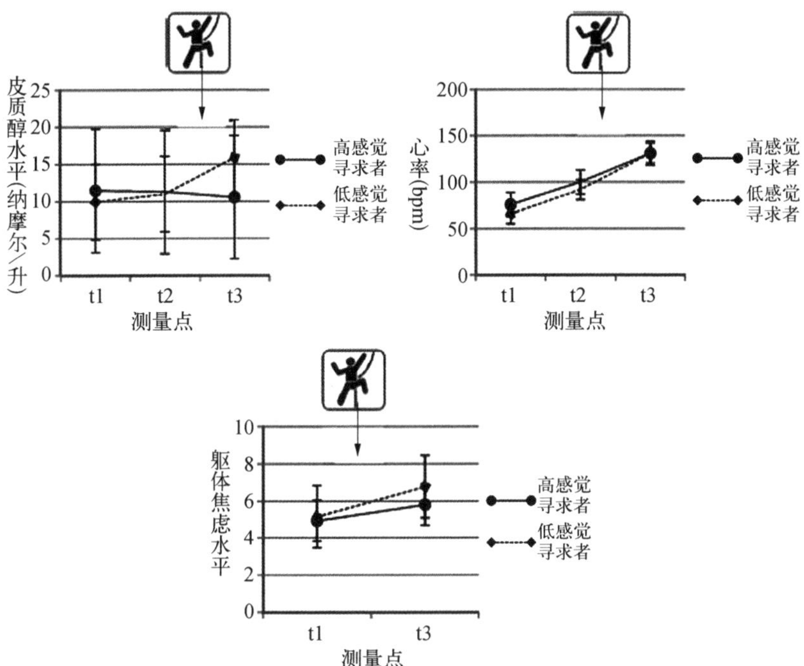

图 5.25　高、低感觉寻求者在冒险任务前后皮质醇、心率和躯体焦虑水平的比较(Frenkel et al. , 2018)

6　边缘型人格障碍的生理基础

边缘型人格障碍(borderline personality disorder, BPD)是一种常见的心理障碍,美国《精神障碍诊断与统计手册》(第五版)(*The Diagnostic and Statistical Manual of Mental Disorders*, *Fifth Edition*, DSM-5)中描述边缘型人格障碍的普遍模式是人际关系、自我形象和情感不稳定,伴有显著的冲动性,有自伤行为和一过性的精神病性症状。边缘型人格障碍的概念可以追溯到20世纪早期。克雷佩林(Emil Kraepelin)观察大量边缘型人格障碍患者后,于1905年初次提出这类患者处于精神错乱和正常状态之间。1938年,斯特恩(Adolph Stern)首次应用"边缘性"(borderline)这一术语来描述边缘型人格障碍患者的心理病理程度,认为该程度介于神经症和精神病之间。其后,虽有其他观点和术语争议,但"边缘型人格障碍"的称谓和分类逐渐被广泛接受和认同,并沿用至今。综合各类型的心理病理理论和临床症状描述,结果发现,自我认同障碍似乎是边缘型人格障碍的核心,由于无法形成统一的自我,人们始终缺乏安全感,难以独立和忍受孤独,总想依附他人甚至与他人捆绑在一起,但结果常常失败,所以人际关系和情感不稳定。为了摆脱内心的痛苦,这类人不得不采取冲动的甚至危险的行为(譬如抽烟、酗酒、吸毒和性滥交等),严重时甚至出现重度焦虑、躁狂、抑郁、幻觉、妄想等精神症状。基于此,对边缘型人格障碍生理机制的研究主要围绕自我认同障碍、情感和人际关系不稳定,以及冲动和自杀等展开。

6.1　大脑结构

6.1.1　边缘系统

边缘型人格障碍的核心特征之一是情感不稳定，因此称为情绪中枢的边缘系统无疑成为研究者重点关注的大脑结构。2010 年，温根费尔德等人综述了数十年的脑结构研究发现，与边缘型人格障碍相关的边缘系统脑区主要有杏仁核、海马、扣带回、下丘脑和丘脑（Wingenfeld, Spitzer, Rullkötter, & Löwe, 2010）。如表 6.1 所示，早期研究几乎都发现边缘型人格障碍患者这些脑区的体积减小，但后来的研究并不完全支持这一结果。为此，接下来重点介绍 2010 年之后关于这些脑区与边缘型人格障碍之间关系的研究。

表 6.1　边缘型人格障碍患者的脑结构改变研究综述（1998—2009 年）
（Wingenfeld, Spitzer, Rullkötter, & Löwe, 2010）

文　献	方法	样本量 边缘型人格障碍患者/对照组	体积减小脑区	其 他 结 果
Lyoo et al. (1998)	MRT	25/25	额叶	颞叶、侧脑室和大脑无体积减小
Driessen et al. (2000)	MRT	21/21	杏仁核、海马回	颞叶无体积减小，前脑无体积减小
Rusch et al. (2003)	MRT	20/21	杏仁核	
Schmahl et al. (2003b)	MRT	10/23	杏仁核、海马回	
Tebartz van Elst et al. (2003)	MRT	8/8	右杏仁核、右海马回	背外侧前额叶无体积减小
Brambilla et al. (2004)	MRT	10/20	前扣带回、眶额皮质、海马体	杏仁核、左扣带回尾状核、颞叶、背外侧前额叶体积未见减小
Hazlett et al. (2005)	MRT	50/50	前扣带回、后扣带回	全扣带回无体积减小，额叶体积增大
Irle et al. (2005)	MRT	30/25	海马体、右顶叶	

续 表

文 献	方法	样本量 边缘型人格障碍患者/对照组	体积减小脑区	其 他 结 果
Zetzsche et al. (2006)	MRT	25/25		杏仁核无体积减小,但边缘型人格障碍并发抑郁者杏仁核体积较大
Minzenberg et al. (2007)	MRT	12/12	前扣带回灰质	杏仁核灰质密度增大
New et al. (2007)	PET	26/24		杏仁核无体积减小
Tebartz van Elst et al. (2007)	MRS	12/10	杏仁核	
Zetzsche et al. (2007)	MRT	25/25	海马	
Chanen et al. (2008)	MRI	20/20	右眶额皮质	杏仁核和海马无体积减小
Soloff et al. (2008)	MRI	34/30	扣带回、海马体、杏仁核、海马旁回	男性和女性边缘型人格障碍患者之间存在差异
Whittle et al. (2009)	MRI	15/15	左扣带回	前扣带回的体积与准自杀行为、冲动和害怕被抛弃有关
Schmahl et al. (2009)	MRT	25/25	海马	有创伤后应激障碍的患者和无创伤后应激障碍的患者无差异

注：MRI 表示磁共振成像;PET 表示正电子发射断层扫描;MRT 表示磁共振引导精确定位射线治疗;MRS 表示磁共振波谱图。

杏仁核

丹尼等人(Denny et al., 2016)研究证实,边缘型人格障碍患者的焦虑水平与杏仁核灰质体积有关。他们招募了边缘型人格障碍患者和健康对照组被试各 29 名,平均年龄 29 岁,进行相关症状问卷测评和磁共振成像(MRI)基于体素的形态测量(VBM)分析,结果发现,边缘型人格障碍患者左右两侧的杏仁核灰质体积均比对照组被试大,而且右杏仁核的灰质体积与边缘型人格障碍患者的焦虑得分呈显著正相关,说明右杏仁核灰质体积越大,边缘型人格障碍患者的焦虑水平越高。丹尼等人认为,出现这一现象的原因可能是,右杏仁核比左杏仁核能更加快速和广泛地评估情境中的威胁性信息(Markowitsch, 1999; Davison, 2002)。席恩勒等人进一步探究了边缘型人格障碍与杏仁核中央内侧、外侧和浅表三部分的关系。他们招募了女性边缘型人格障碍患者和健康对照组被试各 25 名,平均年龄 27 岁。测评被试的边缘型人格障碍症状并进行磁共振成像扫描分析后发现,边缘型人格障碍患者的外侧杏仁核灰质体积较大,且体积与症状严重程度呈正相关。中央内侧杏仁核灰质体积较小,且体积与症状严重程度呈负相关。以往的磁共振成像研究表明,外侧杏仁核是杏仁核的感觉界面和可塑性的关键部位,在经典恐惧反应条件作用中十分重要(Phelps & LeDoux, 2005)。因此,边缘型人格障碍患者外侧杏仁核的灰质体积增大可能反映了他们对厌恶暗示的敏感性增强,以及对消极刺激的体验更强烈。左中内侧杏仁核对刺激和厌恶学习的情绪价值分配至关重要,负责在不同的情感语境中作出适当的反应(LeDoux, 2007)。因此,席恩勒等人推测,杏仁核中央部分灰质体积减小可能与情绪反应不足有关,也就是说灰质体积的减小使边缘型人格障碍患者无法在相应的情感语境中作出适当的反应,最终导致情绪失调(Schienle, Leutgeb, & Wabnegger, 2015)。

海马

海马负责记忆的编码,在学习和记忆中有重要作用。人类关于事实和事件的记忆,即陈述性记忆主要依赖海马的完整性。在边缘系统中,杏仁核和海马密切关联,也就是说没有单独的情绪反应,情绪都与记忆有关。我们每个人都有类似的经历,当你看到某件东西而引发不愉快的回忆时,你的情绪会随着这种回忆而变得消极、低沉,甚至出现情绪失调。边缘型人格障碍患者大多数时间都处于这种由不愉快经历引起的情绪失调状态。关于海马的结构,除了考虑左脑和右脑外,还通常根据形状,分为海马头部、躯干和尾部。有研究者(O'Neill et al., 2013)采用磁共振成像实验研究探讨海马的各部分结构(海马亚区)与边缘型人格障碍的关系。他们招募了 20 名年龄为 19～49 岁的女性边缘型人格障碍患者,以及 21 名年龄为 20～47 岁的健康女性开展对照研究。结果发现,边缘型人格障碍患者两侧海马的体积均明显减小,尤其是左海马。

从海马亚区来看，边缘型人格障碍患者右海马的尾部体积和灰质体积减小更为明显。研究者认为，海马体积的减小可能与神经认知缺陷和症状有关，如情绪失调。此外，他们还推测，左海马体积的减小可能意味着，边缘型人格障碍患者长期承受着巨大的压力和较高的糖皮质激素负荷。拉布达等人(Labudda et al.，2013)对照了女性边缘型人格障碍患者和健康女性的边缘型人格障碍相关症状和海马结构，结果发现，海马旁回的灰质体积与边缘型人格障碍患者的症状严重程度有关，相比于轻度患者，重度患者海马旁回的灰质体积更小。拉布达等人认为，海马旁回的灰质体积应该与早期创伤经历有关。

还有研究者(Kreisel et al.，2015)对 39 名边缘型人格障碍患者和 30 名健康对照组被试进行磁共振成像扫描，结果发现，边缘型人格障碍患者的海马总体积与健康对照组被试没有显著差异，但与边缘型人格障碍症状严重程度有关。他们将边缘型人格障碍患者进一步细分为 BPD5~6(即符合 5~6 条诊断标准)和 BPD≥7(即符合 7 条及以上诊断标准)两种类型后进行分析，结果发现，边缘型人格障碍患者符合的诊断标准越多，海马体积越小，而且变化主要集中在海马头部(如图 6.1 所示)。考虑是否并发创伤后应激障碍，符合 7 条及以上诊断标准且并发

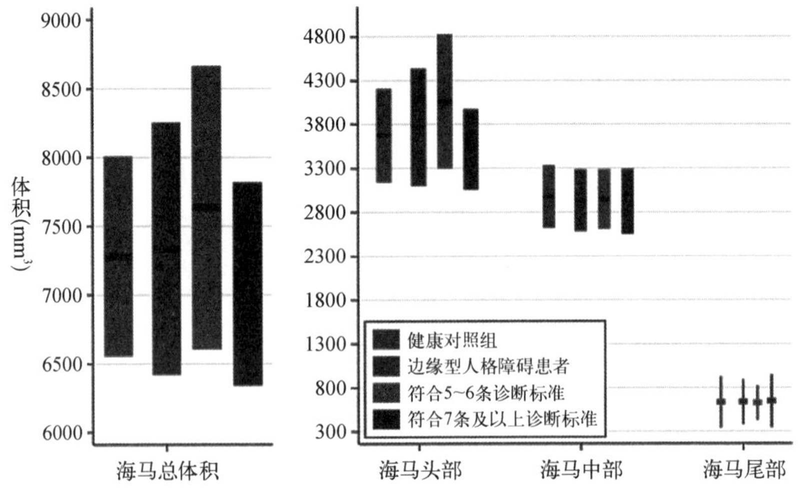

图 6.1 边缘型人格障碍患者的海马体积与症状之间的关系(Kreisel et al.，2015)

创伤后应激障碍的边缘型人格障碍患者的海马总体积，小于符合5～6条诊断标准且无并发创伤后应激障碍的边缘型人格障碍患者，尤其是海马头部和海马中部的体积。因此，研究者认为，边缘型人格障碍患者的海马可能存在选择性损伤(Bonne et al., 2008)。一些动物实验也支持了这种结果(Bast et al., 2003; Kreisel et al., 2015)。

扣带回

扣带回是边缘系统的重要组成部分，位于大脑半球内侧面的扣带沟与胼胝体沟之间，属于边缘系统的皮质部分。有研究者认为，边缘型人格障碍患者扣带回的白质体积减小，而且白质体积与边缘型人格障碍的严重程度呈显著负相关，即白质体积越小，患者的病情越严重(Whalley et al., 2015)。扣带回可以细分为四个亚区：前扣带回、后扣带回、扣带回背部和扣带回腹部。在扣带回这些亚区中，后扣带回接受杏仁核的激活，以及眶额回、额内侧回的输出，并将神经冲动传入前扣带回和纹状体，这是情绪帕佩兹环路的一个重要组成部分。2016年，丹尼等人在研究中发现，边缘型人格障碍患者的前扣带回、扣带回背部和扣带回腹部的体积减小(Denny et al., 2016)。同年，维辛廷等人根据57篇文章摘要、12篇文章全文(共152名患者和147名健康对照者)对边缘型人格障碍患者在静息状态下的大脑结构进行元分析，结果发现，边缘型人格障碍患者前扣带回和后扣带回的活性显著强于对照组被试。维辛廷等人认为，前扣带回对自我参照的处理至关重要，因此它的活性增强可能会导致边缘型人格障碍患者的自我—他人表征扭曲，从而影响认知注意控制。后扣带回与自我警惕、自传体记忆有关，边缘型人格障碍患者在处理负性情绪时后扣带回激活增强，使得与自我相关的负性经验和自我警惕更多地参与认知决策，导致负性情绪偏向(Visintin, Panfilis, Amore, Balestrieri, Wolf, & Sambataro, 2016)。但关于后扣带回，也有研究者得出了相反的结论。2017年，有研究者招募了40名边缘型人格障碍患者和35名健康对照组被试，在被试填写相关症状评估量表之后对他们进行功能性磁共振成像扫描和基于体素的形态测量分析，结果发现，边缘型人格障碍患者的后扣带回激活减弱、灰质体积增大。研究者认为，后扣带回与自我参照相关，它的激活减弱导致其他区域的连接失调，而灰质体积的增大与边缘型人格障碍患者自我认同的不稳定具有相关性(Lei et al.，2017)。

6.1.2 大脑皮质

大脑皮质是神经系统的最高级结构，也是心理活动的最高级中枢。诸多研究发现，边缘型人格障碍患者与健康者相比有差异的大脑部位涉及广泛，包括额叶、顶叶、枕叶和颞叶这些大脑皮质的灰质和白质结构。

白质

白质(white matter)是一种神经纤维，几乎充满整个大脑，主要负责沟通不同脑区的灰质(神经元)，在神经元间起传递和连接作用，因此白质的完整性将会影响大脑的连通性。一般来说，青年时期大脑不同区域的白质逐渐发育完全，但对青年边缘型人格障碍患者的磁共振成像研究发现，青年边缘型人格障碍患者大脑皮质的白质各向异性分数减小。研究者认为，青年边缘型人格障碍患者大脑皮质的白质各向异性异常会导致大脑各区域的连接受损，进而影响边缘型人格障碍患者的社交语义处理和更高阶的社会认知(New et al.，2013)。迈尔-海因等人也相信，大脑白质结构的改变在边缘型人格障碍的发病机制中起着关键作用。他们招募了三组被试(边缘型人格障碍患者、精神障碍患者、健康对照组被试)，每组 20 名，平均年龄 16 岁，让被试填写生活事件量表并对他们进行磁共振成像扫描，进一步进行大脑皮质白质的定量纤维跟踪和基于纤维束示踪的空间统计分析(TBSS)，结果发现，边缘型人格障碍患者的双边穹窿和右侧上额枕束的白质各向异性分数降低，而下额枕束、眶额皮质、上纵束和上额枕束的径向弥散系数显著增大，沿纤维主方向扩散(表观扩散系数)仅在左侧上纵束升高。这项研究说明，边缘型人格障碍患者的白质在额叶、枕叶、边缘系统和丘脑区域出现异常，而这些脑区的主要功能可能与情绪调节有关，表明边缘型人格障碍患者大规模的情绪处理网络被破坏(Maier - Hein et al.，2014)。但有研究者(Gan et al.，2016)认为，迈尔-海因等人招募的被试是未满 18 周岁的青少年，样本代表性不强。为此，他们又招募了成年边缘型人格障碍患者和健康对照组被试各 30 名，平均年龄 22 岁，对他们进行基于纤维束示踪的空间统计的全脑分析和扩散张量成像（diffusion tensor imaging，亦称弥散张量成像）扫描，得到的结果与迈尔-海因的结果类似。这些成年边缘型人格障碍患者的主要白质纤维各向异性分数降低，但降低的主要区域在穹窿、胼胝体膝部、右上放射冠和右前放射冠（Gan et al.，2016）。由此可见，边缘型人格障碍患者的大脑白质完整性确实存在下降的现象，但青少年被试和成年被试的下降区域不一致，青少年患者大脑白质完整性的下降主要发生在颞叶区域，成年患者大脑白质完整性的下降主要发生在边缘系统和胼胝体。这些区域白质完整性下降均会使边缘型人格障碍患者的大脑结构连接功能受损，其中连接额缘区域的纤维束受损可能导致边缘型人格障碍患者情绪失调和冲动等症状（Gan et al.，2016）。

灰质

灰质（grey matter）是一种神经组织，分布于大脑各个区域，灰质体积由皮质厚度和皮质表面积决定。2014 年，里克特等人招募了 60 名 14～18 岁的右利手青少年为被试，对他们进行磁共振成像扫描和灰质厚度分析。将 60 名被试分为边缘型人格障碍患者组、健康组和其他精神障碍患者组，每组各 20 名。结果发现，边缘型人格障碍患者的左海马、右海马、右杏仁核、额叶（右额中回、额下回眶部双侧）和顶叶（双侧顶叶回上部）的灰质体积明显减小，但皮质厚度在三组之间无明显差异，说明灰质体积的减小主要由表面积减小引起。里克特等人认为，边缘系统灰质体积减小使得边缘型人格障碍患者的发展全面受损，并由此引发多重共病（Richter，Brunner，Parzer，Resch，Stieltjes，& Henze，2014）。同年，博恩等人研究边缘型人格障碍患者大脑皮质厚度与他们识别和描述情绪困难程度的关系，进一步确定了灰质体积异常对边缘型人格障碍的影响。他们招募了 18 名年龄为 18～50 岁的女性边缘型人格障碍患者和 21 名健康女性，让她们填写相关症状评估量表之后进行磁共振成像扫描。结果发现，边缘型人格障碍患者左内侧前额叶皮质厚度、左侧颞顶交界处、双侧颞叶、两极和双侧中心旁小叶皮质厚度明显减小，而且皮质厚度与边缘型人格障碍症状得分呈显著负相关(Bøen et al., 2014)。博恩推测,额叶区域的皮质厚度变小可能会影响边缘型人格障碍患者的认知控制、社交和情绪处理,而颞叶区域的异常可能与全面的功能失调有关。博恩还认为,这些区域的皮质厚度变小可能是边缘型人格障碍潜在的生物学标志。2017 年,有研究者进一步探讨了边缘型人格障碍患者大脑左、右半球的灰质体积差异。他们招募了 30 名边缘型人格障碍患者和 32 名健康被试,平均年龄 23 岁。对被试进行磁共振成像扫描,结果发现,边缘型人格障碍患者大脑左半球灰质体积和皮质厚度都显著小于大脑右半球,而且大脑左、右半球的不对称程度越大,被试在冲动量表的注意分量表上得分越高。大脑左、右半球分别主导积极情绪和消极情绪的处理,边缘型人格障碍患者大脑左半球的灰质体积和皮质厚度减小可能反映了他们的额缘回路对负性信息更为敏感,因而导致他们更倾向于出现消极想法或采取消极做法,如出现被遗弃感或采取自杀、自残行为(Zhou et al., 2017)。

除了灰质体积外,一些研究者还关注灰质密度异常与边缘型人格障碍的关系。2015 年,罗西等人招募边缘型人格障碍患者和健康被试各 26 名,平均年龄 38 岁,对他们进行磁共振成像表面映射技术扫描和皮质模式匹配研究。结果发现,和健康被试相比,边缘型人格障碍患者大脑左半球的灰质密度降低非常显著,尤其是杏仁核。研究还发现,边缘型人格障碍患者的额缘区皮质(包括背侧额叶、眶额皮质、前扣带回、后扣带回)、右顶叶、颞叶内侧、颞叶、梭状回和视觉皮质灰质密度的降低也较为显著。罗西等人认为,对边缘型人格障碍患者来说,额缘区主要与情绪失调有关,后顶叶区主要与分离症状有关,而颞叶区可能与心智化和认知控制能力有关(Rossi et al., 2015)。

额叶

额叶(frontal lobe)是大脑皮质发展最晚的部分,占大脑半球的 1/3,主要负责思维运算和认知控制。很多研究者认为,额叶综合征和功能性(或非器质性)人格障碍存在交叉重叠的地方。因此,额叶也是边缘型人格障碍研究的重点领域,被研究得最多的额叶亚区有眶额皮质(orbitofrontal cortex, OFC)、背外侧前额叶(dorsolateral prefrontal cortex, DLPFC)、腹外侧前额叶(ventrolateral prefrontal cortex, VLPFC)和内侧前额叶(medial prefrontal cortex, MPFC)。

2013年,莫兰多蒂等人为了探究边缘型人格障碍患者的前额叶体积是否减小,招募了18名边缘型人格障碍患者和19名健康对照组被试开展一项磁共振成像研究。结果发现,在边缘型人格障碍患者中,与童年没有受过虐待的7名边缘型人格障碍患者相比,童年受过虐待的11名边缘型人格障碍患者的腹外侧前额叶体积更小,而且右脑的腹外侧前额叶体积与消极量表分数、冲动量表分数和攻击性分数呈负相关。腹外侧前额叶被认为与杏仁核、前扣带皮质以及前额叶其他区域有联系,主要参与控制消极事件引起的行为反应。当腹外侧前额叶无法抑制愤怒刺激引发的认知加工时,便会导致冲动行为的产生。莫兰多蒂等人得到的研究结果刚好验证了这个观点,童年受过虐待的边缘型人格障碍患者的腹外侧前额叶体积更小,在面对消极事件时会出现更多消极情绪和冲动行为(Morandotti et al., 2013)。

2013年,布吕尔等人(Bruehl et al., 2013)招募了31名女性边缘型人格障碍患者(平均年龄28岁)和31名非临床对照组女性(平均年龄27岁),采用磁共振成像技术对比研究边缘型人格障碍患者的前额叶、杏仁核、脑岛与情绪调节能力之间的关系。结果发现,相比于无创伤后应激障碍共病的边缘型人格障碍患者,有创伤后应激障碍共病的边缘型人格障碍患者右侧背外侧前额叶的一部分——背侧中额叶和杏仁核的厚度显著减小。之前已有研究发现,右侧前额叶的体积与情绪调节呈显著正相关。杏仁核的体积和脑岛厚度增加,并与背外侧前额叶厚度的增加有关,从额缘系统学说的角度可以看出,在这个情绪调节回路中,背外侧前额叶厚度增加是一种有益的方式,能够更好地调解情绪,减少冲动行为。因此,布吕尔等人认为,与无创伤后应激障碍共病的边缘型人格障碍患者相比,有创伤后应激障碍共病的边缘型人格障碍患者在情绪调节方面缺乏补偿机制,导致情绪调节能力更差。

顶叶和枕叶

目前,在大脑皮质的顶叶和枕叶,研究得最多的与边缘型人格障碍相关的亚区是楔前叶。楔前叶与自我情感和自我记忆有关，使人能有情感地控制场景和社会排斥线索，并参与注意分配。索洛夫等人（Soloff et al.，2015）和维辛廷等人（Visintin et al.，2016）在研究中同时发现，边缘型人格障碍患者处理情绪时，楔前叶和后扣带回的活性显著增强，这种激活增强使得患者更加关注与自我相关的消极事物，并加大与负性自我经验相关的注意分配。但也有研究得出与此相反的结果，研究者基于 40 名边缘型人格障碍患者和 35 名健康对照组被试的磁共振成像和基于体素的形态测量数据，分析发现边缘型人格障碍患者的楔前叶灰质体积增大但激活程度降低（Lei et al.，2017）。不过，他们也认同楔前叶的异常会引起边缘型人格障碍患者的功能失调，使得边缘型人格障碍患者过度关注与自我相关的负面信息（Visintin et al.，2016）。

颞叶

大脑皮质的颞叶可分为颞上回、颞中回和颞下回，负责处理听觉信息，也与记忆和情感有关。2016 年，德平等人（Depping，Wolf，Vasic，Sambataro，Thomann，& Wolf，2016）为了研究重度抑郁患者和边缘型人格障碍患者大脑结构的差异，招募了 22 名女性重度抑郁患者（平均年龄 33 岁），17 名有边缘型人格障碍但无创伤后应激障碍的患者（平均年龄 28 岁），以及 22 名健康被试（平均年龄 31 岁），对被试进行磁共振成像研究和基于表面的形态测量（surface-based morphometry，SBM）分析，结果发现，边缘型人格障碍患者内侧颞叶网络和额纹状体网络的灰质体积减小。内侧颞叶网络主要包括内侧颞叶结构（海马、海马旁回、杏仁核）和内侧额叶区域，额纹状体网络主要包括双侧前额叶（背外侧前额叶、腹外侧前额叶）皮质区和双侧纹状体区。这些脑区的异常都与边缘型人格障碍患者的情绪不稳定和冲动控制有关。内侧颞叶结构灰质体积的减小不仅与边缘型人格障碍的严重程度有关，而且与冲动行为呈显著正相关。维辛廷等人（Visintin et al.，2016）进行的元分析还发现，边缘型人格障碍患者右侧颞叶中部的白质数量减少。这说明边缘型人格障碍患者右侧颞侧复合体的连通性降低，影响了患者对语义、语言和视觉感知的整合，从而出现分离障碍（身份障碍和功能失调）。

有意思的一点是，不知是有意还是无意，本章前面表 6.1 的内容是温根费尔德等人（Wingenfeld et al.，2010）综述的 1998—2009 年关于边缘型人格障碍患者脑结构改变的研究结果，而维辛廷等人的元分析恰好是 2010—2016 年的同类文献。为了全面展示近 20 年关于边缘型人格障碍患者脑结构的研究，此处也呈现维辛廷等人的元分析结果（如表 6.2 所示）。

表 6.2　边缘型人格障碍患者的脑结构改变研究综述（2010—2016 年）
（Visintin et al.，2016）

描　述	峰　值		面　积		稳 健 性	
	MNI	SMD-Z	大小	BA	重叠	异质性(k)
Global(N=7)						
BPD>HC						
内侧前额叶/前扣带回	−4 52 16	1.798	1 669	10,24,32	6/7	Sig(37)
右侧楔前叶/后扣带回	8 −68 26	1.529	689	7,23,19	5/7	Sig(168)
HC>BPD						
右颞中/下回	50 −56 −2	−1.808	474	37,21	6/7	ns
左侧眶额皮质	−8 66 −18	−1.029	237	11	6/7	ns
右侧眶额皮质	12 60 −18	−1.029	162	11	6/7	ns
左额上回，背外侧	−16 34 52	−1.019	48	9	5/7	ns
fMRI(N=4)						
BPD>HC						
内侧前额叶/前扣带回	−4 56 14	1.858	2 512	10,24,32		
HC>BPD						
右颞中/下回	50 −54 −2	−2.131	651	37,21		
右海马旁回/海马	20 −30−12	−1.046	272	30		
左额上回，背外侧	−16 34 52	−1.090	160	9		
PET(N=3)						
BPD>HC						
右侧楔前叶	18 −78 40	2,218	1 533	19		
HC>BPD						
眶额皮质	0 54 −14	−1,485	506	11		
右颞中/下回	44 −24 −20	−1,622	356	20,21		

注：BPD 代表边缘型人格障碍患者；HC 代表健康对照组；ns 代表不显著。

根据元分析结果，维辛廷等人还制作了两个脑结构图(如图 6.2 和图 6.3 所示)，以显示在静息状态下的磁共振成像研究中，和健康被试相比，边缘型人格障碍患者激活相对增强和减弱的脑区。

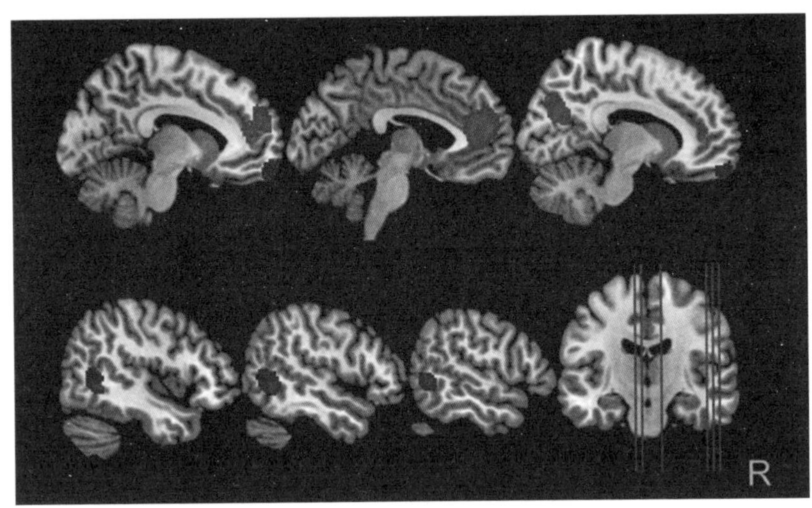

图 6.2　静息状态下边缘型人格障碍患者激活增强和减弱的脑区
(Visintin et al.，2016)(见彩插第 10 页)
(R：右侧；红色区域：激活增强；蓝色区域：激活减弱)

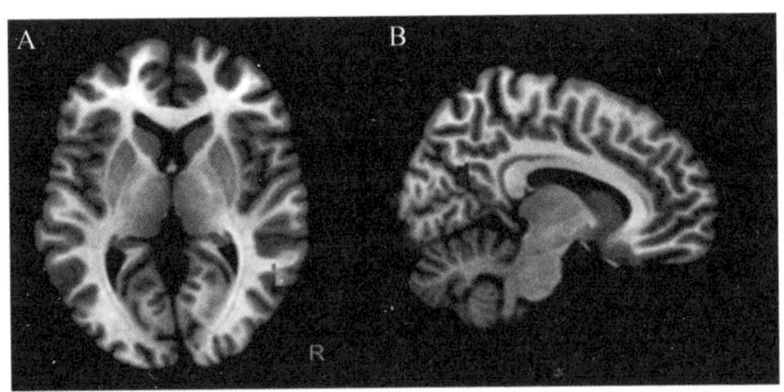

图 6.3　边缘型人格障碍患者相关脑区的磁共振成像变化
(Visintin et al.，2016)(见彩插第 11 页)
(R：右侧；A：右颞中回激活减弱、体积减小；B：完成情绪任务时激活增强)

6.2 大脑功能

边缘型人格障碍患者起病于青少年时期,起病根源主要是没有建立自我同一性,也就是感受不到自我的存在,这会引发焦虑、抑郁或者躁狂等消极情绪,即边缘型人格障碍特征中的情绪不稳定或情绪失调。情绪失调容易引发一系列外在行为来表达情绪,如药物依赖、冲动鲁莽、过度消费、自伤、自杀或攻击行为等。这些行为表面上是为了稳定失调的情绪,实际上是患者在以一种夸张的形式来进行感觉寻求,确定自我的存在。如表 6.3 所示,DSM - 5 中规定,符合 9 条诊断标准中的 5 条及以上且起病于青少年时期便可确诊为边缘型人格障碍,虽然确诊为边缘型人格障碍患者时符合的 5 条及以上标准并不总是一致的,但可以发现,边缘型人格障碍患者出现了四个方面的失调:情绪失调(emotional disorders)、认知失调(cognitive disorders)、行为失调(behavioral disorders)和人际关系失调(interpersonal disorders)(范多芳,2014)。

表 6.3 DSM - 5 关于边缘型人格障碍的 9 条诊断标准

1. 极力避免真正的或想象出来的被遗弃感(注:不包括诊断标准第 5 条中的自杀或自残行为)。
2. 一种不稳定的、紧张的人际关系模式,以在极端理想化和极端贬低之间交替变动为特征。
3. 身份紊乱:明显持续而不稳定的自我形象或自我感觉。
4. 至少在两个方面有潜在自我损伤的冲动性(例如冲动消费、性滥交、物质滥用、鲁莽驾驶、暴食)。
5. 反复出现自杀行为、自杀姿态或自残行为。
6. 由显著的心境反应导致的情感不稳定。
7. 慢性的空虚感。
8. 不恰当的强烈愤怒或难以控制发怒(例如经常发脾气、持续发怒、重复性斗殴)。
9. 短暂的与应激有关的偏执观念或严重的分离症状。

祖特芬等人(Zutphen, Siep, Jacob, Goebel, & Arntz, 2015)总结分析了近些年的相关文献,结果发现,对边缘型人格障碍患者大脑功能的研究主要集中在情绪敏感性、情绪失调、认知失调和行为失调四个方面(见表 6.4 和表 6.5)。其中,后三个方面与 DSM－5 中的 9 条诊断标准紧密相关。

6.2.1 情绪敏感性

情绪敏感性是指,以较低的阈值来检测、响应情绪刺激,或者经历更高频率的情绪体验。对边缘型人格障碍患者而言,则表现为对情绪刺激的过度意识,以及更频繁、更强烈和/或更长时间的情绪体验。

目前,边缘型人格障碍的功能性磁共振成像研究常用两种不同类型的情绪刺激(面部表情和情绪场景),来研究边缘型人格障碍患者的大脑是否存在对情绪刺激的敏感性增强(Zutphen, Siep, Jacob, Goebel, & Arntz, 2015)。

有三项研究使用面部表情刺激来检测边缘型人格障碍患者的情绪敏感性。第一项研究要求被试注意带有恐惧、悲伤、快乐或中性表情的面孔,然后将对这些面部表情的脑激活反应与注视点出现时的脑激活反应进行比较(Donegan et al., 2003)。第二项研究指导被试识别呈现的中性、恐惧和愤怒面孔的性别属性,然后将对恐惧和愤怒面部表情的大脑激活反应与对中性面部表情的大脑激活反应进行比较(Minzenberg et al., 2007)。第三项研究使用一个情绪辨别任务,在该任务中,被试必须指出呈现的两张面孔中哪一张具有情绪表达,情绪表达的类型包括快乐、恐惧、厌恶和愤怒,然后比较情绪和非情绪、积极情绪和非情绪、消极情绪和非情绪、积极情绪和消极情绪之间的脑激活差异(Guitart－Masip et al., 2009)。第一项和第二项研究的结果证实了情绪敏感性增强的假说,即在呈现情绪面孔时,边缘型人格障碍患者杏仁核的激活比健康被试更强。第一项研究发现,呈现三种情绪(快乐、悲伤和恐惧)的面孔时,甚至呈现中性面孔时,边缘型人格障碍患者杏仁核的激活都更强。第二项研究发现,面对恐惧面孔时,边缘型人格障碍患者的杏仁核激活增强,前扣带回激活减弱;面对愤怒面孔时,杏仁核激活减弱,前扣带回激活增强。第三项研究在杏仁核和前扣带回这两个脑区没有发现这种组间差异(如表 6.4 和表 6.5 所示)。

表 6.4 边缘型人格障碍患者的脑激活综述(Zutphen, Siep, Jacob, Goebel, & Arntz, 2015)

文献来源	被试总量	平均年龄(岁)	女性比例	兴趣范式	分析区域	Power at $p<0.05$ for[a]			Power at $p<0.01$ for[b]		
	边缘型人格障碍患者/健康被试					d=0.5	d=0.8	d=1.5	d=0.5	d=0.8	d=1.5
情绪敏感性											
Arntz et al. (2015)	12/12	30/33	100/100	对图片或文本消极、中性和积极的被动观看	杏仁核/海马/前扣带回	0.22	0.47	0.94	0.07	0.22	0.79
Donegan et al. (2003)	15/15	35/35	87/60	中性、快乐、悲伤和恐惧面孔的被动观察	杏仁核	0.26	0.56	0.98	0.10	0.30	0.90
Goodman et al. (2014)	11/11	33/30	82/82	消极、中性和积极场景的被动观察	杏仁核	0.20	0.43	0.92	0.07	0.20	0.74
Guitart - Masip et al. (2009)	10/10	31/31	50/50	观看快乐、恐惧、愤怒面孔的情感辨别任务	全脑	0.19	0.40	0.89	0.06	0.17	0.68
Herpertz et al. (2001)	6/6	26/27	100/100	消极和中性场景的被动观察	全脑	0.12	0.24	0.65	0.03	0.08	0.35
Koenigsberg et al. (2009a)	18/16	33/32	56/56	消极和中性社会场景的被动观察	全脑	0.29	0.62	0.99	0.11	0.36	0.94
Koenigsberg et al. (2009b)	19/17	35/31	37/47	消极和积极社会场景的被动观察	全脑	0.31	0.64	0.99	0.13	0.38	0.95
Minzenberg et al. (2007)	12/12	30/31	42/50	恐惧、愤怒和中性面孔的性别判断任务	杏仁核/前扣带回	0.22	0.47	0.94	0.07	0.22	0.79
Niedtfeld et al. (2010)	20/23	31/27	100/100	消极和中性场景的被动观察	全脑	0.36	0.72	0.99	0.16	0.47	0.98

续 表

文献来源	被试总量	平均年龄(岁)	女性比例	兴趣范式	分析区域	Power at $p<0.05$ for[a]			Power at $p<0.01$ for[b]		
	边缘型人格障碍患者/健康被试					d=0.5	d=0.8	d=1.5	d=0.5	d=0.8	d=1.5
Schnell et al. (2007)	6/6	24/23	100/100	消极场景的被动观察	全脑	0.12	0.24	0.65	0.03	0.08	0.35
Schulze et al. (2011)	15/15	28/25	100/100	消极和中性社会场景的被动观察	全脑	0.26	0.56	0.98	0.10	0.30	0.90
情绪调节											
Koenigsberg et al. (2009a)	18/16	33/32	56/56	消极社会场景的被动观察	全脑	0.29	0.62	0.99	0.11	0.36	0.94
Lang et al. (2012)	14/15	27/25	100/100	消极言语故事的被动性	全脑	0.25	0.54	0.97	0.09	0.29	0.88
Schulze et al. (2011)	15/15	28/25	100/100	认知性(即隐性)与消极场景的被动观察	全脑	0.26	0.56	0.98	0.10	0.30	0.90
冲动性											
Jacob et al. (2013)	24/23	29/28	100/100	基于字母的 Go/NoGo 任务和中性情绪诱导	全脑	0.39	0.77	1.00	0.18	0.53	0.99
Silbersweig et al. (2007)	16/14	31/24	94/71	情绪语言 Go/NoGo 任务、一般 Go/NoGo 试验	全脑	0.26	0.56	0.98	0.10	0.30	0.90
Wingenfeld et al. (2009)	20/20	30/30	70/70	一般否定词、个体否定词和中性词的情感任务	全脑	0.34	0.69	1.00	0.14	0.44	0.97

注：a 代表“对于中等、大和非常大的效应量，$p<0.05$ 水平计算的显著性”；b 代表“对于中等、大和非常大的效应量，$p<0.01$ 水平计算的显著性”。

表 6.5 边缘型人格障碍患者与健康被试的脑激活对比(Zutphen, Siep, Jacob, Goebel, & Arntz, 2015)

脑前部←——→脑后部

		眶额皮质	正中前额叶	背内侧前额叶	前扣带回	腹外侧前额叶	背侧前额叶	前岛叶额下回	前运动皮质	中央前回	杏仁核	尾核	丘脑	海马结构	海马旁回	中央后回	后扣带回楔前叶	顶叶	颞上沟	颞中回	颞下回	梭状回	视觉关联区域	小脑	桥脑
情绪敏感性																									
面孔	Donegan et al.(2003)										ROI														
	Guitart-Masip et al.(2009)																								
	Minzenberg et al.(2007)				ROI						ROI														
场景	Arntz et al.(2015)				ROI						ROI			ROI											
	Herpertz et al.(2001)																								
	Koenigsberg et al.(2009a)																								
	Koenigsberg et al.(2009b)										SVC											SVC			
	Niedtfeld et al.(2010)																								
	Schulze et al.(2011)										ROI														

续 表

		脑前部←																→脑后部							
		眶额皮质	正中前额叶	背内侧前额叶	前扣带回	腹外侧前额叶	背侧前额叶	前岛叶额下回	前运动皮质	中央前回	杏仁核	尾核	丘脑	海马结构	海马旁回	中央后回	后扣带回楔前叶	顶叶	颞上沟	颞中回	颞下回	梭状回	视觉关联区域	小脑	桥脑
情绪调节																									
Down	Koenigsberg et al.（2009a）				▨		■				■							▨	■			▨	▨		
Down	Lang et al.（2012）				trend																				
Down	Schulze et al.（2011）	▨			■		▨	■		■		▨					▨		▨	▨				■	
Up	Lang et al.（2012）		▨	▨	▨												▨								
Up	Schulze et al.（2011）				▨			▨					▨			■	▨	■			■		■		
冲动性																									
	Jacob et al.（2013）							▨					■												
	Silbersweig et al.（2007）	☰			☰		■	■									▨			■			■		■
	Wingenfeld et al.（2009）				▨			■		▨						▨			▨	▨					

■ 边缘型人格障碍组比对照组激活水平更高　▨ 边缘型人格障碍组比对照组激活水平更低　☰ 边缘型人格障碍组与对照组激活水平无差异

ROI=感兴趣脑区分析　SVC=SV 矫正

有八项研究使用情绪场景来探讨边缘型人格障碍患者的情绪敏感性。一项研究使用混合的社会场景和非社会场景，一项研究使用视觉情绪场景和文本情绪刺激，另外六项研究只使用社会情绪场景。为了检验大脑的情绪敏感性，研究中使用两种对比：(1) 将消极场景下的大脑反应与中性场景下的大脑反应进行对比；(2) 将观看消极场景时的大脑反应与注视状态下的大脑反应进行对比。结果发现，对比消极场景和中性场景下的大脑反应，边缘型人格障碍患者表现出杏仁核激活增强、前岛叶激活减弱、前扣带回激活增强(如表 6.4 和表 6.5 所示)。

由此可见，两种刺激模式激活的脑反应基本都显示，边缘型人格障碍患者对情绪刺激表现出脑激活的增强，证实了边缘型人格障碍患者的情绪敏感性增强理论。情绪敏感性增强理论的脑反应模式是：情绪刺激条件下，边缘型人格障碍患者的杏仁核激活比非情绪刺激条件下更强；负性情绪刺激条件下，边缘型人格障碍患者的杏仁核激活比正性情绪刺激条件下更强。

6.2.2 情绪失调

情绪调节是一个广义的概念，指个体用来影响自身情绪体验和表达的不同方法和能力。这些不同的方法和能力可以分为以反应为中心的策略、以事件为中心的策略和认知再评价。情绪失调是边缘型人格障碍患者的核心特征之一，具体表现为情绪不稳定、情绪波动大和情感脆弱等。神经质的生理基础部分提到边缘系统的情绪产生和调节机制——帕佩兹环路，了解到情绪的双加工路径：基于边缘系统的应激路径和基于大脑皮层的控制路径。无论哪条路径，第一个环节都是海马接收丘脑投射的情绪信息，大脑需要把这些信息与已存储的记忆信息进行匹配加工，由此可见情绪的产生离不开记忆。既然情绪的产生离不开记忆，那么边缘型人格障碍患者的情绪不稳定特征是与所有记忆相关还是只与某一特定的部分相关呢？有研究者(Kamphausen et al.，2013)通过磁共振成像中的连通性分析研究认为，边缘型人格障碍患者的情绪不稳定与大脑中的消极情绪记忆相关，当患者看到令自己感到恐惧的画面时，处理记忆的结构就会被过度激活，尤其是海马。此时，杏仁核也会被海马影响，过度激活以产生消极情绪，因此患者的情绪处于失调或不稳定状态。由于大脑的各个结构存在功能连接，正常人出现情绪不稳定时，内侧前额叶和扣带回会被适当激活来抑制杏仁核的表现，以调节情绪。坎普豪森等人发现，边缘型人格障碍患者的内侧前额叶和扣带回在消极事物的刺激下已经出现连接障碍，使得患者无法正常调节情绪。同时，抑制杏仁核延长反应的扣带回激活减弱，这在很大程度上是因为参照的消极事物与自我记忆相关，扣带回受到影响以致无法正常抑制杏仁核的反应。因此，当边缘型人格障碍患者看到消极事物时，一方面杏仁核被过度激活，出现情绪异常或不稳定；另一方面控制情绪的回路连接受阻，更使得患者难以控制自己的情绪（Kamphausen et al.，2013）（如图 6.4 所示）。

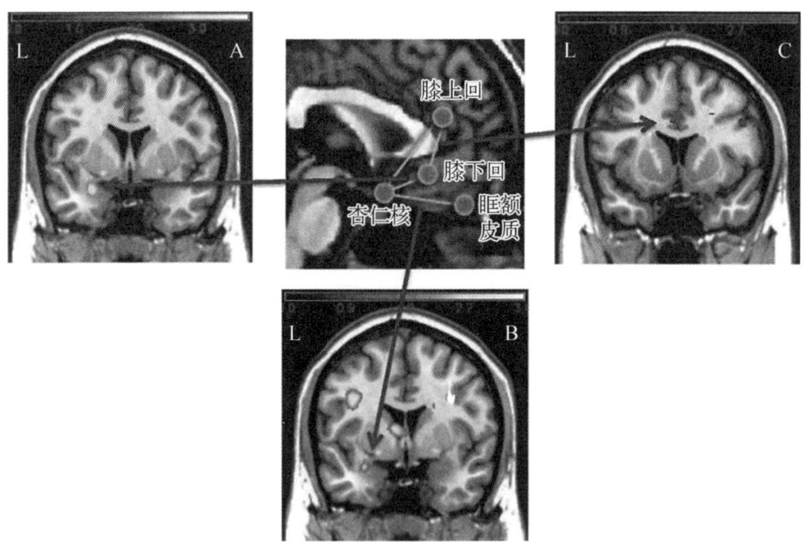

图 6.4　边缘型人格障碍患者以背侧前额叶种子为预测因素的情绪调节连通性（Kamphausen et al.，2013）（见彩插第 11 页）

（A：膝下前扣带回与左侧杏仁核的连通；B：内侧眶额皮质与左侧杏仁核的连通；C：膝下前扣带回与背侧前扣带回的连通）

在坎普豪森等人的研究中，边缘型人格障碍患者因看到一个明确的消极画面而产生恐惧感，但如果告诉患者即将出现一个消极画面但画面没有明确的内容，那么在等待画面出现的过程中患者的情绪会不会出现异常呢？2014 年，舍皮特等人招募了平均年龄为 28 岁的女性边缘型人格障碍患者和健康对照组被试各 18 名，同样采用磁共振成像技术的连通性分析以试图回答上述问题。结果发现，在等待消极画面出现的过程中，边缘型人格障碍患者的扣带回出现异常，因而无法正常地抑制杏仁核的延长反应，实验结果支持了坎普豪森等人的结论。由此可见，边缘型人格障碍患者出现情绪不稳定，不一定需要看到某些明确的画面，只需要感知消极画面便会不自觉地激活自己的创伤记忆，导致对在正常人看来无关紧要的事情产生联想，从而把大部分注意集中在消极情绪上，引发较长时间的情绪不稳定或失调(Scherpiet et al.，2014)。

祖特芬等人(Zutphen et al.，2015)的研究也基本支持以上几项研究的结果，在负性情绪刺激条件下，边缘型人格障碍患者的上调和下调两条路径均存在障碍。具体机制是，负性情绪刺激会导致边缘型人格障碍患者杏仁核激活增强，产生更多负性情绪。上调障碍表现为，前扣带回和背外侧前额叶激活减弱，无法调控和抑制过度兴奋的杏仁核反应。下调障碍表现为，前脑岛激活减弱和下丘脑、脑垂体激活增强，过度兴奋的杏仁核反应会通过下丘脑—垂体—肾上腺轴作用于自主神经系统，从而引发情绪不稳定或失调。

6.2.3 认知失调

边缘型人格障碍患者存在认知失调，主要表现为常有空虚感、分离感，无法合理地进行自我认识。边缘型人格障碍患者的空虚感并不以环境为转移，而是长时间填充在内心，哪怕让他们生活在集体中也难以消除(范多芳，2014)。有研究者假设，这种空虚感是患者消极的自我参照加工导致的，与离散的神经过程有关。研究者招募了 26 名女性边缘型人格障碍患者和 33 名健康女性(年龄 13～22 岁)，记录她们的脑电图数据并进行磁共振成像扫描，分析事件相关电位的早期(P1 和 P2)和晚期成分及其脑源。结果发现，女性边缘型人格障碍患者对消极词汇更加敏感，期望值更高(如图 6.5 所示)。磁共振成像分析显示，自我编码任务中出现消极词汇时，女性边缘型人格障碍患者颞下回、内侧颞回、扣带回和中央后回电流密度更大，而且额缘回路过度激活。这说明，女性边缘型人格障碍患者在认知过程中会有选择性地关注一些消极的自我相关材料。这些材料使患者形成消极的自我形象，找不到自己的优点，认为自己没有价值，长此以往就会形成一种消极的态度和信念，觉得自己一无是处，内心空虚，甚至感到孤独和绝望（Auerbach et al.，2016）。

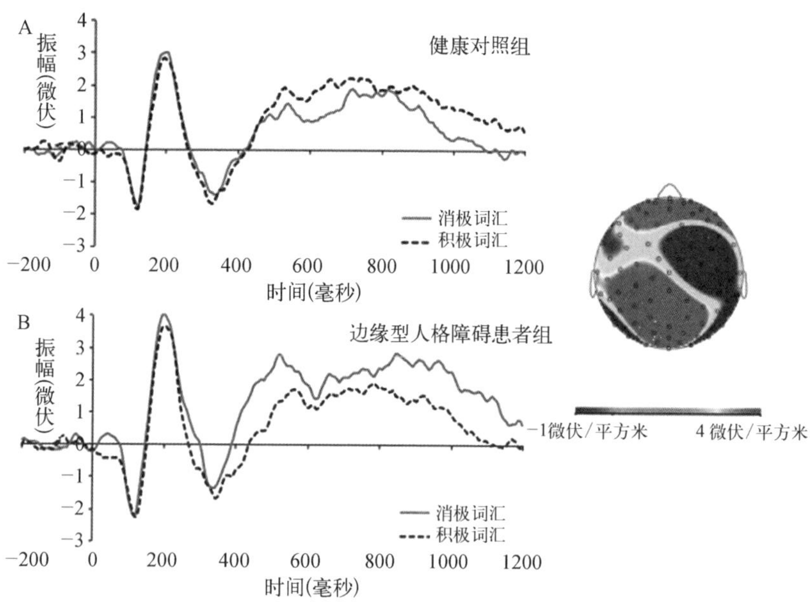

图 6.5 女性边缘型人格障碍患者对消极词汇的加工偏向
（Auerbach et al.，2016）（见彩插第 12 页）

边缘型人格障碍患者的分离感是指，在现实生活中，面对一些正常人看来微不足道的事情，边缘型人格障碍患者往往采取一种极端的方式来对待。西尔弗斯等人认为，边缘型人格障碍患者具有分离的神经机制，主要表现为杏仁核和左额下回的反应激活无法连通。他们招募了 60 名女性边缘型人格障碍患者，让她们完成一项评估基线情绪反应和自上而下情绪调节的任务，同时接受磁共振成像扫描。结果发现，虽然边缘型人格障碍患者的杏仁核和左额下回的反应激活增强，但两者无法连通(如图 6.6 所示)。而且,左额下回的激活程度与情绪调节困难呈负相关,也就是说边缘型人格障碍患者左额下回的激活程度越高,情绪调节的困难程度越低(Silvers et al., 2016)。从西尔弗斯的实验中可以看出,边缘型人格障碍患者的分离感与认知—情绪失调有关。

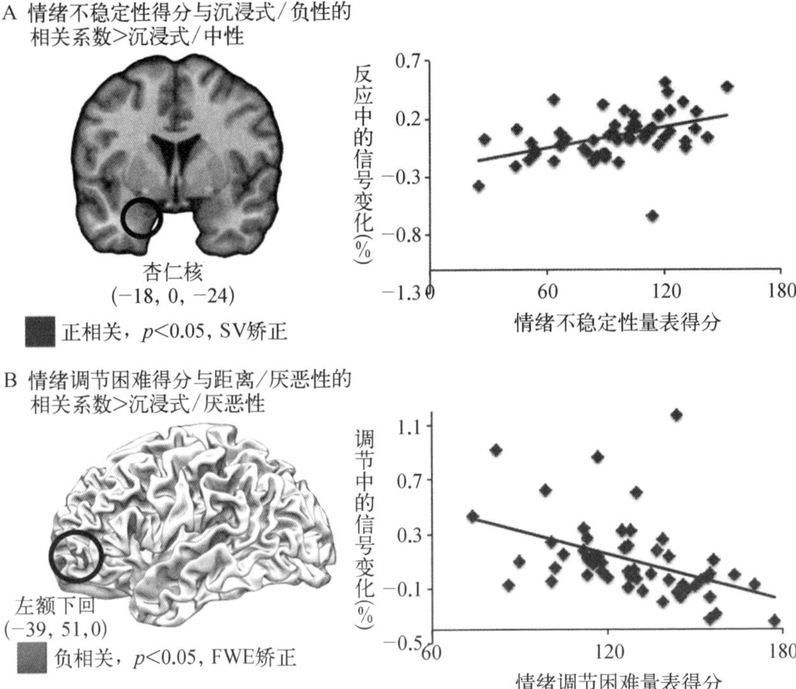

图 6.6 边缘型人格障碍患者部分额叶与杏仁核之间的认知—情绪失调(Silvers et al., 2016)(见彩插第 12 页)

上述研究说明,边缘型人格障碍患者在评价事物时,会加入自己的情感,也就是根据自己对消极事物的偏好来选择自己的注意方向,抑制相关的积极信息,从而使原本的情绪失调更难调整,最后作出极端的反应,即出现分离感。

6.2.4 行为失调

边缘型人格障碍患者的行为失调与情绪失调、认知失调息息相关,甚至可以说行为失调是边缘型人格障碍患者证明自我存在的极端方式。总结前人的研究可以发现,边缘型人格障碍患者出现行为失调主要有三个原因:第一,患者总是消极地看待自己,认为自己不够好,找不到自我存在的价值和意义,因而会采取一些夸张甚至极端的行为来惩罚自己;第二,患者无法适当地处理人际关系,害怕被抛弃或拒绝,因而会通过一些极端的行为威胁对方来获得强迫关注;第三,患者难以对冲动行为的后果产生合理的预期,即对行为失调的预期受损。赫博特等人关注第三个原因,采用磁共振成像研究探讨边缘型人格障碍患者的腹侧纹状体(ventral striatum)预期反应丧失与冲动行为之间的关系。结果发现,边缘型人格障碍患者在获得和损失的预期心理活动中,腹侧纹状体的神经激活减弱,而且相比于获得,患者对损失的神经激活更弱。在预期获得时,边缘型人格障碍患者的纹状体预期反应与冲动得分呈显著正相关,但在预期损失时,两者呈显著负相关,即患者的纹状体激活越弱,冲动行为越明显。对健康被试来说,不论是收获还是损失,纹状体预期反应与冲动得分之间都呈正相关。赫博特等人的这项研究说明,边缘型人格障碍患者的腹侧纹状体对损失的预期反应减弱,患者之所以出现冲动行为可能与他们对厌恶结果的预期反应受损有关(Herbort et al., 2016)。

有研究者认为,物质依赖有助于边缘型人格障碍患者在出现自我认同混乱和情绪调节困难时稳定情绪和寻求自我。为证实这一假设,他们根据是否患有边缘型人格障碍和是否有可卡因依赖将招募的 69 名被试分为四组:边缘型人格障碍组、边缘型人格障碍+可卡因依赖组、可卡因依赖组和健康被试组。使用自我报告量表测量被试的冲动和情绪失调,然后进行磁共振成像扫描。对自我报告的结果进行统计分析后发现,在情绪失调变量上,边缘型人格障碍和可卡因依赖两因素存在交互效应(如图 6.7 所示),相比于有可卡因依赖的边缘型人格障碍患者,无可卡因依赖的边缘型人格障碍患者情绪调节困难分数更高。磁共振成像结果支持这种交互效应,健康被试、可卡因依赖者和边缘型人格障碍+可卡因依赖者三组被试的杏仁核和内侧前额叶的功能连通性增强,而边缘型人格障碍患者的杏仁核和内侧前额叶的功能连通性减弱。因此，研究者认为，杏仁核和内侧前额叶的功能连通性在自上而下的情绪调节中非常重要，它能通过调整患者的认知进而调节情绪，这个结构的功能连接受损会促使边缘型人格障碍患者寻求可卡因等物质以补偿功能连接受损(Balducci et al.，2018)。因此，这项研究从神经生理的角度解释了边缘型人格障碍为何经常和物质依赖共病。

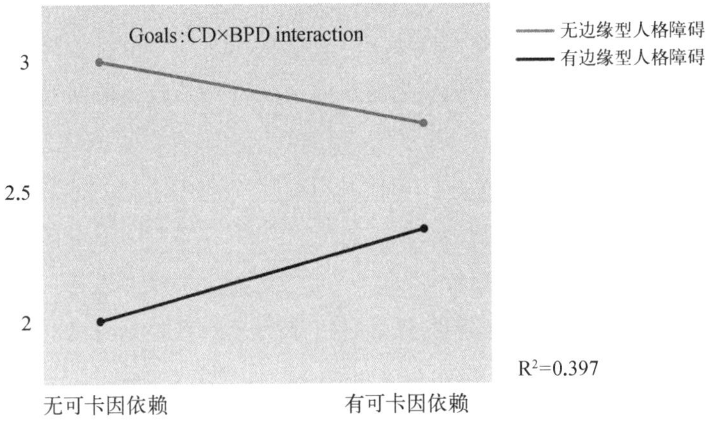

图 6.7 边缘型人格障碍与可卡因依赖的交互效应
(Balducci et al.，2018)

攻击，无论是对内攻击还是对外攻击，对边缘型人格障碍患者而言都是一种稳定情绪、安抚自我的有效行为。但是，赫佩茨等人认为，由于性别角色不同，男性和女性可能会采取不同的攻击方式，而且引起这些攻击行为的大脑反应应该存在差异。为此，他们招募了 56 名边缘型人格障碍患者(男性 23 名，女性 33 名)和 56 名健康志愿者(男性 26 名，女性 30 名)，开展功能性磁共振成像实验以验证上述假设，其中男性被试平均年龄 30 岁，女性被试平均年龄 26 岁。先测量被试的特质愤怒和特质攻击倾向，然后采用想象脚本驱动任务(script-driven imagery task)诱导被试产生被排斥感和攻击欲望，并最终引发身体攻击行为，在被试执行任务的同时对其大脑进行功能性磁共振成像扫描。实验结果发现：(1) 在被诱导遭受排斥并产生攻击欲望阶段，左侧杏仁核的激活存在边缘型人格障碍和性别的交互作用，男性边缘型人格障碍患者左侧杏仁核的激活程度显著高于女性边缘型人格障碍患者;(2) 在身体攻击阶段，前额叶的激活也存在边缘型人格障碍和性别的交互作用,男性边缘型人格障碍患者外侧眶额皮质和背外侧前额叶的激活程度显著高于女性边缘型人格障碍患者和健康被试;(3) 在杏仁核与后中部扣带回的连通性方面,男性边缘型人格障碍患者显著弱于女性边缘型人格障碍患者;(4) 特质愤怒倾向负向调节男性边缘型人格障碍患者的杏仁核—背侧前额叶和杏仁核—外侧眶额皮质之间的耦合,正向调节女性边缘型人格障碍患者背侧前额叶—杏仁核之间的耦合;(5) 特质攻击倾向只正向调节男性边缘型人格障碍患者左侧杏仁核与后丘脑之间的连接(如图6.8、图6.9、图6.10和图6.11所示)。这些结果表明:(1) 尽管男性边缘型人格障碍患者的大脑付出较大的控制努力,但自上而下对愤怒和攻击行为的调节能力还是比较差;(2) 女性边缘型人格障碍患者在感受到被排斥时杏仁核激活度低于男性,而且随后还能有效控制自己的攻击行

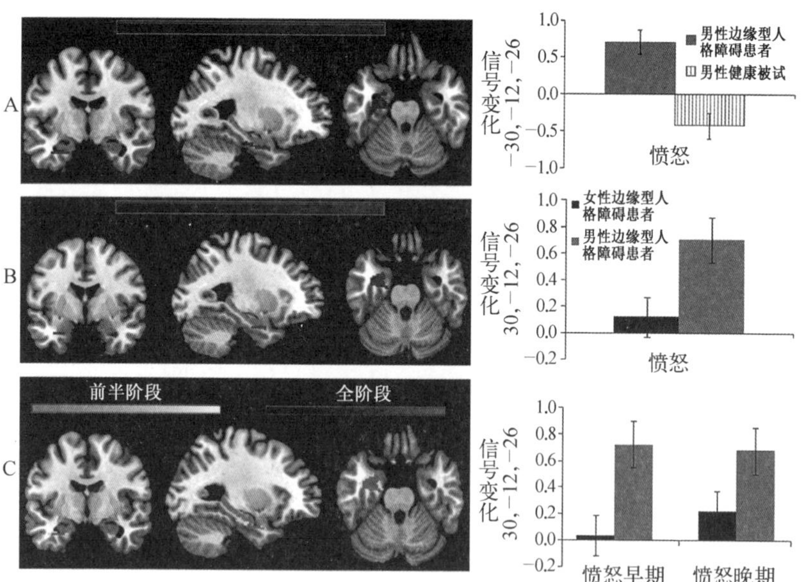

图 6.8 愤怒诱发下男、女边缘型人格障碍患者与健康被试左侧杏仁核激活差异(Herpertz et al., 2017)(见彩插第 13 页)

(图 A: 男性边缘型人格障碍患者与健康被试比较;图 B: 男性与女性边缘型人格障碍患者比较;图 C: 愤怒早期与愤怒晚期比较)

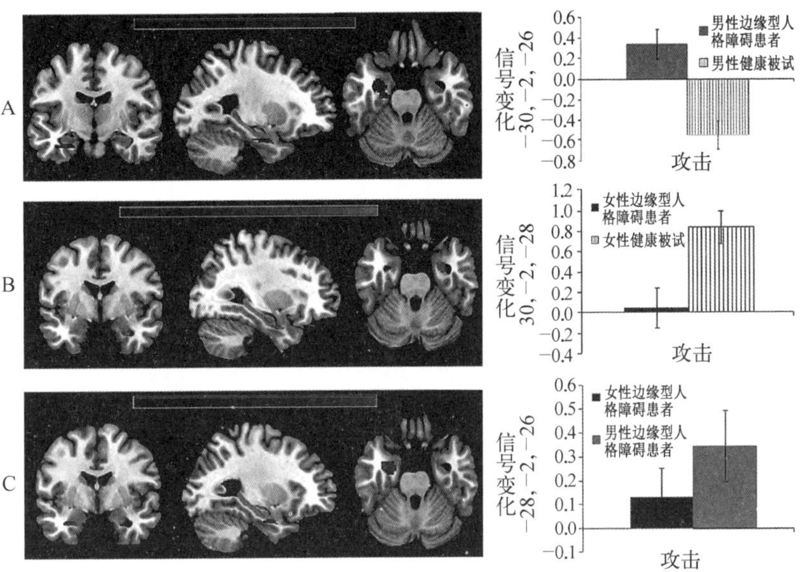

图 6.9　攻击诱发下男、女边缘型人格障碍患者与健康被试左侧杏仁核激活差异(Herpertz et al.，2017)(见彩插第 13 页)

(图 A：男性边缘型人格障碍患者与健康被试比较；图 B：女性边缘型人格障碍患者与健康被试比较；图 C：女性与男性边缘型人格障碍患者比较)

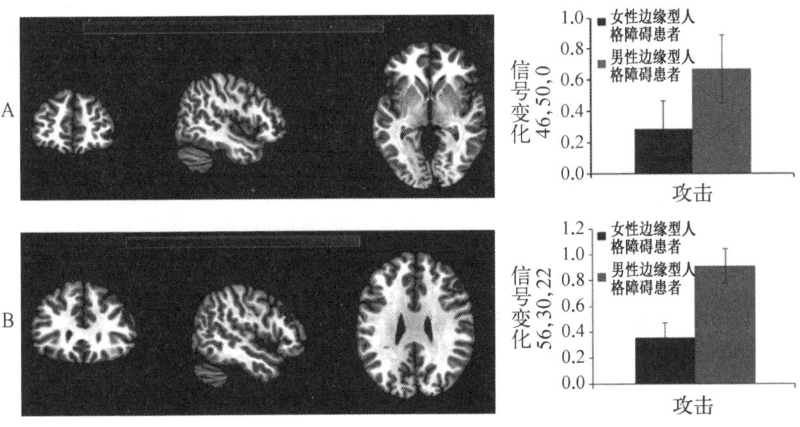

图 6.10　攻击诱发下男、女边缘型人格障碍患者的前额叶激活差异
(Herpertz et al.，2017)(见彩插第 14 页)

(图 A：男、女边缘型人格障碍患者后眶额皮质激活差异；图 B：男、女边缘型人格障碍患者背侧前额叶激活差异)

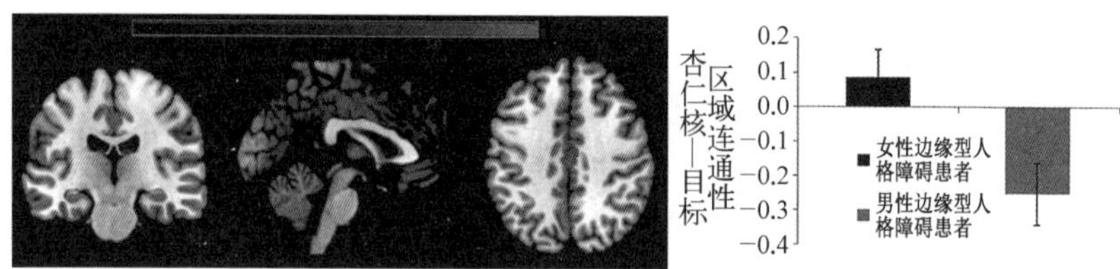

图 6.11　后中部扣带回被攻击行为激活时男、女边缘型人格障碍患者的差异(Herpertz et al., 2017)(见彩插第 14 页)

为(Herpertz et al., 2017)。这项研究较为清楚地揭示了男、女边缘型人格障碍患者面对社会排斥时引发愤怒和攻击的认知神经机制的差异。

自杀也是边缘型人格障碍患者常见的临床表现之一,当他们采取各种夸张的和极端的行为还不能稳定自我或获得他人的关注时,就会采用自杀这种更加极端的方式来表达自己的需求。边缘型人格障碍患者的自杀率比其他疾病的患者的自杀率更高,这也是他们受人关注的重要原因。索洛夫等人曾在研究中发现边缘型人格障碍患者双侧的基底节被激活(Soloff et al., 2015),这个部位是大脑注意力和决策网络的一部分(Herrero et al., 2002;Voytek & Nat, 2010)。有学者认为,基底核结构异常与冲动决策甚至自杀行为有关(Vang et al., 2010;Dombrovski et al., 2012)。同时,赫博特等人在对奖赏处理和冲动行为的研究中发现,部分边缘型人格障碍患者自我报告比较少的冲动行为,这个结果与他们在冲动行为量表上冲动得分高存在冲突,因此赫博特推测,这类患者在情绪调节正常时可以控制自己的冲动行为,但在情绪调节出现困难时会把冲动行为转向自身,出现自残或自杀行为(Herbort et al., 2016)。

6.3　神经递质和激素

目前,研究得最多的与边缘型人格障碍相关的神经递质有 γ-氨基丁酸、5-羟色胺和单胺氧化酶-A。影响边缘型人格障碍的激素包括性激素、应激激素和代谢激素三类,其中性激素可以进一步细分为雌二醇、睾丸素、催产素，应激激素主要是皮质醇，而代谢激素主要是甲状腺激素。

6.3.1 γ-氨基丁酸

一项研究招募了33名平均年龄为25.7岁的女性边缘型人格障碍患者和32名平均年龄为26.3岁的女性健康志愿者，对她们进行静息态和诱发态的比较，以探讨γ-氨基丁酸对边缘型人格障碍的神经生物学效应。实验过程中先让被试在休息状态下接受磁共振成像扫描，评估双侧前扣带回的γ-氨基丁酸水平，然后在依次执行混合反应抑制(hybrid response inhibition, HRI)实验的Simon、Go/NoGo和Stop Signal任务时接受功能性磁共振成像扫描，最后填写相关量表来评估被试的感觉寻求和冲动性特质。结果发现：(1) 在静息状态下，边缘型人格障碍患者的γ-氨基丁酸和前扣带回激活水平与健康被试没有显著差异；(2) 在Simon任务的干扰条件下，与健康被试相比，边缘型人格障碍患者的前扣带回与左尾状核之间的功能连通性较差，前扣带回的心理生理交互作用(psychophysiological interactions, PPI)效应值小于0；(3) 在Go/NoGo和Stop Signal任务的干扰条件下，边缘型人格障碍患者前扣带回的γ-氨基丁酸水平与额纹状体的激活水平和前扣带回—尾状核的功能连通性呈正相关，而健康被试无此相关；(4) 边缘型人格障碍患者的感觉寻求得分与额纹状体的激活水平和额纹状体区域的功能连通性呈负相关；(5) 边缘型人格障碍患者的尾状核激活水平、前扣带回—尾状核的功能连通性在其前扣带回的γ-氨基丁酸水平与感觉寻求之间起中介作用。这项研究说明：(1) 边缘型人格障碍患者的冲动性部分源于在干扰抑制活动中额纹状体区域的功能连通性缺失；(2) 对边缘型人格障碍患者来说，前扣带回的γ-氨基丁酸水平在感觉寻求特质和大脑相关区域调控干扰的功能连通性之间可能发挥调节作用(Wang et al., 2017)。该研究结果对边缘型人格障碍的临床神经生物学诊断和药物治疗有较好的实践指导价值。

6.3.2 5-羟色胺

边缘型人格障碍的核心特征之一是冲动性。神经生物学研究(Coccaro, 1996; Oquendo & Mann, 2000; Soloff et al., 2003)发现,冲动性与5-羟色胺异常有关。为此,索洛夫等人(Soloff, Chiappetta, Mason, Becker, & Price, 2014)探讨了边缘型人格障碍患者的5-羟色胺2A受体功能、性别与人格特质之间的关系。他们招募了33名边缘型人格障碍患者(女性20名,男性13名,平均年龄27.5岁)和27名健康志愿者(女性12名,男性15名,平均年龄28.8岁)作为被试,先测量被试的抑郁情绪和冲动性特质,然后进行正电子发射断层扫描,并采用动脉血测定11个与冲动相关区域的5-羟色胺2A受体的结合电位。这些区域主要是参与情绪和行为调节的前额叶—边缘系统,索洛夫等人预测,这些区域的5-羟色胺功能失调可能会对边缘型人格障碍患者适应环境时的认知执行功能(如反应抑制、决策和对未来结果的设想等)产生负面影响。结果如图6.12所示,边缘型人格障碍患者海马区的结合电

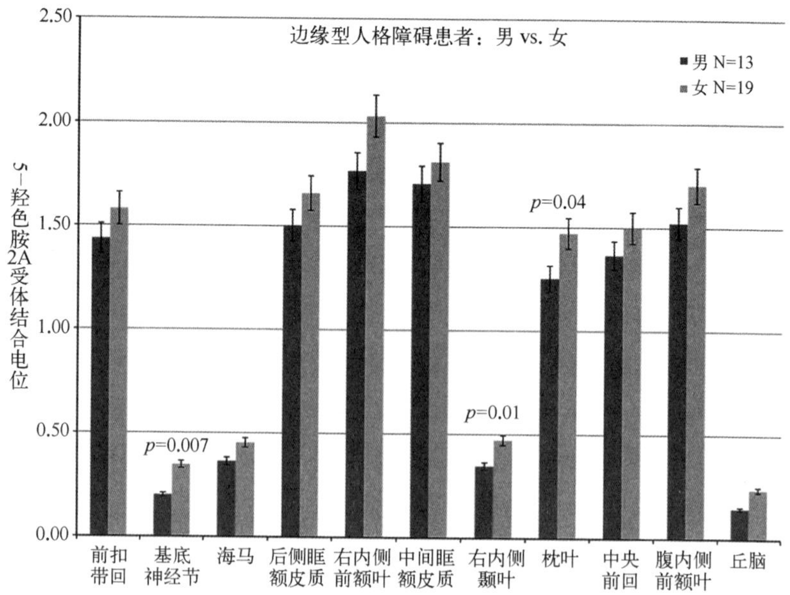

图6.12 男、女边缘型人格障碍患者5-羟色胺2A受体的结合电位差异
(Soloff, Chiappetta, Mason, Becker, & Price, 2014)

位值较高，而且女性患者的结合电位值高于男性患者，尤其是在基底神经节、右内侧前额叶、右内侧颞叶和枕叶区域。在这些区域还发现，女性边缘型人格障碍患者的 5-羟色胺 2A 受体结合电位值显著高于男性边缘型人格障碍患者，说明她们的 5-羟色胺能动作用减弱，从而导致突触后电位增强和受体数量增加(或受体亲和力增强)。此外，研究者还发现，所有边缘型人格障碍患者的 5-羟色胺 2A 受体结合电位值与攻击行为之间存在负相关，但女性患者的相关度显著高于男性患者。这个结论与赖兰兹等人(Rylands et al.，2012)的研究结论相符，他们也认为攻击性强的被试大脑皮质中 5-羟色胺 2A 受体结合电位值减小(Rylands et al.，2012；Soloff，Chiappetta，Mason，Becker，& Price，2014)。

6.3.3 单胺氧化酶

单胺氧化酶-A 是神经退行疾病和情绪紊乱的治疗指标。它可以降解 5-羟色胺、多巴胺、肾上腺素、去甲肾上腺素等单胺类神经递质，在调节个体冲动性、攻击性、情感异常和成瘾行为中有重要作用(李梦姣，陈杰，李新影，2012)。已有研究显示，单胺氧化酶-A 与暴力行为和可能的自杀风险有关，其影响机制可能是单胺氧化酶-A 基因多态性与风险养育环境的交互作用增强了冲动性和攻击行为。有研究表明，童年期遭受虐待的个体，单胺氧化酶-A 的高风险等位基因会导致高水平的攻击行为。基于这些证据，2014 年科拉等人假设，大脑单胺氧化酶-A 水平与边缘型人格障碍患者的症状严重程度相关。为此，他们招募了重度边缘型人格障碍患者、中度边缘型人格障碍患者、抑郁症患者和健康被试各 14 名，平均年龄 32 岁，采用正电子发射断层扫描技术测量被试的单胺氧化酶-A 总分布体积和密度。结果如图 6.13 所示，重度边缘型人格障碍患者的单胺氧化酶-A 总分布体积的平均值最大，尤其是在丘脑。同时，通过对比各脑区的单胺氧化酶-A 平均值和症状评估量表得分，还发现前扣带回和前额叶的单胺氧化酶-A 平均体积与忧郁量表的得分，以及攻击量表的自杀得分呈显著正相关，也就是说，边缘型人格障碍患者的单胺氧化酶-A 平均体积越大，就越容易感到忧郁并产生自杀的想法。

此外，海马的单胺氧化酶-A平均体积与言语记忆呈显著负相关，也就是说，海马的单胺氧化酶-A平均体积越大，患者的言语记忆水平越差(Kolla et al., 2014)。

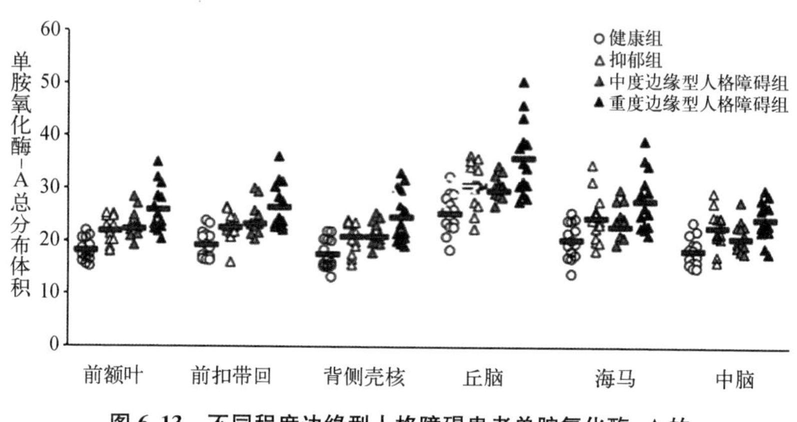

图6.13 不同程度边缘型人格障碍患者单胺氧化酶-A的大脑分布(Kolla et al., 2014)

科拉等人的研究证明，单胺氧化酶-A的体积增大与边缘型人格障碍患者的多个症状有关，包括负性情绪、冲动、自杀和神经认知功能损伤等。由此可见，单胺氧化酶-A可能在边缘型人格障碍患者的病因学中发挥重要作用(Ni, Tricia, Natalie et al., 2007)。

6.3.4 性激素

雌二醇

在边缘型人格障碍的临床病例统计中，女性患者的人数是男性患者的三倍。已有研究发现，女性的情感不稳定与雌二醇激素的较大变化有关(Evardone et al., 2008)。还有研究发现，雌激素水平的波动会影响女性边缘型人格障碍的症状(DeSoto et al., 2003)。这些证据预示，女性性激素应该会对边缘型人格障碍的发生和症状产生影响。考虑到女性性激素的生理周期变化，艾森洛尔穆尔等人假设，卵巢激素17β雌二醇(E2雌激素)和黄体酮(P4)的周期性波动可以预测边缘型人格障碍高危人群的情绪、认知和行为变化。为验证这一假设，2015 年他们招募了数十名女大学生开展一项生物化学实验。在实验中，他们先根据边缘型症状评估量表的测量结果 T 分数将被试分为四组：低于均值组（T<50）、高于均值 1 个标准差组（50<T<60）、高于均值 2 个标准差组（60<T<70）和高于均值 3 个标准差组（T>70）。每组 10 人，共 40 名被试。然后按照生理周期的四个阶段（月经期、卵泡期、排卵期和经前期）分别采集四次唾液样本以检测女性激素，并再次施测人格评估问卷—边缘型人格特征分量表（PAI－BOR），最后统计分析四个阶段的女性激素的变化与边缘型人格障碍症状之间的相关。结果发现，在边缘型人格障碍高危被试中，雌二醇水平与每周的症状变化呈显著相关（如图 6.14 所示），当黄体酮水平低于正常水平时，雌二醇能够正向预测边缘型人格障碍倾向的心理和行为反应的严重程度；但是当黄体酮水平高于正常水平时，雌二醇则可以负向预测边缘型人格障碍倾向的心理和行为反应的严重程度。进一步根据雌二醇水平把被试分为高、低两组进行相关分析，结果显示，边缘型人格障碍高危被试的雌二醇与每周人格评估问卷—边缘型人格特征分量表的身份混乱、消极情感、缺乏意志力和自我沉思的得分呈显著负相关。这说明，雌二醇对女性边缘型人格障碍倾向的影响主

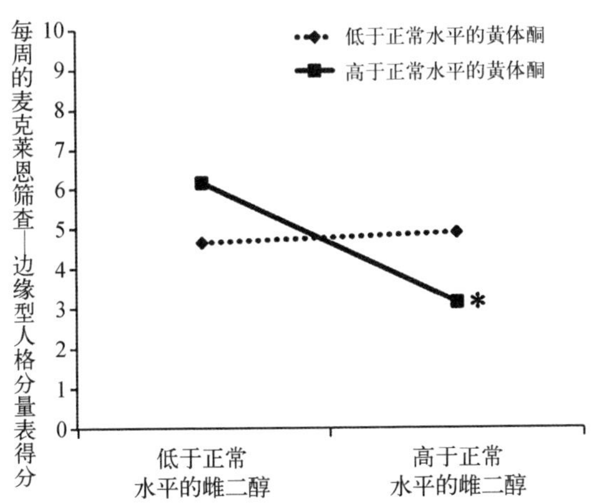

图 6.14　雌二醇和黄体酮对边缘型人格障碍高危女性症状倾向的交互效应
（Eisenlohrmoul, Dewall, Girdler, & Segerstrom, 2015）

要存在于边缘型人格障碍高危女性之中，雌二醇水平越低，边缘型人格障碍症状倾向就越强（Eisenlohrmoul，Dewall，Girdler，& Segerstrom，2015）。

艾森洛尔穆尔等人由此得出结论，卵巢的自然周期变化可能会影响女性边缘型人格障碍症状倾向的表达，尤其是边缘型人格障碍倾向高危女性。其中，雌二醇和黄体酮具有交互作用，在雌二醇水平低和黄体酮水平高的条件下，边缘型人格障碍倾向高危女性的心理和行为症状更明显。艾森洛尔穆尔等人推测，黄体酮和雌二醇对边缘型人格障碍倾向高危女性的心理和行为的影响可能来自卵巢激素对胆碱能、5-羟色胺能、多巴胺能和肾上腺素能回路的作用（McEwen，2002；Hughes，Crowell，Uyeji，& Coan，2012）。虽然，艾森洛尔穆尔等人的这项研究提供了卵巢激素变化与边缘型人格障碍症状之间关系的一个初步证据，但是未来需要做更多工作来证明卵巢激素与边缘型人格障碍症状之间是否存在真正的因果关系。

睾丸素

睾丸素水平与冲动性、攻击性之间的关系已经得到研究者的认同。冲动和攻击也是边缘型人格障碍的常见行为特征。边缘型人格障碍患者的睾丸素水平如何呢？劳施等人对93名被试进行了生物化学（睾丸素、皮质醇）测量和心理行为（攻击性）统计分析，其中包括35名女性边缘型人格障碍患者，20名男性边缘型人格障碍患者，26名健康女性和21名健康男性，女性被试平均年龄26岁，男性被试平均年龄30岁。生物检材标本来自唾液睾丸素。测量结果发现，无论男性还是女性被试，边缘型人格障碍患者的睾丸素水平都显著高于健康组。对于这个结果，劳施等人的解释是，相比于健康者，边缘型人格障碍患者的童年创伤得分较高，说明他们长期负荷较大的心理压力，长期的压力负荷会持续激活下丘脑—垂体—肾上腺轴和下丘脑—垂体—性腺的活性（Toufexis et al.，2014；Franks et al.，2000），从而使他们保持较高的睾丸素水平（Rausch et al.，2015）。但是，在边缘型人格障碍患者中，睾丸素水平与攻击性只呈微弱的正相关（$r=0.08$）。最初，劳施等人假设，由于边缘型人格障碍患者睾丸素水平高，童年创伤严重，因此他们的攻击性应该显著高于健康者。对于实验中出现的睾丸素与攻击性只存在微弱相关的结果，劳施等人提出两种解释。一种解释是，睾丸素提高攻击性一般是在低皮质醇唤醒水平条件下，而此实验中的边缘型人格障碍患者的皮质醇水平较高；另一种解释是，边缘型人格障碍患者的睾丸素水平高会增强大脑前额叶对杏仁核的控制，从而减少冲动攻击行为（Volman et al.，2011）。事实上，有些文献报告了与劳施等人的研究相似的结果，如科卡罗（Coccaro，2007）在 31 名患有各种人格障碍的男性（包括 4 名边缘型人格障碍患者）样本中并没有发现攻击性与脑脊液睾丸素水平之间的显著关联。阿彻等人的元分析研究表明，睾丸素与攻击性之间只存在微弱的正相关（Archer et al.，2005；Carré & Mehta，2011）。由此可见，无论是正常人还是边缘型人格障碍患者，睾丸素与攻击性之间的关系还需要考虑多种变量的调节或中介条件，远不是单一的直线关系那么简单。

催产素

一些研究发现，催产素在社会认知和亲社会行为中都发挥至关重要的作用，而且与童年创伤、攻击行为和自杀未遂呈负相关（Campbell，2010；Meyer - Lindenberg et al.，2011；Jokinen et al.，2012；Lee et al.，2009；Fries et al.，2005；Heim et al.，2009）。边缘型人格障碍患者既有较多童年创伤，又存在明显的攻击和自杀行为特征，于是有研究者想进一步探讨催产素与边缘型人格障碍之间的可能关系。

伯奇等人招募了 34 名女性边缘型人格障碍患者和 40 名健康女性志愿者开展研究，被试平均年龄 24 岁。研究者比较了两组被试的血浆催产素水平，评估了边缘型人格障碍患者的催产素水平与童年创伤问卷得分之间的关系。结果发现，边缘型人格障碍患者的催产素水平明显较低（如图 6.15 所示）。此外，所有被试的催产素水平与童年创伤问卷中情感忽视得分呈显著负相关（Bertsch，Schmidinger，Neumann，& Herpertz，2013）（如图 6.16 所示）。研究结论的启示意义在于，催产素可能成为边缘型人格障碍药物治疗的新靶点（Ripoll et al.，2011）。

同年，布吕内等人采用催产素干预和情绪诱导实验，进一步探究催

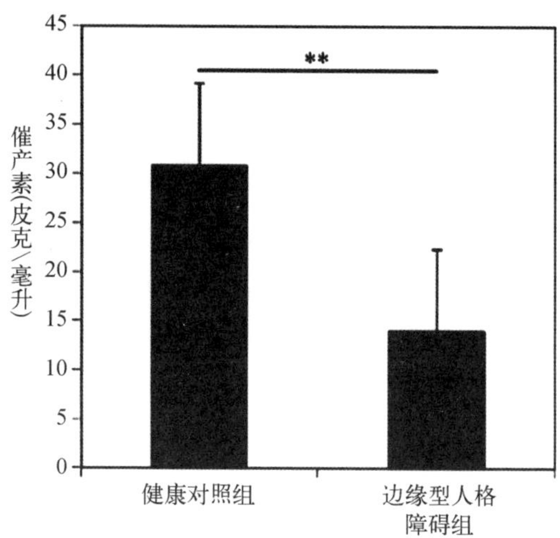

图 6.15　女性边缘型人格障碍患者和健康被试的催产素水平比较(Bertsch, Schmidinger, Neumann, & Herpertz, 2013)

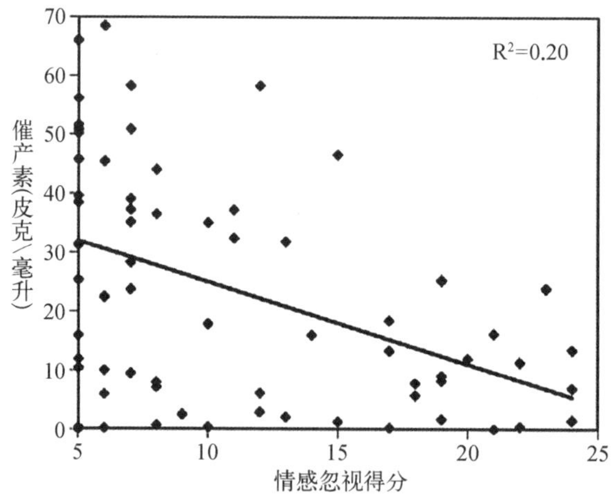

图 6.16　催产素水平与童年创伤问卷中情感忽视之间的关系(Bertsch, Schmidinger, Neumann, & Herpertz, 2013)

产素对边缘型人格障碍患者的症状缓解作用和治疗效果。分别有 13 名边缘型人格障碍患者(平均年龄 28 岁)和 13 名健康被试(平均年龄 25 岁)参与实验。实验采用视觉点探测范式,比较鼻滴催产素前后被试对负性情绪图片注意偏向的差异。实验结果显示,鼻滴催产素前,边缘型人格障碍患者对愤怒表情图片表现出明显的注意偏向，鼻滴催产素后这一偏向得以矫正到健康被试的反应水平，使用安慰剂的边缘型人格障碍患者无此效应。研究中，布吕内等人还把注意偏向得分与创伤问卷得分进行对比分析，结果发现，使用安慰剂的边缘型人格障碍患者对愤怒表情的注意偏向得分与创伤问卷得分（尤其是被忽视和身体、情感虐待两项得分）呈显著正相关，而使用催产素的边缘型人格障碍患者对愉快表情的注意偏向得分与情感虐待得分呈正相关。因此，研究者认为，使用安慰剂的患者对愤怒、威胁等消极行为仍表现出回避态度，这与早期的创伤事件有关，尤其是被忽视和身体、情感虐待方面，边缘型人格障碍患者就是在这样长期的消极事件刺激下出现频繁的情绪失调。此实验结果说明，催产素是一种良好的调节剂，它可以帮助边缘型人格障碍患者将注意从潜在的威胁刺激中转移出来，减弱对社会威胁的消极和回避态度，帮助患者更好地管理情绪（Brüne, Ebert, Kolb, Tas , Edel, & Roser, 2013）。

实际上，鼻滴催产素治疗边缘型人格障碍患者早已成为一些临床试验的焦点问题。至于治疗原理，已有研究发现催产素可对额缘系统功能产生积极影响。神经影像学研究发现，鼻滴催产素后，边缘型人格障碍患者的前边缘脑区域的结构和功能发生了改变，包括眶额皮质、杏仁核和下丘脑等，这些区域的功能都是产生情绪和调节情绪，从而抑制攻击行为（Herpertz et al. , 2001; Kuhlmann et al. , 2013; New et al. , 2009; Schulze et al. , 2011）。催产素作为药物治疗的新靶点的优势是，它的产生与下丘脑有关，而下丘脑的神经元轴突几乎可以到达所有前脑区域，包括中央杏仁核（Knobloch et al. , 2012），中央杏仁核具有高密度的催产素受体（Landgraf & Neumann, 2004）。因此，用催产素来调节边缘型人格障碍患者的负性情绪和抑制攻击行为具有较好的临床应用前景。

6.3.5 皮质醇

皮质醇作为神经内分泌系统下丘脑—垂体—肾上腺轴的终端激素，是应对压力刺激的敏感指标。边缘型人格障碍患者长期遭受较大的心理压力，其皮质醇水平又如何呢？前面提到劳施等人（Rausch et al.，2015）的实验，发现皮质醇和睾丸素对边缘型人格障碍患者攻击性的交互影响。劳施等人在实验中测量的皮质醇来自被试的清晨唾液标本，测量结果如图 6.17 所示，女性边缘型人格障碍患者的皮质醇觉醒反应值高于男性患者。而且，女性边缘型人格障碍患者的皮质醇觉醒反应值与状态—特质愤怒表达量表（State-Trait Anger Expression Inventory，STAXI）得分呈显著正相关。克兰丁斯特等人曾报告，愤怒常常由社会压力源以及与压力相关的内在紧张引发（Kleindienst et al.，2008）。因此，克兰丁斯特等人推测，女性边缘型人格障碍患者皮质醇觉醒反应增强可能与社会压力引发的愤怒，以及与愤怒相关的冲动有关，这也是边缘型人格障碍患者人际关系紧张的原因之一（Rausch et al.，2015）。

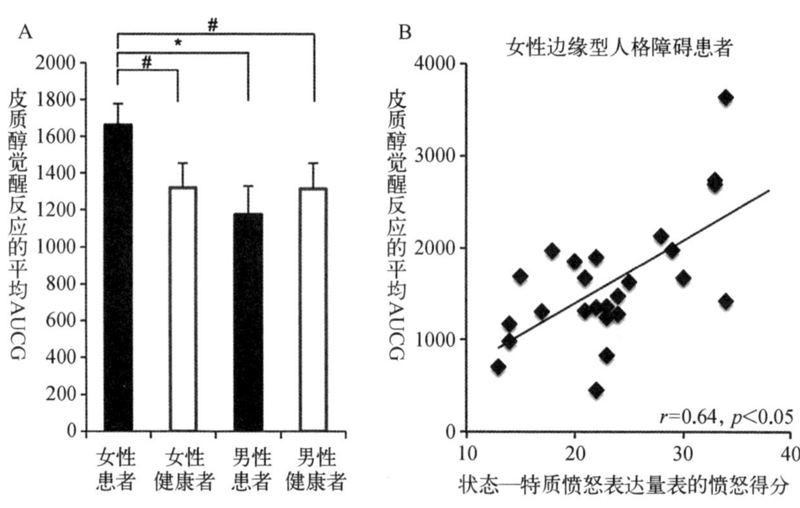

（AUCG 表示基于基线的曲线下面积）

图 6.17 边缘型人格障碍患者皮质醇觉醒反应的性别差异
（Rausch et al.，2015）

有研究者进一步探讨在心理压力下，不同性别的边缘型人格障碍患者对皮质醇浓度的反应，结果发现，患者的性别差异可能导致下丘脑—垂体—肾上腺轴的活性差异。他们招募了 72 名边缘型人格障碍患者，平均年龄 24 岁；377 名健康被试，平均年龄 23 岁。两组被试的性别比例相似。实验操作包括两个阶段，首先让被试填写相关心理量表，包括斯皮尔伯格状态—特质焦虑量表(Spielberger State-Trait Anxiety Inventory, STAI)、贝克抑郁量表(Beck Depression Inventory, BDI)、抑郁和焦虑认知量表(Depression and Anxiety Cognition Scale, DACS)，并测量被试清晨的唾液皮质醇。然后对所有被试实施电刺激并再次测量清晨唾液皮质醇。结果发现，在实施电刺激之前，女性边缘型人格障碍患者的唾液皮质醇水平显著低于控制组被试，而男性边缘型人格障碍患者的唾液皮质醇水平显著高于控制组被试，说明女性边缘型人格障碍患者平时感受到的生活压力水平低于男性边缘型人格障碍患者。在实施电刺激之后，女性边缘型人格障碍患者的皮质醇水平上升到健康被试的水平，而男性边缘型人格障碍患者的皮质醇水平显著上升并明显超过健康被试的水平，说明面对应激状况时，男性边缘型人格障碍患者的皮质醇水平上升幅度显著大于女性边缘型人格障碍患者，男性边缘型人格障碍患者比女性边缘型人格障碍患者表现出更强的急性应激能力。此研究结果表明，男性边缘型人格障碍患者和女性边缘型人格障碍患者在应对社会压力和急性应激压力时，皮质醇水平及变化程度存在较大差异，可能具有不同的压力应对和应激反应生理机制(Inoue et al., 2015)。

2013 年，卡瓦略等人通过口服氢化可的松提高边缘型人格障碍患者的皮质醇浓度，以探究皮质醇对边缘型人格障碍的干预效应。他们招募了平均年龄为 27 岁的女性边缘型人格障碍患者和平均年龄为 29 岁的健康女性各 32 名，让她们填写童年创伤问卷并采用 Go/NoGo 任务进行实验。在实验前 45 分钟，给被试口服氢化可的松或安慰剂。实验任务是要求被试对中性、恐惧和快乐三种不同的面部表情作出反应，其中 24 个恐惧和快乐表情是目标刺激(Go)，12 个中性表情是抑制刺激(NoGo)。分别在服药前 10 分钟，以及服药后 45 分钟和 90 分钟收集被试的唾液样本，以测量被试的皮质醇浓度。结果如图 6.18 所示，人为提升患者的皮质醇浓度能减少边缘型人格障碍患者对情绪类表情的反应时间，但对误报率没有影响。这个实验说明，提升皮质醇浓度能够减弱边缘型人格障碍患者的反应抑制能力，增强认知功能，减少反应时间。

至于皮质醇浓度的提升对认知判断中的误报没有产生预期的影响，卡瓦略等人猜测可能与中枢糖皮质激素对边缘型人格障碍患者的高级认知调控作用有关(Carvalho et al.，2013)。

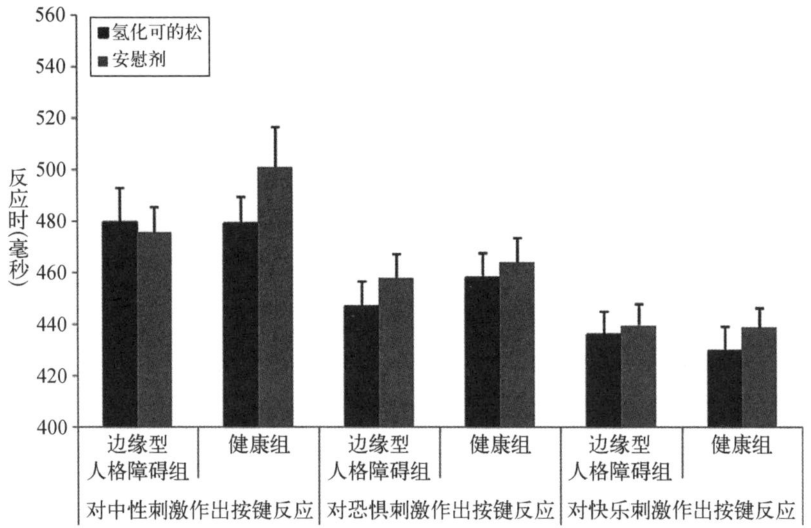

图 6.18 边缘型人格障碍患者服用氢化可的松后对情绪判断任务的反应时减少(Carvalho et al.，2013)

6.3.6 甲状腺激素

甲状腺激素(thyroid hormone)能调节人体的新陈代谢，在人体应对压力反应时对应激激素起到适配作用。赛奈等人为了探讨女性边缘型人格障碍患者体内甲状腺激素水平与人际暴力表达之间的关系，招募了92名甲状腺功能正常的女性边缘型人格障碍患者和57名健康志愿者进行一项相关研究。他们先让被试填写卡罗林斯卡人际暴力量表，然后测量边缘型人格障碍组被试的血浆三碘甲状腺原氨酸(T_3)、游离T_3(FT_3)、甲状腺素(T_4)、游离T_4(FT_4)、促甲状腺激素(TSH)和血浆皮质醇水平。结果显示：(1) 边缘型人格障碍患者和健康被试的人际暴力分数存在显著差异，边缘型人格障碍患者的人际暴力自我报告得分显著高于健康被试；(2) 边缘型人格障碍患者的人际暴力分数与T_3、皮质醇之间都呈显著正相关(如图 6.19 所示)。因此,赛奈等人认为,甲状腺激素作为一种缓慢反应的激素适配器,当边缘型人格障碍患者出现冲动和应激行为时,便会相应地增加分泌量(Sinai et al.,2015)。

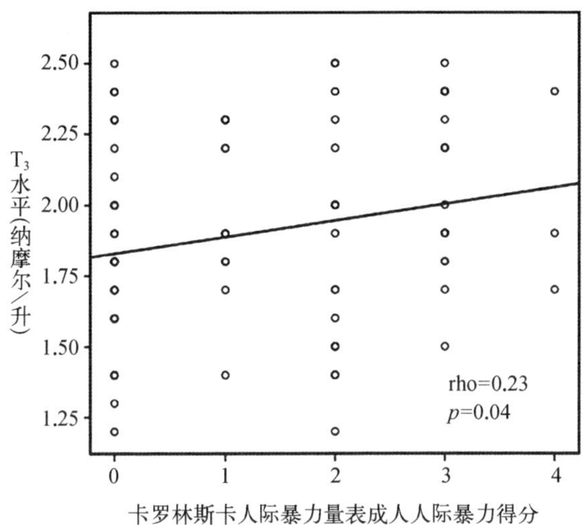

图 6.19 边缘型人格障碍患者 T_3 水平与人际暴力呈显著正相关(Sinai et al.,2015)

综上所述,边缘型人格障碍的产生和发展应该是认知神经—体液内分泌系统综合作用的结果,并受到遗传和环境的交互影响(Wingenfeld, Spitzer, Rullkötter, & Löwe, 2010)(如图 6.20 所示)。

认知神经机制:(1) 杏仁核受损,表现为静息状态下体积缩小,负性刺激作用下激活增强。杏仁核是情绪的初级中枢,杏仁核受损使边缘型人格障碍患者在日常生活环境中对负性刺激更加敏感,因而更容易产生负性情绪和情绪波动。(2) 海马受损,表现为静息状态下体积缩小,负性刺激作用下激活增强。海马是记忆的初级中枢,海马受损使边缘型人格障碍患者容易形成恐惧学习,以及与自我有关的自传体负性记忆,这样一方面会导致认知功能中记忆受损,另一方面不断形成负性情绪的认知偏向,从而与杏仁核的损伤形成联动综合效应。(3) 前扣带回受损,表现为静息状态下体积缩小,负性刺激作用下激活减弱,与杏仁核和海

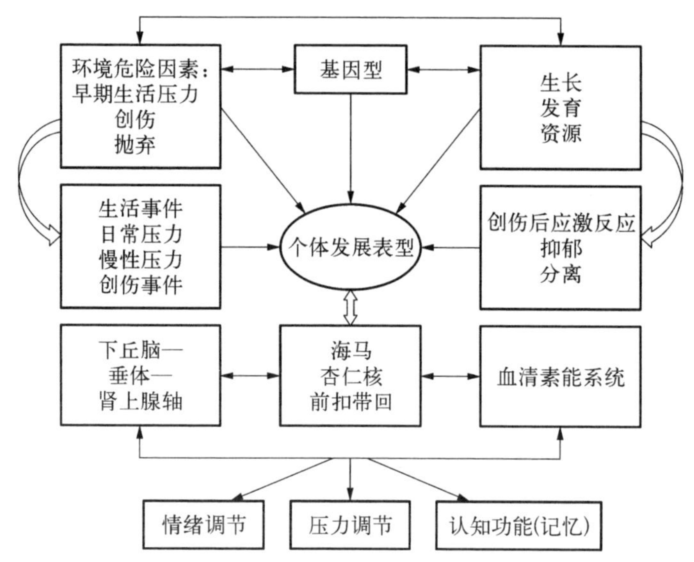

图 6.20　边缘型人格障碍发生和发展的遗传和环境、神经和体液的综合作用(Wingenfeld, Spitzer, Rullkötter, & Löwe, 2010)

马的功能连通性减弱。前扣带回是连接前额叶与边缘系统(额缘回路)的核心通路,它受损会导致情绪调节的上调通路出现功能障碍,前额叶无法对受损的边缘系统进行情绪调节,无法修复杏仁核和海马的受损功能,导致杏仁核和海马持续产生负性情绪和发出冲动指令。(4) 前脑岛和基底神经节受损,表现为静息状态下体积缩小,负性刺激作用下激活增强,与杏仁核和海马的功能连通性增强。前脑岛和基底神经节是情绪调节的下调通路,它们出现功能障碍会导致边缘型人格障碍患者的情绪负反馈受阻。其结果与上调通路受损一样,也会导致杏仁核和海马持续产生负性情绪和发出冲动指令。

体液内分泌机制:(1) 5-羟色胺能系统功能失调,表现为杏仁核、海马、丘脑、下丘脑、脑垂体等脑区的 5-羟色胺功能减弱,前额叶、前扣带回、脑岛和纹状体的 5-羟色胺功能增强。其结果是,一方面导致负性情绪过多和波动过大(杏仁核、海马、丘脑、下丘脑、脑垂体等脑区活性增强),另一方面是情绪的上调和下调通路出现障碍(前额叶、前扣带回、脑岛和纹状体等脑区的活性受到抑制)。(2)下丘脑—垂体—肾上腺轴系统功能失调,表现为皮质醇基线持续保持较高水平,但在应激状态下上升幅度减小。皮质醇是最为敏感的压力指标,基线持续保持较高水平不仅增加边缘型人格障碍患者海马—杏仁核—下丘脑—垂体—肾上腺皮质系统的日常负荷,加重它们的功能受损,而且减弱了边缘型人格障碍患者对日常生活压力的有效应对,导致心理和行为失调,出现反复无常的情绪波动和冲动、自杀行为。

遗传和环境的交互影响:(1)遗传,行为遗传学(家族中亲代和子代显著相关)和分子遗传学(5-羟色胺受体基因)证据显示,边缘型人格障碍具有较高的遗传风险。这可能自上而下导致边缘型人格障碍患者的认知神经功能受损。(2)环境,早期的创伤、受虐待经历和不良的家庭环境导致边缘型人格障碍患者自小就过多承载生活和心理上的压力,引发下丘脑—垂体—肾上腺轴系统持续高负荷,自下而上导致边缘型人格障碍患者诸多认知神经功能受损。

总之,众多研究证据越来越支持边缘型人格障碍的发生和发展是先天与后天、神经与体液交互作用的结果,这也是边缘型人格障碍的治疗较为困难的主要原因。未来对边缘型人格障碍的研究,无论是理论研究还是治疗实践,均要采取系统和综合的方法。

7　反社会型人格障碍的生理基础

反社会型人格障碍(antisocial personality disorder, ASPD)和边缘型人格障碍一样常见,但因为反社会型人格障碍对他人和社会具有较大的破坏性,因而更受研究者重视。反社会型人格障碍的核心心理特征是漠视他人的尊严和权利,典型行为特征是侵犯、欺骗、冲动和攻击。这类人为什么会漠视他人的尊严和权利,而且不会为伤害他人和破坏社会规范而感到愧疚或后悔呢? 来自心理学的研究结论主要有认知、情感、意志三个方面的解释。认知方面的观点认为,这类人同感能力较弱,很难设身处地为他人着想,因而对自己给他人造成的伤害缺乏基本的认知和感受。情感方面的观点认为,这类人共情能力缺失,难以识别、评估他人的情绪和情感,因而会对伤害他人无愧无悔。意志方面的观点认为,这类人的冲突监控和行为抑制能力出现障碍,所以行事更加冲动鲁莽,不计后果。针对这三个方面,神经认知科学从大脑结构、大脑功能、神经递质和激素三个层面探究反社会型人格障碍的生理机制。

7.1　大脑结构

7.1.1　脑干网状结构

第三章曾提到,在脑干网状结构中,上行网状激活系统与大脑的唤醒机制有关。对于反社会型人格障碍存在一种低唤醒水平假说(underarousal hypothesis),即认为反社会型人格障碍患者基线唤醒水平较低是他们反社会性和喜欢冒险行为的原因之一。由于基线唤醒水平异常低下，因此反社会型人格障碍患者必须寻求对一般人来说过于强烈的刺激才能使自己兴奋起来。例如，一般人通过与朋友打电话或者看电视就能获得足够的唤醒，反社会型人格障碍患者则必须通过撒谎、吸食毒品或者犯罪等行为才能获得足够的唤醒。这种假说得到一些研究的支持，如雷恩等人(Raine et al.，1990)开展一项纵向研究，结果发现，后来发展成罪犯的有反社会型人格障碍倾向的青少年，其周围神经系统和中枢神经系统的基线唤醒水平显著低于未发展成罪犯的有反社会型人格障碍倾向的青少年。该研究共招募 101 名被试(其中 100 名是白人被试)，年龄为 14～16 岁，来自几所青少年收容学校，均是具有反社会型人格障碍倾向的青少年。先测量和记录他们在静息状态下的皮肤电阻、心率和脑电，然后纵向追踪调查他们未来 10 年的犯罪情况，最后比较犯罪组被试和未犯罪组被试的皮肤电阻、心率和脑电。结果发现，每个指标都存在显著的组间差异，犯罪组被试在静息状态下的皮肤电阻和心率显著低于未犯罪组，低频脑电波的大脑分布则显著高于未犯罪组(Raine et al.，1990)。

7.1.2　纹状体

纹状体(striatum)是基底神经节的主要组成部分。已有研究发现，纹状体与反社会型人格障碍有关(Glenn & Yang，2012)。为了探究反社会型人格障碍患者的纹状体是否存在结构异常，科尔等人(Cole et al.，2017)对 5 124 名成年男性囚犯进行了一项磁共振成像和行为测量的相关研究。他们先用精神病性量表和反社会型人格障碍问卷对这些囚犯施测，筛选出 107 名符合反社会人格特质的被试，得到他们的冷酷和冲动特质分数，然后对这 107 名被试进行静息态磁共振成像扫描，分析被试的纹状体体积与冷酷和冲动特质之间的关联。结果发现，被试的冷酷和冲动得分与纹状体亚核和中心区域体积存在正相关，被试的冷酷和冲动得分越高，其纹状体亚核和中心区域的体积越大(如图 7.1 所示)。由此可见，纹状体可能是反社会型人格障碍患者神经生物基础的

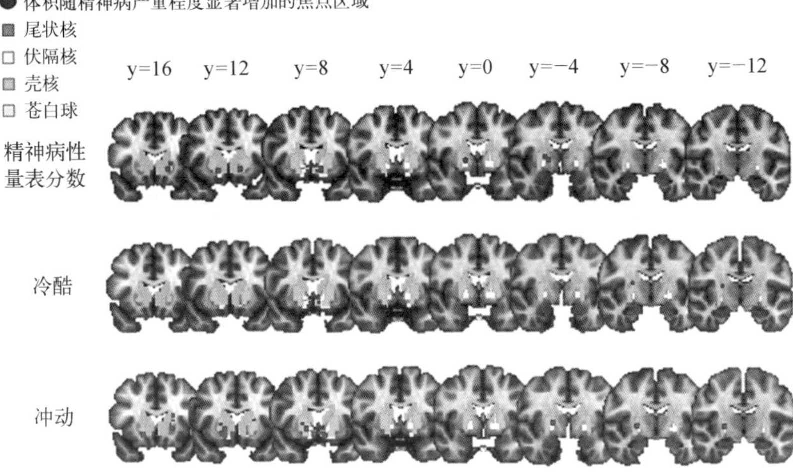

图 7.1　反社会型人格障碍患者纹状体亚区体积与冷酷和冲动呈正相关的焦点区域(红色)(Cole et al., 2017)(见彩插第 15 页)

一个关键组成部分。

7.1.3　楔前叶—右顶下小叶

顶叶位于额叶、枕叶和颞叶之间,在整合身体各个部位的感觉信息、处理身体各个部位之间的关系,以及操纵控制目标等方面发挥着重要作用(Sharma et al., 2010)。其中,楔前叶负责评估自我的行为特征,与自我意识的处理有关(Lou et al., 2004);顶下小叶参与自我识别(Lawrence et al., 2006)。还有研究发现,楔前叶体积与工作记忆呈负相关,体积越大对认知信息的处理和控制越不利,可能导致反社会型人格障碍患者的认知偏差和冲动行为,从而做出一些违反道德规范的事(Antonova et al., 2005)。这些研究预示,楔前叶和顶下小叶的结构可能与反社会型人格障碍有关,为此有研究者采用磁共振成像进一步探究反社会型人格障碍患者的顶叶结构。他们从少管所招募了 36 名反社会型人格障碍患者,从社会上招募了 26 名在年龄、受教育程度和智力方面与这些反社会型人格障碍患者相匹配的健康对照组被试,分别对被试进行 T1 MRI 和扩散张量成像研究,计算得到每个对象基于体素的形态测量图和各向异性分数图。结果发现，与健康对照组被试相比，反社会型人格障碍患者右顶下小叶灰质体积显著增大，右楔前叶白质体积显著增大，左扣带回、双侧楔前叶、右额上回和右颞中回各向异性分数也显著增大（如图 7.2 所示）。

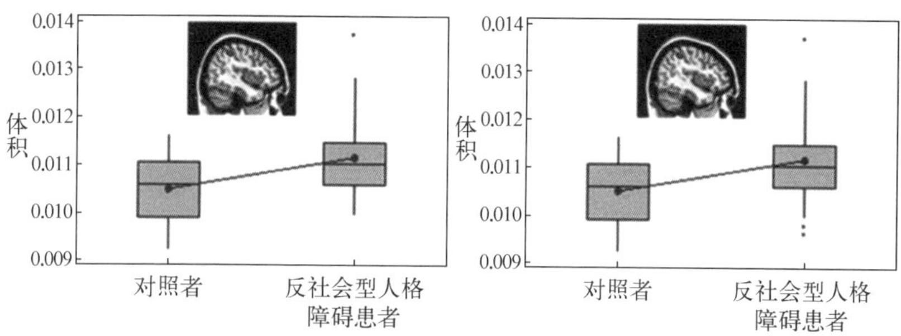

图 7.2 反社会型人格障碍患者右顶下小叶（左）和右楔前叶（右）的体积大于健康被试（蒋伟雄，廖坚，刘华生，唐艳，王维，2012）（见彩插第 15 页）

一项正电子发射断层扫描研究也发现，反社会型人格障碍患者双侧楔前叶白质结构异常，具体表现为额叶前部的胼胝体、右脑半球前部、左脑半球前部和后部广大区域的白质相比于健康被试显著减少（Sundram et al.，2012）。还有研究发现，反社会型人格障碍患者左舌回、双侧楔前叶、右额上回和右颞中回等脑区各向异性分数增大。各向异性分数反映的是个体白质异常，这些变化影响神经传递，可能导致反社会型人格障碍患者不遵守社会规范，容易冲动和出现共情障碍。

7.1.4 前额叶

前额叶与反社会型人格障碍的关系一直是研究的焦点。因为前额叶在行为抑制、计划、决策和注意调控中起到关键作用，且作为最高级的脑中枢，它还参与情绪对行为的调节和决策。一些研究发现，前额叶也参与社会信息加工，如内侧前额叶和眶额皮质分别参与社会信息加工和社会性奖赏信息处理（Amodio & Frith，2006；Samson et al.，2004）。在前额叶的不同亚区，眶额皮质和背外侧前额叶与反社会型人格障碍的关系最为密切。眶额皮质参与奖惩过程及情绪与动机相关过程(O'Doherty, 2007),眶额皮质受损会降低人们预见自己行为后果的能力。背外侧前额叶可能直接参与对冲突的控制,并与前扣带回、后扣带回和扩展运动区联络以解决冲突,反社会型人格障碍患者可能因它的结构异常导致控制冲突和抑制干扰的能力受损,在行为上表现为冲动性增强(Yue et al., 2004)。反社会型人格障碍患者的随意说谎、盗窃、冲动和暴力行为等异常表现,都可以概括为行为抑制功能低下的结果(Ridderinkhof et al., 2004)。因此,可以说反社会型人格障碍患者很多受损的功能都有前额叶的参与。对于前额叶与反社会型人格障碍的关系,马奇(March, 2007)曾提出额叶功能障碍理论,该理论认为,额叶与情绪调节控制及计划决策执行功能有关,额叶损伤将影响个体产生和处理语言、关注长远目标、推理或识别结果,以及制定计划的能力,并导致周期性情绪障碍、注意力分散、行为调节困难、冲动和缺乏罪恶感等。

一项以反社会型人格障碍患者为实验组,以健康者、物质依赖者和精神病患者为控制组的对照研究发现,反社会型人格障碍患者的前额叶灰质体积比控制组减小 11%,这是反社会型人格障碍患者脑结构损伤的证据。因此,研究者推测,前额叶结构损伤可能是反社会型人格障碍患者唤醒水平低、恐惧感水平低、缺乏良知和决策受损等反社会行为的生理基础(Raine et al., 2000)。之后有研究证据显示,反社会型人格障碍成年患者和问题行为儿童被试都存在前额叶灰质体积减小的情况(Huebner et al., 2008)。为了进一步研究前额叶亚区体积与反社会型人格障碍之间的关系,研究者招募了 15 名反社会型人格障碍患者和 19 名健康对照组被试,进行脑部 MRI T1 加权像和三维结构像扫描,并使用基于体素的形态测量分析方法进行数据分析。结果发现,反社会型人格障碍患者左额上回、左眶额回、双侧额中回、右额内侧回的灰质密度小于健康对照组被试。研究者认为,这些脑结构的异常可能使反社会型人格障碍患者的行为更加冲动,行为抑制能力受损(Liao et al., 2009)。

还有研究者使用 35 个与反社会行为及脑成像相关的关键词进行元分析,结果发现,与反社会行为相关的脑区主要在眶额皮质、背外侧前额叶等 10 个布罗德曼分区(8、9、10、11、12、24、32、44、45、46)(见图 7.3 和

表 7.1)。而且,眶额皮质和背外侧前额叶对反社会行为的影响在大脑的左、右两个半球存在差异,背外侧前额叶减少与反社会行为之间的关联只存在于左半球,眶额皮质异常对反社会行为的影响只发生在右半球(Yang & Raine, 2009),这与特内尔等人(Tranel et al., 2002)的研究结果一致,特内尔等人发现,只有右侧眶额皮质发生病变的患者才会在社会行为、决策、情绪处理和人格方面受到损害。

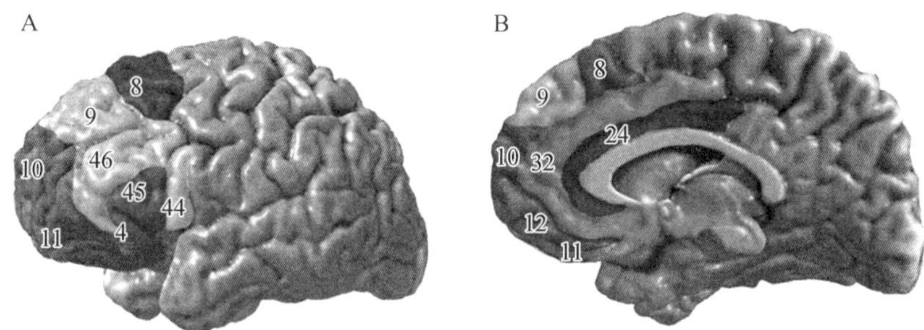

图 7.3 背外侧前额叶、眶额皮质等与反社会行为相关的布罗德曼分区(Yang & Raine, 2009)(见彩插第 16 页)

(眶额皮质包括 11、12 和 47;背外侧前额叶包括 8、9、10 和 46;腹外侧前额叶包括 44 和 45;内侧前额叶包括 8、9、10、11 和 12;前扣带回包括 24 和 32)

表 7.1 31 项功能性磁共振成像研究中与反社会行为相关的 5 个感兴趣脑区的平均效应值(Yang & Raine, 2009)

感兴趣脑区	研究数量	随机效应模型			异质性		发表偏倚		
		Cohen's d	95%置信区间	P	Q	P	Egger's 回归		不合格
							t	p	N
眶额皮质(合并)	12	−0.54	[−0.90, −0.17]	0.004	21.7	0.03	0.58	0.58	41
左	5	−0.37	[−0.76, 0.02]	0.06	4.3	0.37			
右	7	−0.57	[−0.84, −0.29]	<0.001	5.4	0.50	1.51	0.19	26
背外侧前额叶	12	−0.36	[−0.91, 0.20]	0.21	72.5	<0.001			
左	7	−0.89	[−1.69, −0.08]	0.031	48.1	<0.001	2.28	0.07	33
右	7	−0.56	[−1.35, 0.23]	0.17	39.6	<0.001			
腹外侧前额叶	7	−0.37	[−1.25, 0.51]	0.41	32.0	<0.001			
左	4	−0.28	[−1.25, 0.70]	0.58	37.1	<0.001			
右	5	−0.28	[−0.90, 1.46]	0.64	23.7	<0.001			
内侧前额叶	11	−0.17	[−1.03, 0.68]	0.69	73.2	<0.001			

续 表

感兴趣脑区	研究数量	随机效应模型			异质性		发表偏倚		
		Cohen's d	95%置信区间	P	Q	P	Egger's 回归		不合格
							t	p	N
左	3	−1.45	[−3.11, 0.21]	0.087	12.6	0.002			
右	6	−0.35	[−1.64, 0.95]	0.60	40.3	<0.001			
前扣带回	16	−0.86	[−1.35, −0.36]	0.001	60.5	<0.001	0.94	0.36	163
左	5	−0.65	[−2.18, 0.89]	0.41	41.2	<0.001			
右	5	−1.35	[−2.20, −0.51]	0.002	11.8	0.019	0.31	0.78	34

近年来,有研究者发现眶额皮质的体积变化可能与反社会型人格障碍患者的冲动行为有直接关联。阿特马贾等人(Atmaca et al., 2017)招募了20名反社会型人格障碍患者和相同数量的健康被试,使用1.5T通用电气Signa扫描仪扫描被试的脑部,并对眶额皮质进行追踪分析。结果发现,与健康被试相比,反社会型人格障碍患者左侧和右侧眶额皮质体积明显减小(如图7.4所示),从而证明左侧和右侧眶额皮质的体积减小与反社会型人格障碍患者的冲动性有关。

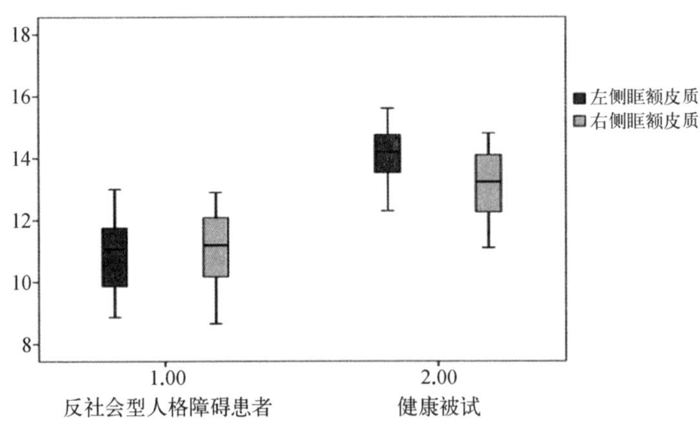

图7.4 反社会型人格障碍患者的眶额皮质体积箱线图
(Atmaca et al., 2017)

7.1.5 白质通路

如前所述,反社会型人格障碍患者的反社会行为是认知、情感、意志心理功能出现障碍的结果，因此不是单一或局部的脑区损伤可以解释的。近些年，许多研究者开始意识到，只有研究多个脑区网络之间的关联，才能更好地理解反社会型人格障碍的神经生理基础。

脑区网络之间关联的神经结构主要是脑白质纤维束。磁共振成像中新近发展的扩散张量成像，是目前可在活体显示脑白质纤维束的无创性成像方法，可以评估脑白质纤维束的组织结构及其连通性，具有一般磁共振成像分析无法比拟的优越性，因此是研究与反社会行为相关脑区网络之间结构性连接的最佳选择（付梅，汪强，2014）。扩散张量成像中最常用的两个数据是各向异性分数和平均弥散率（mean diffusivity, MD）。各向同性是"向各个方向运动的概率都相同"的简化表达，指均质介质中水分子的运动是无序随机运动，因此向各个方向运动的概率相同。各向异性是"向不同方向运动的概率不相同"的简化表达。在人体组织中，水分子运动受到细胞结构的影响，具有各向异性。各向异性分数取值为 0～1，0 是最大各向同性弥散值，1 是最大各向异性弥散值。与各向异性分数一致的还有水分子表观扩散系数（apparent diffusion coefficient, ADC）。脑白质中各向异性分数或表观扩散系数越大，表明水分子的运动越有规则，白质完整性也就越高。平均弥散率是指水分子单位时间内扩散运动的范围，平均弥散率的值越大，说明此处水分子的扩散能力越强，白质完整性越低。

沃勒等人（Waller et al.，2017）系统整理了 22 项采用扩散张量成像技术探讨反社会行为与脑白质束结构之间关系的研究，不仅确认反社会行为与一系列白质束高弥散率有关，而且发现具有反社会行为的青少年和成人的白质束结构差异。沃勒等人的综述主要试图回答以下两个问题。

问题一：反社会行为与扩散张量成像测量到的脑白质异常有关吗？

1. 联合通路

钩束：钩束连接额叶（包括扣带回、额极和眶额皮质）与颞叶（包括杏仁核和颞极）的一些结构。

以成年人为被试的研究共 9 项，其中 6 项研究报告反社会行为与白质的显微结构有关，尤其是在钩束中。有研究采用病例对照设计，结果发现，与健康控制组相比，反社会行为和精神病性症状水平高的成年人右钩束各向异性分数更小、平均弥散率值更大，且整个钩束的各向异性分数更小，说明他们的钩束尤其是右钩束的白质完整性比健康被试低。另外，在反社会行为水平高的被试中，伴有精神病性症状的被试比不伴有精神病性症状的被试右钩束各向异性分数更小。在幅度上，在精神病性量表，以及人际情感和反社会生活方式分量表上得分越高的被试，右钩束的各向异性分数越小，白质完整性越低。

以青少年为被试的研究共 11 项，其中 6 项报告反社会行为与钩束中的白质纤维结构异常有显著相关。有研究报告，与控制组相比，有反社会行为的青少年钩束的各向异性分数更大，而钩束中各向异性分数偏大也与行为问题、冷酷无情和精神病性特征有关。有研究从实验样本中进行二次抽样，结果发现，有品行障碍和冷酷无情特征的男孩右钩束中的径向弥散系数更小。然而，有 2 项研究报告了白质束弥散率的相反的结果，与健康对照组相比，反社会行为水平高的青少年钩束的各向异性分数更小或表观扩散系数更小。在幅度上，有反社会行为的青少年的冷酷无情特征在钩束中只与低各向异性分数相关。

扣带回、下额枕束、上纵束、下纵束：扣带回、上纵束和下纵束连接边缘系统内的结构，包括后扣带回、内侧前额叶和内侧颞叶。下纵束和下额枕束在颞后叶和枕叶共享投射，并连接枕叶的视觉关联区、听觉和视觉关联区以及前额叶。下纵束的连接中断会影响枕叶和包括杏仁核在内的颞叶之间的连接。

在以成年人为被试的研究中，有 8 项研究关注白质在联合通路的显微结构，其中 2 项研究关注上纵束、下纵束和下额枕束，2 项研究关注扣带回。总体上看，有反社会行为和精神病性特征的被试在白质束中的弥散率更大，即扣带回、下额枕束、下纵束和上纵束的各向异性分数更小。反社会行为和精神病性特征与下额枕束中更大的平均弥散率有关；侵犯性与上纵束中更大的径向弥散系数有关。与健康控制组被试相比，有品行障碍的女性在扣带回和下额枕束中的表观扩散系数更小。

以青少年为被试的研究中，有 8 项研究关注除钩束以外的联合通路的白质显微结构异常。其中，2 项研究证实反社会行为与扣带回、额枕下束和下纵束中的白质纤维结构有显著相关，然而对研究结果的描述不一致。有研究发现反社会行为与更小的各向异性分数相关，然而另一些研究发现反社会行为与更大的各向异性分数、表观扩散系数和更小的径向弥散系数相关。在上纵束中，4 项研究报告有反社会行为的青少年白质显微结构异常，但是 2 项研究报告各向异性分数更大，1 项研究报告径向弥散系数更小，1 项研究报告右侧上纵束的径向弥散系数和表观扩散系数均更大。

来自成年人的研究结果比较一致，即反社会行为与包括扣带回、额枕下束、下纵束、上纵束和钩束在内的各种联合通路上被破坏的白质显微结构有关。来自青少年的研究结果变异较大，4 项研究发现钩束中的各向异性分数更大，2 项研究报告各向异性分数或表观扩散系数更小，5 项研究没有发现显著差异。8 项有关联合通路的研究中，只有 2 项研究发现有反社会行为的个体在除上纵束和钩束之外的神经束中有白质显微结构的异常。总之，虽然研究显示反社会行为通常与钩束的白质显微结构异常有关，但联合通路中的其他神经束也与反社会行为有关。而且，反社会行为似乎对成年人和青少年的钩束白质有不同影响，一般来说，有反社会行为的成年人钩束中的弥散率较大，而青少年钩束中的弥散率较小。

2. 合缝通路

胼胝体、小钳和大钳：胼胝体是大脑中最大的纤维束，连接两个半球。小钳(前部)穿过胼胝体，连接内侧和外侧额叶。大钳(后部)向后弯曲连接两个半球的枕极。切除胼胝体的动物实验研究表明，合缝通路的中断可能导致半球间信息的不平衡。

以成年人为被试的研究有 4 项，2 项研究报告反社会行为与更高的弥散率有关。桑德拉姆等人首先报告，与健康对照组相比，反社会行为和精神病性特征水平高的男性两侧胼胝体各向异性分数较低，右侧胼胝体平均弥散率较高。林德纳等人随后报告，与健康对照组相比，品行不端患者的胼胝体和小钳中的表观扩散系数较低，其他许多精神障碍也是如此，包括物质依赖、身体和性虐待经历等。此外，与健康对照组相比，有品行障碍的女性胼胝体和小钳中的各向异性分数较低。

以青少年为被试的研究有 7 项，均以全脑研究的方式关注合缝通路。4 项研究表明，反社会行为与合缝通路的弥散率较低有关，与健康对照组相比，反社会行为组青少年胼胝体的各向异性分数较高，径向弥散系数较低；1 项研究发现，精神病性特征与胼胝体和小钳各向异性分数的升高存在显著的维度相关；1 项研究发现，品行障碍症状与右小钳表观扩散系数过高有关；1 项研究发现，品行障碍症状与胼胝体和小钳中各向异性分数和表观扩散系数的降低有关。

在以成年人为被试的研究中，2 项研究报告反社会行为水平高的个体胼胝体两侧的白质显微结构遭到破坏。在以青少年为被试的研究中，结论比较混杂。7 项研究中有 3 项研究报告反社会行为和精神病性症状与胼胝体的高各向异性分数、高表观扩散系数或低径向弥散系数有关，但有 1 项研究报告反社会行为与胼胝体、大钳或小钳中的各向异性分数和表观扩散系数降低有关。

3. 投射和丘脑通路

穹窿：穹窿是连接海马体和其他皮质下区域（包括丘脑前核和对侧海马）的主要神经束之一。

在以成年人为被试的研究中，没有发现反社会行为与穹窿的白质显微结构异常有关。1 项以青少年为被试的研究采用感兴趣区域的方法，结果发现反社会行为与穹窿的白质束异常有关。与健康控制组相比，反社会行为水平高的青少年穹窿的各向异性分数更低。从幅度上说，在反社会行为水平高的群体内，冷酷无情特征明确与右侧穹窿的各向异性分数过低有关。

皮质脊髓束、内外囊、花梗和放射冠：皮质脊髓束是运动功能的主要下行通道，连接运动皮质与脊髓。它收敛于内外囊和会聚花梗，并穿过放射冠。

4 项以成年人为被试的研究中，2 项全脑研究报告源自皮质脊髓束的投射通路的弥散率更高，另外 2 项研究的结果价值不大。与健康对照组相比,有反社会行为和精神病性症状的个体内囊和右前放射冠的各向异性分数较低,有品行障碍的女性左放射冠,尤其是左放射冠与下额枕束交叉部位的表观扩散系数较低。

11 项以青少年为被试的研究中,有 5 项研究报告投射通路的显微结构异常,4 项研究发现弥散率更低。与健康对照组相比,有反社会行为的青少年右外囊出现高各向异性分数、高表观扩散系数和低径向弥散系数,右侧上放射冠有高各向异性分数;品行不端症状与左侧皮质脊髓束,以及右侧上放射冠的表观扩散系数升高有关,精神病性症状与皮质脊髓束的各向异性分数、表观扩散系数升高和径向弥散系数降低有关;但有 1 项研究发现,品行不端症状与右前放射冠、双侧上放射冠以及左后放射冠的各向异性分数降低有关。

丘脑前部和后部:丘脑辐射从丘脑的不同核通过花梗和内囊向视皮质、体感皮质和视皮质延伸。内囊丘脑后部的部分辐射连接视辐射纤维,参与视觉系统。研究者认为,这些神经网络的破坏会影响个体对面部情绪表情的检测和处理,反社会行为水平高的个体存在这一功能的损害。

在以成年人为被试的 5 项研究中,2 项研究报告丘脑辐射的弥散率更高。与健康控制组相比,反社会行为和精神病性症状水平高的个体在右前和左后丘脑辐射的各向异性分数降低。从幅度上看,人际情感得分高与左后丘脑辐射的各向异性分数降低有关;反社会生活方式得分高与右前丘脑辐射的各向异性分数降低有关。

在以青少年为被试的 7 项全脑研究中,2 项研究报告反社会行为与前丘脑辐射的低弥散率有关;品行不端症状与前丘脑辐射的高各向异性分数有关;精神病性症状与前丘脑辐射的高各向异性分数和低径向弥散系数有关。

以成年人为被试的研究结果比较一致,有 3 项研究报告反社会行为与投射和丘脑通路的高弥散率有关,表现为各向异性分数或表观扩散系数降低。以青少年为被试的研究结果较为混杂,表现为在皮质脊髓束、内外囊、前放射冠、上放射冠和前丘脑辐射中各向异性分数不一致。

问题二:是否只有在反社会行为伴随精神病性症状的情况下才会

出现白质异常?

有10项研究采用反社会行为和精神病性症状水平高的成年人样本。其中,6项研究一致发现,与对照组相比,实验组的白质神经束弥散率更高。因此,有证据表明,白质束的结构缺陷在患有精神疾病的反社会个体中更为明显。支持这一结论的最令人信服的证据来自一项对被监禁的男性的研究,这些男性均有高水平的反社会行为,从而有无精神病性症状成了唯一的区别,研究发现只有那些患有精神疾病的反社会者才出现前额叶系统右侧钩束各向异性分数降低的情况。此外,索巴尼等人发现,精神病性症状与钩束中的各向异性分数降低有关。关于钩束白质纤维结构在精神病性症状上的特异性还有进一步的支持。拜尔等人在一个社区样本中检测攻击行为和愤怒,结果发现,高、低反社会行为水平的个体在这两个特质上没有差异。但在另外一个社区样本中,攻击行为与上纵束中的各向异性分数降低和径向弥散系数升高有关,但由于没有评估个体的精神病性症状,因此无法得知精神病性症状是如何影响这一结果的。

在12项以青少年为被试的研究中,有7项研究关注冷酷无情或精神病性特征。1项研究以社区青少年为被试,结果发现,在被试都有反社会行为的情况下,冷酷无情与钩束以及穹窿中的各向异性分数降低有关。然而,有2项研究在孤立地探索冷酷无情和精神病性特征时发现,多个合缝通路、投射通路和联合神经束中都出现各向异性分数升高、径向弥散系数降低和表观扩散系数升高的现象。在有品行障碍的男性中,研究者也发现冷酷无情与右钩束中的径向弥散系数和平均弥散率的降低有关。但是,在临床参考和社区样本中,并没有发现反社会行为和精神病性症状水平高的青少年相比健康个体有明显的白质显微结构异常。

5项没有关注冷酷无情和精神病性特征的研究所得的结论也是混杂的。其中,有2项研究报告反社会行为与白质显微结构没有明显的关联,因此很难确定这些研究中发现的白质差异程度是对反社会行为具有特异性,还是与未测量的冷酷无情或精神病性特征有关。

反社会型人格障碍患者神经束扩散张量成像研究成果汇总见表7.2。

表 7.2 反社会型人格障碍患者神经束扩散张量成像研究成果总结(Waller et al.，2017)

通路	神经束区域	神经束图解	成年人被试的研究结果	青少年被试的研究结果
联合通路	扣带回：连接额叶、颞叶、扣带、额叶内侧回、顶叶和枕叶		高弥散率 双侧扣带回各向异性分数下降：人际情感特征，AB+P+vs. HC 左侧扣带回各向异性分数下降：AB+P+ vs. HC 双侧扣带回表观扩散系数下降：AB+vs. HC	高弥散率 双侧扣带回表观扩散系数下降：AB+ vs. HC 低弥散率 双侧扣带回径向弥散系数下降：精神病性特征
	下额枕束：连接颞叶(中部)和额叶(下部)		高弥散率 双侧下额枕束各向异性分数下降：AB+P+vs. HC 左侧下额枕束各向异性分数下降：人际情感特征 右侧下额枕束各向异性分数下降：反社会生活方式特征 右侧下额枕束平均弥散系数上升：AB+P+vs. HC 双侧下额枕束表观扩散系数下降：AB+ vs. HC	高弥散率 双侧下额枕束各向异性分数下降：品行障碍症状，AB+vs. HC 双侧下额枕束表观扩散系数下降：AB+vs. HC 低弥散率 双侧下额枕束各向异性分数上升、径向弥散系数下降 精神病性特征
	下纵束：连接颞极和枕极		高弥散率 左侧下纵束各向异性分数下降：AB+P+ vs. HC	高弥散率 双侧下纵束各向异性分数下降：品行障碍症状，AB+vs. HC 双侧下纵束表观扩散系数下降：AB+ vs. HC 低弥散率 双侧下纵束径向弥散系数下降：精神病性特征

续 表

通路	神经束区域	神经束图解	成年人被试的研究结果	青少年被试的研究结果
联合通路	上纵束：连接额叶和顶叶、枕叶和颞叶		高弥散率 右侧上纵束各向异性分数下降，径向弥散系数升高：侵犯行为	高弥散率 右侧上纵束径向弥散系数升高：品行障碍症状 双侧上纵束各向异性分数下降：AB+ vs. HC 双侧上纵束表观扩散系数下降：AB+ vs. HC 低弥散率 右侧表观扩散系数上升：品行障碍症状 双侧径向弥散系数下降：精神病性特征
合缝通路	胼胝体、大钳和小钳：连接大脑半球，小钳前部和大钳后部		高弥散率 双侧胼胝体各向异性分数下降：AB+P+ vs. HC 右侧胼胝体平均弥散率上升：AB+P+ vs. HC 双侧胼胝体和小钳表观扩散系数下降：AB+vs. HC、临床比较	高弥散率 左侧胼胝体各向异性分数下降：品行障碍症状 双侧胼胝体和小钳表观扩散系数下降：AB+vs. HC 低弥散率 双侧胼胝体和小钳各向异性分数上升、径向弥散系数下降：精神病性特征 右侧胼胝体表观扩散系数上升：品行障碍症状 大钳径向弥散系数下降：精神病性特征

续 表

通路	神经束区域	神经束图解	成年人被试的研究结果	青少年被试的研究结果
	穹窿：连接海马和下丘脑			高弥散率 双侧各向异性分数下降：AB+CU+vs. HC 右侧各向异性分数下降：冷酷无情特征，AB+CU－vs. HC
投射和丘脑通路	皮质脊髓束、内囊、外囊、花梗和放射冠（前放射冠、后放射冠、上放射冠）：连接脊髓和大脑皮质		高弥散率 双侧内囊各向异性分数下降：AB+P+vs. HC 右侧前放射冠的各向异性分数下降、平均弥散率上升：AB+P+vs. HC 左侧放射冠的表观扩散系数下降：AB+vs. HC	高弥散率 右侧前放射冠、双侧上放射冠和左侧后放射冠的各向异性分数下降：品行障碍症状 双侧内囊、花梗、前放射冠和上放射冠的各向异性分数和表观扩散系数下降 右侧后放射冠的表观扩散系数下降：AB+vs. HC 低弥散率 双侧皮质脊髓束的各向异性分数和表观扩散系数上升、径向弥散系数下降：冷酷无情和精神病性特征；

续　表

通路	神经束区域	神经束图解	成年人被试的研究结果	青少年被试的研究结果
				右侧外囊，AB+vs. HC 右侧皮质脊髓束和右侧上放射冠的表观扩散系数上升：品行障碍症状 右侧上放射冠的各向异性分数上升：AB+vs. HC 左侧前放射冠的各向异性分数上升、径向弥散系数下降 AB+vs. HC
投射和丘脑通路	前后丘脑辐射（前丘脑辐射和后丘脑辐射）：连接丘脑与视觉、躯体感觉、听觉和前运动皮质		高弥散率 双侧前丘脑辐射各向异性分数下降：AB+P+vs. HC 左侧前丘脑辐射各向异性分数下降：人际情感特征 右侧前丘脑辐射各向异性分数下降：反社会生活方式特征 左侧后丘脑辐射各向异性分数下降：AB+P+vs. HC	低弥散率 双侧前丘脑辐射的各向异性分数上升：品行障碍症状和精神病性特征

行为缩略词：AB=反社会行为；CU=冷酷无情；P=精神病。行为分组：AB+P+=高水平的反社会行为和精神病；AB+P−=高水平的反社会行为和低水平的精神病；AB+CU+=高水平的反社会行为和冷酷无情特征；HC=健康对照组。

7.2 大脑功能

本章开头说到，反社会型人格障碍患者的核心心理特征是漠视他人的尊严和权利，典型行为特征是侵犯、欺骗、冲动和攻击。与其他人格障碍相比，反社会型人格障碍对社会和谐与稳定造成的威胁更大，因此许多研究者不仅研究反社会型人格障碍患者的脑结构异常，而且致力于探究反社会型人格障碍患者的哪些脑功能或认知神经功能发生改变，以期为医学治疗和心理治疗提供支持。目前，发现的反社会型人格障碍患者的脑功能异常主要包括情绪注意功能缺陷、注意保持能力下降、抑制控制能力低下、欺骗敏感性降低和道德感缺失等方面。

7.2.1 情绪注意功能缺陷

反社会型人格障碍患者漠视他人权利，肆意攻击他人是否与其对情绪的注意加工有关呢？有研究者（关慕桢，2015）采用事件相关电位技术，以表情特征自动探测指标情绪失匹配负波（emotion MMN）为因变量指标，探究反社会型人格障碍高危被试和青少年品行障碍者对表情面孔特征的自动探测能力。研究包括三组男性被试：一组为 12 名有品行障碍的少年犯，年龄 15～17 岁；一组为 12 名反社会型人格障碍高危被试，来自有品行障碍兼具反社会人格特征的少年犯，年龄 15～17 岁；一组为 20 名健康对照被试，年龄 15～17 岁。刺激材料为简笔画卡通表情面孔，研究采用 Oddball 实验范式。结果发现，反社会型人格障碍高危组被试悲伤表情的 N170 波幅显著低于健康对照组被试，且探测悲伤表情产生的情绪失匹配负波早期波峰缺失，晚期波峰增强（如图 7.5 所示）。健康被试一般对悲伤表情具有自动探测优势（悲伤表情优势效应），而反社会型人格障碍高危组被试出现该效应的明显减弱，加上其自动探测情绪失匹配负波早期波峰缺失，可以认为反社会型人格障碍患者存在早期表情自动加工和探测的认知神经功能障碍，该障碍可能严重影

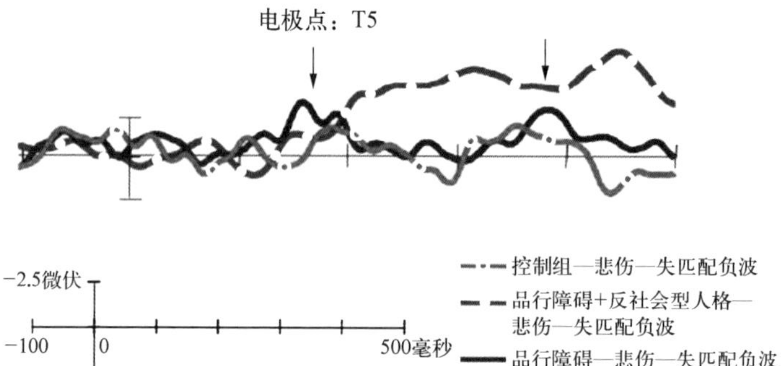

图 7.5 反社会型人格障碍高危被试的情绪失匹配负波早期波峰缺失和晚期波峰增强(关慕桢,2015)

响他们的同情心和共情能力。

另一项研究(牟海刚,2017)采用眼动技术进一步探讨反社会型人格障碍患者有意识注视表情信息的认知神经机制。研究共招募了四组被试：反社会型人格障碍高危组 19 人,年龄 14～17 岁;反社会型人格障碍组 24 人,年龄 18～38 岁;非反社会型人格障碍罪犯组 20 人,年龄 15～17 岁;健康对照组 20 人,年龄 17～24 岁。注视图片包含正性情绪图片、中性情绪图片和负性情绪图片,均来自国际情绪图片系统。结果发现：(1) 反社会型人格障碍组和反社会型人格障碍高危组被试对负性情绪图片的首次进入时间(time to first fixation, TFF)更短,首次进入前注视个数(fixations before, FB)更少,说明他们对负性情绪信息具有更快的捕捉速度(如图 7.6 所示);(2) 反社会型人格障碍组和反社会型人格障碍高危组被试对情绪信息的首个注视点注视时间(first fixation duration, FFD)、注视点持续时间总和(total fixation duration, TFD)更短,说明他们对情绪信息的加工深度不够(如图 7.7 所示);(3) 反社会型人格障碍组和反社会型人格障碍高危组被试注视情绪信息时平均瞳孔直径和最大瞳孔直径更小,说明他们的情绪唤醒水平更低(如图 7.8 所示)。该研究揭示,能够较快捕捉到负性情绪信息可能会使反社会型人格障碍患者更容易产生敌意,对情绪信息加工程度不够和低唤醒水平可能会使他们缺乏同情心和共情能力。

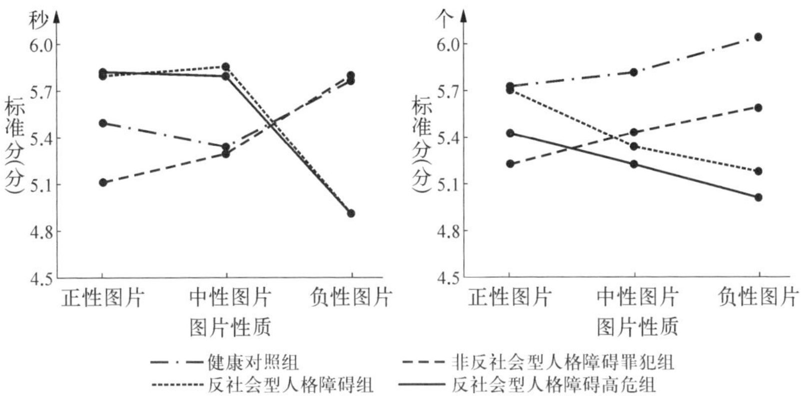

图 7.6　反社会型人格障碍患者加工负性情绪信息的首次进入时间(左)更短和首次进入前注视个数(右)更少(牟海刚,2017)

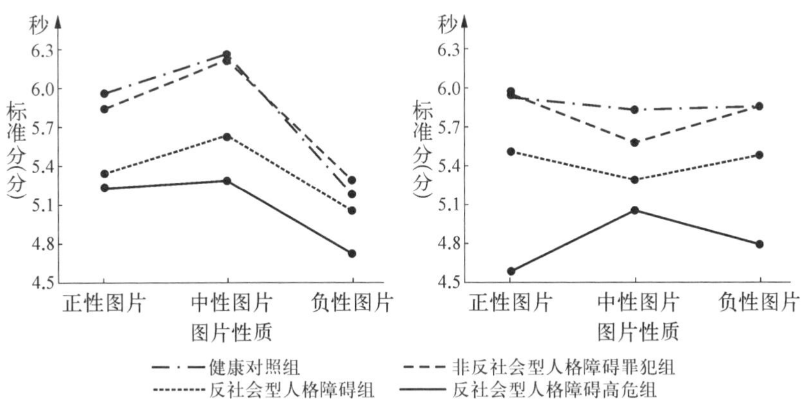

图 7.7　反社会型人格障碍患者加工情绪信息的首个注视点注视时间(左)和注视点持续时间总和(右)更短(牟海刚,2017)

以上两项研究分别从无意识和有意识加工的角度,揭示了反社会型人格障碍患者存在情绪注意功能缺陷。

7.2.2　注意保持能力下降

还有研究者推测,反社会型人格障碍患者的高冲动性可能与其注意保持能力下降有关。有研究者(关慕桢,2015)采用事件相关电位中的 CNV 范式验证这一假设。CNV 是指关联性负变(contingent negative

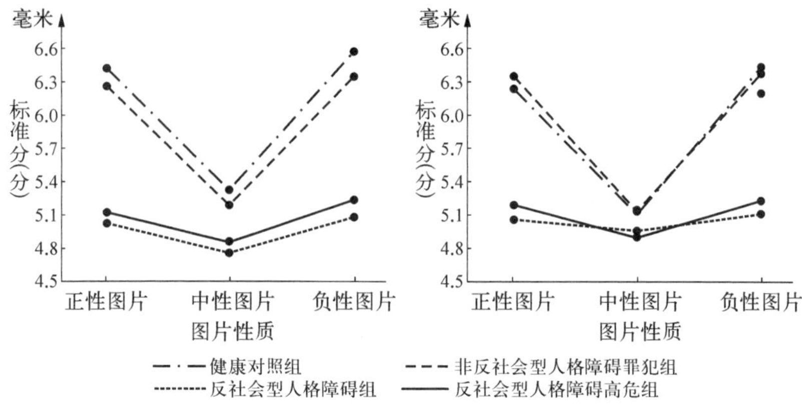

图 7.8 反社会型人格障碍患者注视情绪信息的平均瞳孔直径(左)和最大瞳孔直径(右)更小(牟海刚,2017)

variation, CNV),它与反应和准备、期待、注意、动机和觉醒等复杂心理因素有关,是研究注意保持的事件相关电位指标。实验结果发现,反社会型人格障碍高危被试的关联性负变始终在基线上下波动,明显低于健康对照组。这表明,反社会型人格障碍高危被试的注意保持能力受损,这可能是他们易于冲动和无计划行动的认知神经基础(如图 7.9 所示)。

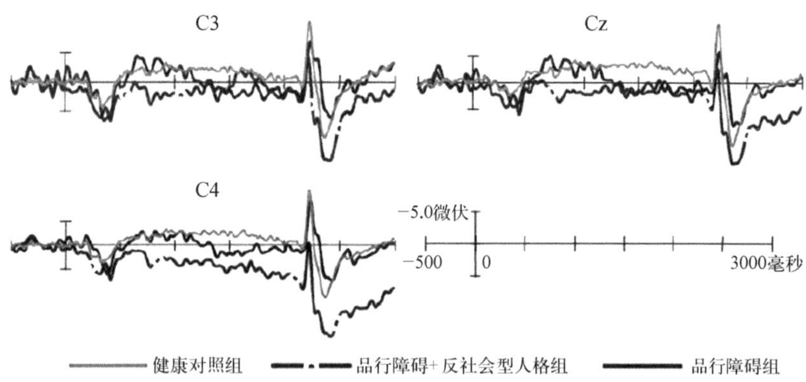

图 7.9 反社会型人格障碍高危被试的关联性负变显著减弱(关慕桢,2015)

7.2.3 抑制控制能力低下

关慕桢(2015)认为,反社会型人格障碍患者的高冲动性应该还与其抑制控制能力低下有关。他们应用事件相关电位技术,采用 Go/NoGo

实验范式探究反社会型人格障碍高危人群的抑制控制能力及其神经机制。Go/NoGo 实验范式中的 N2－NoGo 和 P3 分别发生在抑制控制加工的早期和晚期阶段，前者反映冲突监控，后者反映反应抑制。实验结果发现，反社会型人格障碍高危被试的 N2－NoGo 和 P3 波幅都显著低于健康对照组，说明反社会型人格障碍高危被试的早期冲突监控和晚期反应抑制能力均明显受损（如图 7.10 所示）。结果支持了研究假设。

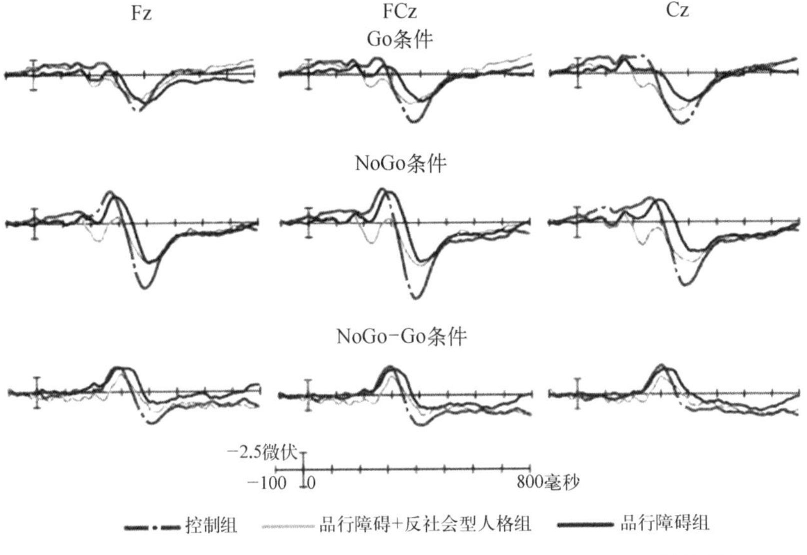

图 7.10　反社会型人格障碍高危被试的 N2－NoGo 和 P3 波幅减弱
（关慕桢，2015）

有研究者（Jiang et al.，2016）运用磁共振成像技术探究与反社会型人格障碍患者反应抑制有关的脑区结构异常。实验被试包含 27 名反社会型人格障碍患者和 25 名健康被试，实验任务是 Go－Stop 范式。结果发现，反社会型人格障碍患者的双侧额上回、眶额皮质、三角区、岛叶、额中回、颞中回、颞上沟等脑区的皮质厚度显著减小，但表面积显著增大（如图 7.11 所示）。此外，反社会型人格障碍患者的双侧额上回、额中回、眶额皮质、三角区、颞上回和岛叶的皮质厚度与反应抑制呈显著正相关（如图 7.12 所示）。因此，研究者认为，这些区域的皮质结构异常可能

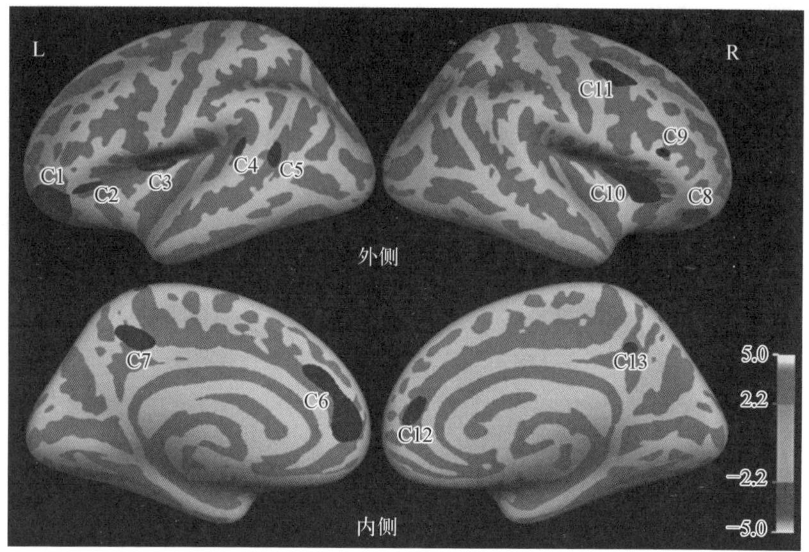

图 7.11 反社会型人格障碍患者左、右半球相关脑区皮质厚度显著减小的区域(Jiang et al., 2016)(见彩插第 16 页)

对理解反社会型人格障碍的病理机制很有价值。

7.2.4 欺骗敏感性降低

反社会型人格障碍患者为了获取个人利益，经常喜欢欺骗他人。人生善意的谎言总是难免，但正常人在善意欺骗时一般存在心理冲突，反社会型人格障碍患者的撒谎和欺骗则较为轻松。研究者自然会好奇，反社会型人格障碍患者进行欺骗时的大脑激活与正常人有何不同？他们说真话和说谎时大脑活动又有何差异？为了测试反社会型人格障碍患者欺骗行为的脑机制，有研究者(Jiang et al., 2013)采用磁共振成像研究，结果发现，相比于说真话，说谎会导致反社会型人格障碍患者大脑特定区域的激活，而且随着说谎次数的增加，他们说谎和欺诈的能力会增强，但这些区域的激活反而呈下降趋势。被试包含 32 名符合反社会人格标准的男性罪犯，用量表测评他们的习惯性说谎程度，在实验情境下诱导和要求他们说真话和谎话并进行功能性磁共振扫描，分析他们在说

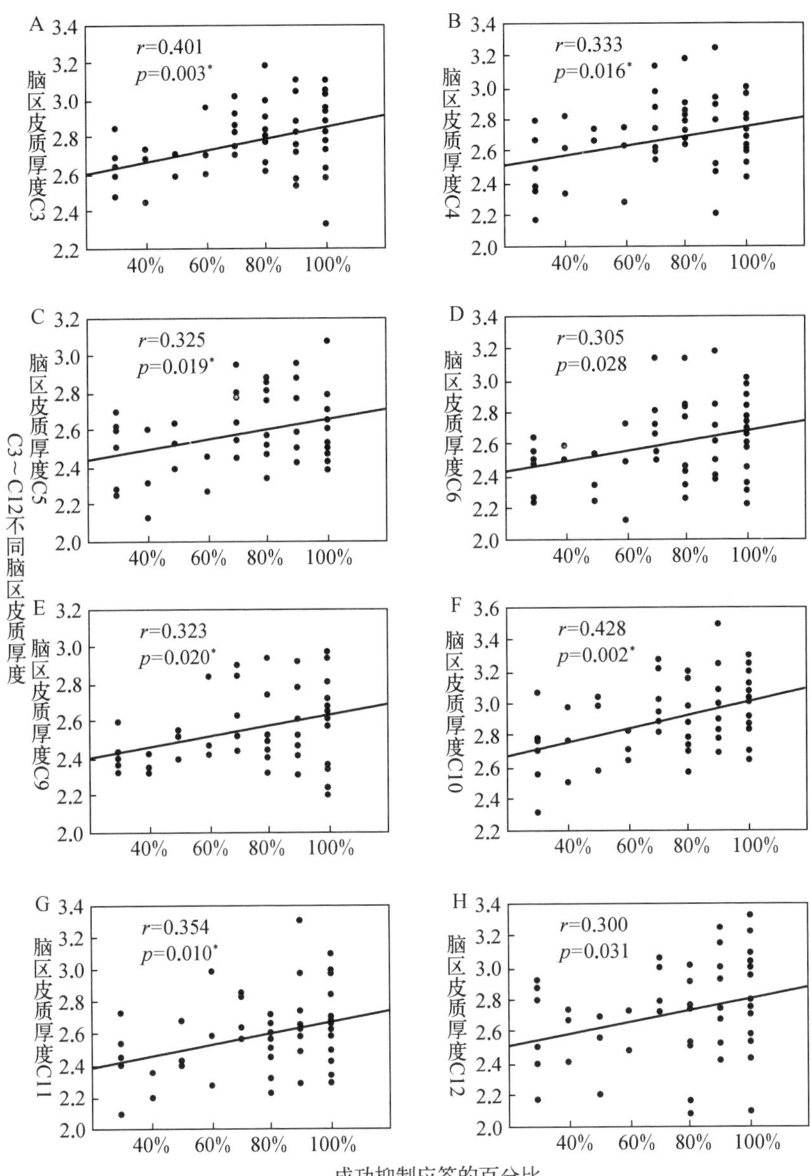

图 7.12　延迟条件下反社会型人格障碍患者的反应抑制与一些脑区皮质厚度呈显著正相关(Jiang et al.，2016)

真话和谎话时的脑区激活差异，以及习惯性说谎程度与激活脑区强弱之间的关系。结果发现，反社会型人格障碍患者说谎时，他们的双侧背外侧前额叶及其延伸至额中回区域、左顶下小叶、双侧扣带回内侧等都出现明显激活（如图 7.13 所示）。而且，他们习惯说谎的程度与这些区域的激活强度呈负相关，即平时说谎能力越强，越习惯说谎的反社会型人格障碍患者，他们在实验室中说谎时这些脑区的激活强度越低（如图 7.14 所示），说明他们在说谎时大脑相应区域已经非常适应，没有太大的认知神经冲突，不需要调动很多认知神经资源。

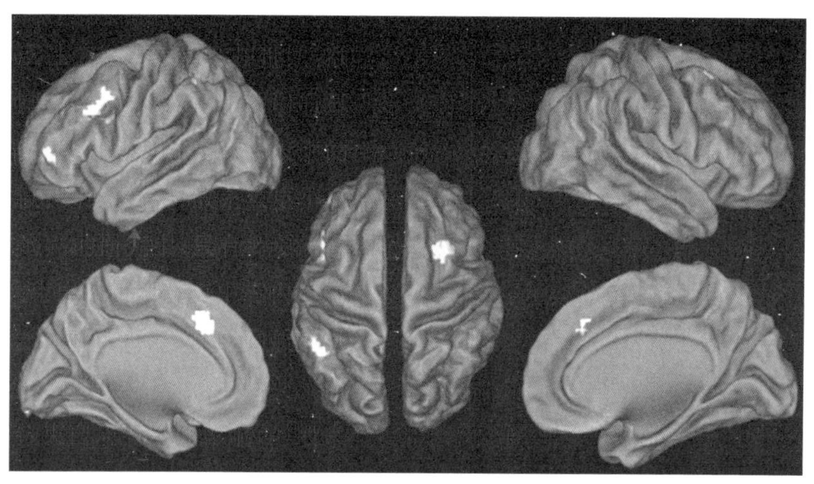

图 7.13 反社会型人格障碍患者说谎时明显激活的大脑区域（Jiang et al.，2013）（见彩插第 17 页）

另一项研究（Liao et al.，2012）得出与上述研究相似的结论。被试是 32 名符合反社会人格标准的男性罪犯，采用强迫选择任务范式，记录所有被试说真话和谎话条件下随机出现的图片和反应时间，同时进行功能性磁共振扫描，完成实验后，对被试实施问卷调查，要求他们在 4 点利克特量表上对自己能骗过别人的自信水平进行打分，以确定被试说谎时的能动性。最后分析他们说真话和谎话时的脑区激活差异，以及习惯说谎的程度与激活脑区强弱之间的关系。结果发现，反社会型人格障碍患者左扣带回前部、双侧背外侧前额叶和左顶下小叶与欺骗行为的执行相

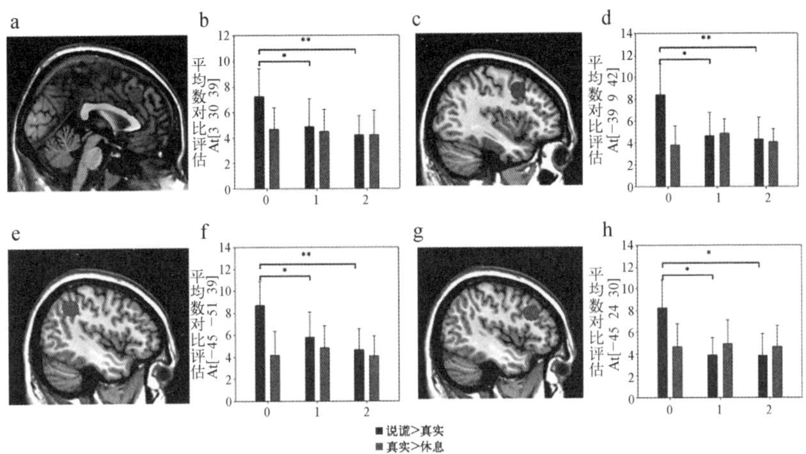

图 7.14 反社会型人格障碍患者的说谎能力与说谎时脑区激活呈负相关(Jiang et al., 2013)(见彩插第 17 页)

[0～2：说谎能力；a、b：右侧额内侧回(3 30 39)；c、d：左侧额中回(−39 9 42)；e、f：左侧顶叶下小叶(−45 −51 39)；g、h：左侧额中回(−45 24 30)]

关，而且随着善于说谎分数的增加，这些区域的激活强度呈下降趋势。

维舒尔等人(Verschuere et al., 2011)的磁共振成像研究发现，频繁说谎会使说谎变得更容易。不善于说谎的人在说谎时需要更多血流量参与新陈代谢，从而引起更强的激活，而习惯说谎的人在说谎时相关脑区的激活相对较弱。因此，反社会型人格障碍患者经常说谎欺骗他人的原因之一是，他们说谎的能力不断增强，说谎对他们来说越来越容易。

7.2.5 道德感缺失

认知行为学研究的诸多证据显示，反社会型人格障碍患者的道德认知和道德感存在异常，这使得他们在漠视和侵犯他人尊严和权利时缺乏道德的约束。近些年，许多研究者试图揭示反社会型人格障碍患者进行道德认知加工时大脑活动的变化，以期建立反社会型人格障碍患者的反社会神经道德模型(antisocial neuromoral model)。雷恩(Raine, 2018)发现，反社会型人格障碍患者的某些脑区存在结构和功能异常，如前额叶和前扣带回(Boccia et al., 2017; Garrigan et al., 2017; Han, 2017)、脑岛(Boccia et al., 2017; Eres et al., 2018)、纹状体(Fumagalli &

Priori, 2012)和伏隔核(Darby et al., 2018)。

基于这些研究证据,雷恩提出一个修正的反社会神经道德模型(如图 7.15 所示),该模型将扣带回、岛叶、纹状体和角回确定为反社会和道德决策共同的区域。

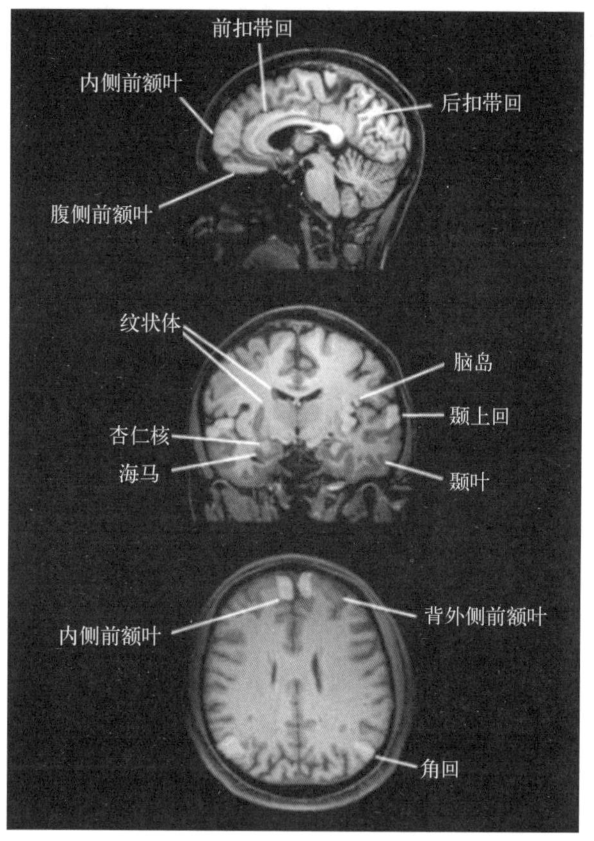

图 7.15 反社会神经道德模型(Raine, 2019)(见彩插第 18 页)
(红色:反社会群体受损;绿色:道德决策激活;黄色:反社会行为和道德决策共同激活)

雷恩还认为,这一修正后的模型可能仍需继续修订,原因有三:首先,一些研究结果只出现在个别研究中,没有明确一致的发现。其次,尽管这两个领域(反社会和道德决策)的脑成像研究都有新发展,但研究结果仍然有许多令人惊讶的不一致之处,无法得出确切的结论。最后,纹状体的一些区域是否参与反社会和道德决策，还存在较大争议。尽管如此，越来越多的研究者认为，额颞区域是反社会型人格障碍患者进行道德加工的主要兴趣区域，具体包括内侧前额叶、腹侧前额叶、前颞叶、上颞叶、颞顶区和杏仁核亚区。

7.3 神经递质和激素

目前研究发现，与反社会型人格障碍相关的神经递质和激素主要有5-羟色胺、单胺氧化酶、睾丸素、催产素和甲状腺激素等。

7.3.1 5-羟色胺

部分研究指出，5-羟色胺水平过高会引起焦虑和抑郁，过低则会减少对行为的抑制，导致不安定、冲动、敏感、激惹和性滥交等。有研究证实，额叶5-羟色胺功能异常是冲动和攻击性的神经生物学依据（New et al.，2008）。科卡罗等人也认为，血小板5-羟色胺转运体与攻击性存在反比关系（Coccaro et al.，2010）。2012年，罗伯特等人招募58名男性反社会型人格障碍患者进行研究，先用艾森克人格问卷（第二版）测评他们的冲动性，然后通过分析侵犯生活史来评估他们的攻击性，最后分别检测他们的血小板5-羟色胺转运体结合数、5-羟色胺-2A受体结合位点数和5-羟色胺含量。结果发现，血小板5-羟色胺转运体结合数、5-羟色胺-2A受体结合位点数和5-羟色胺含量三者之间均呈显著正相关，说明它们均可作为测定人格的指标，但只有血小板5-羟色胺转运体结合数与被试的攻击性呈显著负相关（如图7.16所示）。血小板5-羟色胺转运体结合数与攻击性之间的负相关关系还得到另外一些研究的支持（Birmaher et al.，1990；Marazziti et al.，1993；Stoff et al.，1987），因此研究结果说明，血小板5-羟色胺转运体结合数可能是预测反社会型人格障碍患者攻击性的敏感的神经递质指标（Robert et al.，2012）。

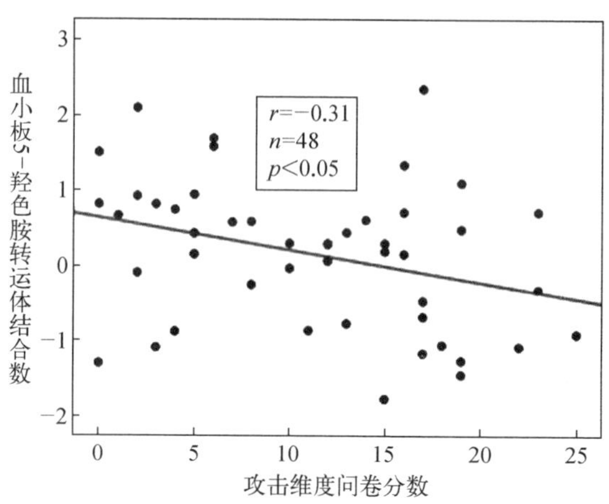

图 7.16 血小板 5-羟色胺转运体结合数与攻击性呈显著负相关
(Robert et al. , 2012)

7.3.2 单胺氧化酶

单胺氧化酶可以调节中枢神经系统单胺类神经递质,对个体的冲动性、侵略性、情感和成瘾行为有重要作用。有研究者认为,反社会型人格障碍患者的高冲动性与他们腹侧纹状体中单胺氧化酶的水平过低有关(Kolla et al. , 2016)。他们招募了 19 名冲动性得分较高的男性反社会型人格障碍患者,结合磁共振成像和正电子发射断层扫描技术,来验证反社会型人格障碍患者的冲动性与腹侧纹状体中单胺氧化酶的关系假设。结果发现,腹侧纹状体是介导冲动行为神经回路中的一个关键区域,腹侧纹状体中单胺氧化酶-A 水平低与反社会型人格障碍患者的冲动性有着特定关系,具体表现为,单胺氧化酶-A 水平(单胺氧化酶-A 总分配体积,MAO-A V_T)与反社会型人格障碍患者冲动行为相关的两个纹状体区(腹上侧和腹下侧纹状体)的功能连通性存在相关,但相关的方向不同,与腹上侧纹状体的功能连通性呈正相关(如图 7.17 所示),与腹下侧纹状体的功能连通性呈负相关(如图 7.18 所示)。

如表 7.3 所示,腹上侧纹状体的功能连通性主要指腹上侧纹状体与

A

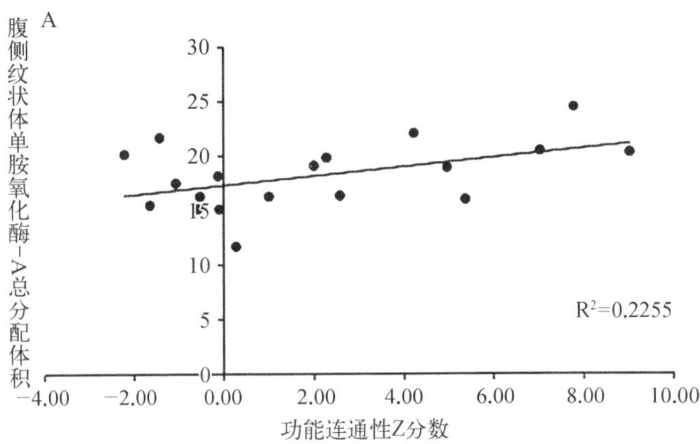

B

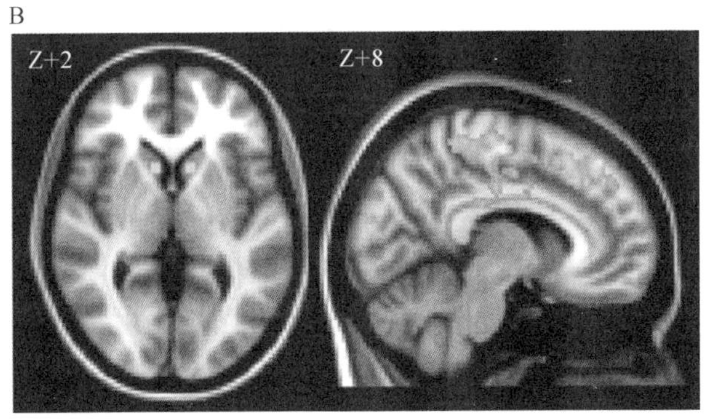

图 7.17 反社会型人格障碍患者腹上侧纹状体功能连通性与单胺氧化酶-A 总分配体积呈正相关(Kolla et al., 2016)(见彩插第 19 页)

(黄色：腹上侧纹状体的功能连通性区域；绿色：与单胺氧化酶-A 总分配体积呈显著正相关区域)

背内侧前额叶之间的通路，腹下侧纹状体的功能连通性主要指腹下侧纹状体与海马之间的通路。单胺氧化酶-A 水平与腹上侧纹状体—背内侧前额叶功能连通性呈正相关，说明反社会型人格障碍患者此通路受到抑制，难以自上而下(从前额叶到纹状体)有效控制冲动性；单胺氧化酶-A 水平与腹下侧纹状体—海马功能连通性呈负相关，说明反社会型人格障碍患者此通路受到激活，难以自下而上(从海马到纹状体)反馈控制冲动性。

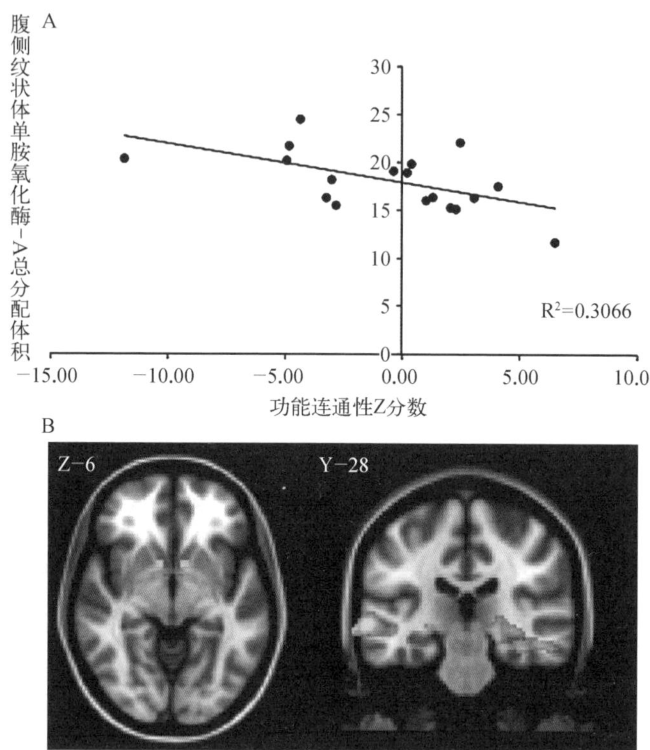

图 7.18 反社会型人格障碍患者腹下侧纹状体功能连通性与单胺氧化酶-A 总分配体积呈负相关(Kolla et al.，2016)(见彩插第 20 页)

(蓝色：腹下侧纹状体的功能连通性区域；绿色：与单胺氧化酶-A 总分配体积呈显著负相关区域)

表 7.3 反社会型人格障碍患者的单胺氧化酶-A 水平、腹侧纹状体功能连通性与冲动性的关系(Kolla et al.，2016)

	腹侧纹状体单胺氧化酶-A总分配体积	腹下侧纹状体—海马功能连通性	腹上侧纹状体—背内侧前额叶功能连通性	五因素人格问卷冲动性	注意	运动	无计划
腹侧纹状体单胺氧化酶-A总分配体积							
腹下侧纹状体—海马功能连通性	−0.55**						

续 表

	腹侧纹状体单胺氧化酶-A总分配体积	腹下侧纹状体—海马功能连通性	腹上侧纹状体—背内侧前额叶功能连通性	五因素人格问卷冲动性	注意	运动	无计划
腹上侧纹状体—背内侧前额叶功能连通性	0.47*	−0.34					
五因素人格问卷冲动性	−0.45*	0.14	−0.49*				
注意	0.17	−0.27	−0.36	0.30			
运动	0.15	−0.50*	−0.28	0.21	0.75***		
无计划	0.05	−0.40	−0.18	0.41	0.71***	0.65**	

7.3.3 睾丸素

睾丸素也被证明与反社会型人格障碍患者的攻击性有某种关系。有研究发现，与健康对照组相比，反社会型人格障碍罪犯的总睾丸素水平更高(Virkkunen & Linnoila, 1993; Aromaki et al., 1999, 2002)。还有研究者推测，睾丸素与反社会人格、攻击性之间的关系是由性激素结合球蛋白(sex hormone binding globulin, SHBG)来介导的。性激素结合球蛋白激素又称睾酮—雌二醇结合球蛋白，是一种运输性激素的载体，它在性激素的作用过程和各种生理病理情况中都有变化。为了验证这一假设，安东等人(Anton et al., 2007)测量了89名囚犯的血浆总睾丸素、游离生物有效睾丸素、性激素结合球蛋白、黄体生成素和促卵泡激素等生物化学指标，评估被试的反社会性和攻击性倾向。生物化学指标和心理变量的相关分析显示，被试的性激素结合球蛋白、总睾丸素与攻击性呈正相关，相关系数分别达到0.39和0.29；反社会性高分组被试的性激素结合球蛋白水平显著高于低分组被试；性激素结合球蛋白水平高的被试的累犯率和严重程度显著高于性激素结合球蛋白水平低的被试。另一项研究(Aluja, & Torrubia, 2004)也支持上述结论，在攻击性上得分较高的被试，其性激素结合球蛋白和总睾丸素的平均水平要高于在攻击性上得分较低的被试；在囚犯群体中，性激素结合球蛋白水平较高的人倾向于多次犯罪，这些人更具有侵略性，暴力行为更多。

然而，也有研究者质疑上述结果，如阿卢亚、路易斯和加西亚(Aluja, Luis, & García, 2007)发现，有反社会型人格障碍的囚犯与没有反社会型人格障碍的囚犯睾丸素水平没有差异。面对争议，近年来有研究者提出新的解释，认为外源性睾丸素本身并不能直接调节攻击行为，调节过程要受到支配性特质和自我控制特质变异的影响。具体来说就是，只有在支配性特质优势相对较大或自我控制力相对较弱的男性中，睾丸素水平的升高才会导致攻击行为增强。为验证这一解释，有研究者(Carré et al., 2017)设计了一个双盲实验。该实验通过广告招募121名健康成年男性，将他们随机分为两组并分别服用睾丸素和安慰剂。然后让两组被试参与一个经过充分验证的决策游戏，游戏可以衡量被试面对社会挑衅时的攻击行为。研究者还采用国际人格项目显性量表和优势—威望量表评估被试的性状优势，采用简明自我控制量表和巴勒特冲动量表评定被试的特质性自我控制。正如预期的那样，睾丸素增强攻击行为的效应只在具有支配性或冲动性的男性被试中才会表现出来(如图7.19和图7.20所示)。

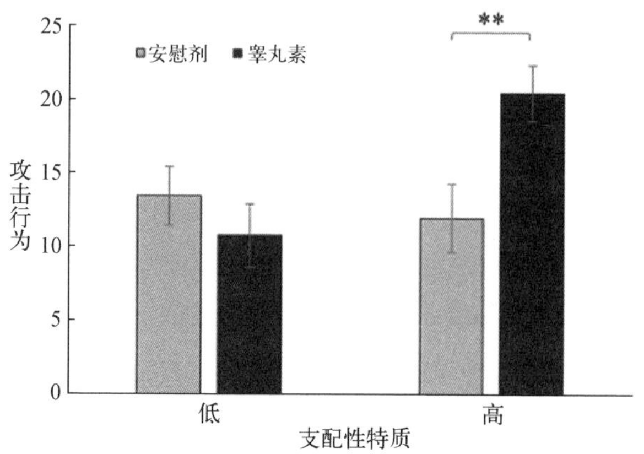

图7.19　睾丸素在支配性特质和攻击行为之间的调节效应

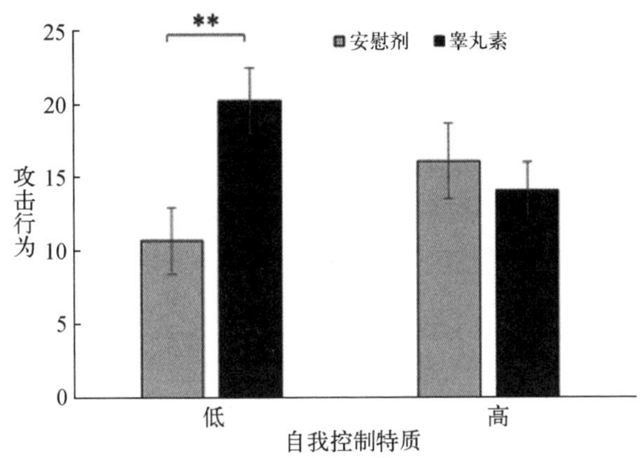

图 7.20 睾丸素在自我控制特质和攻击行为之间的调节效应

7.3.4 催产素

催产素(oxytocin, OT)又称垂体后叶激素,由下丘脑室旁核和视上核合成,由 9 个氨基酸组成。催产素以每天 2～3 毫米的速度转运至神经垂体释放。在"1"和"6"位的甲硫氨酸残基,以双硫键形式形成一个 6 肽的环状结构。催产素并不是女性的专利,男女均可分泌,其生理作用除刺激乳腺分泌乳汁,以及在分娩过程中促进子宫平滑肌的收缩和激发母爱外,还能减少人体内肾上腺酮等压力激素,以降低血压。近些年,一些研究发现,催产素对情绪、社交和道德有调节作用,能帮助人改善心情、促进社交和提高忠诚度等。于是,有研究者尝试用催产素来干预反社会型人格障碍,如马里昂等人(Marion et al., 2017)的研究发现,催产素能提高反社会型人格障碍患者对面部情绪的识别能力。他们招募了 22 名反社会型人格障碍患者和 29 名健康对照者开展研究,两组被试在年龄、性别、智力和受教育程度上相匹配。在实验任务前 45 分钟,被试口服催产素或安慰剂,服药 45 分钟后完成恐惧、愤怒和快乐面孔的情绪分类任务,评估正确分类的数量和反应时间以作为情绪识别能力的指标。结果发现,服用催产素之前,反社会型人格障碍患者识别恐惧和快乐面孔的行为表现显著差于健康被试,但在服药之后两组被试的表现差异消失(如图 7.21 和图 7.22 所示)。研究者考虑用催产素增强反社会型人格障碍患者对恐惧面孔的识别能力，并不只是为了改善他们对表情的认知加工，而是想通过此方法提高反社会型人格障碍患者的共情能力，以减少他们的攻击行为。

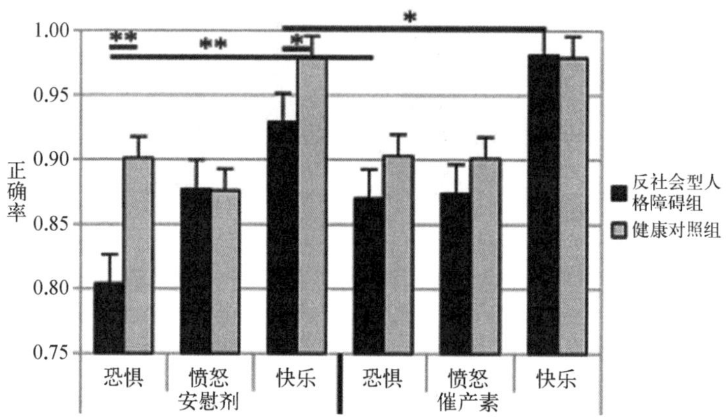

图 7.21　催产素能提升反社会型人格障碍患者识别面部表情的正确率
(Marion et al. , 2017)

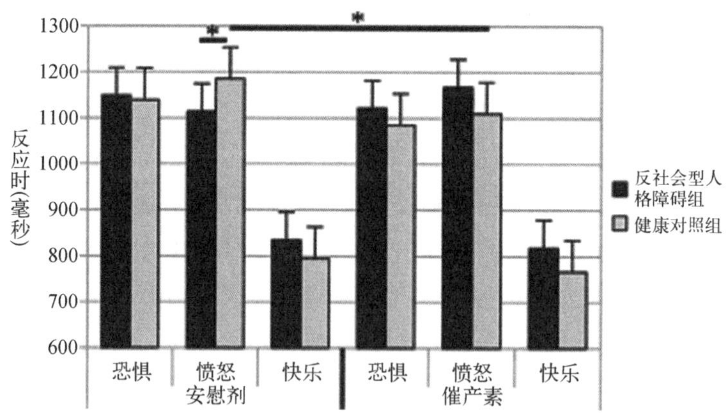

图 7.22　催产素能加快反社会型人格障碍患者对面部表情的识别
(Marion et al. , 2017)

这种治疗思想源自反社会型人格障碍患者的恐惧感缺乏理论(Lyen, 1957; Lykken, 1982)。该理论认为，反社会型人格障碍患者缺少正常的恐惧或焦虑反应。他们的恐惧感受阈限过高，一般的恐惧刺激不会引起恐惧情绪，因而对与恐惧刺激相联结的惩罚信息不敏感。也就是说，那些让常人感到非常恐惧的事情对他们来说影响很小，甚至没有影响，所以他们往往不考虑后果，冲动之下任意做出侵犯他人权利或违反法律的事。有研究发现，在面对令人厌恶的惩罚性事件时，那些因反社会行为而被逮捕的精神病态者表现出惊人的恐惧感缺乏，而且当表达恐惧的表情与表达快乐、惊讶、厌恶或生气的表情一起出现时，他们难以识别出前者，这些特性表明他们的行为可能会更鲁莽，使自己更容易因违法犯罪而被逮捕(Alloy et al.，2005)。

7.3.5 甲状腺激素

甲状腺激素由甲状腺分泌，可以促进和调节人体的新陈代谢。有研究者认为，反社会型人格障碍患者的攻击水平可能与血清甲状腺激素水平有关。为了验证这一假设，阿尔珀等人(Alper et al.，2016)招募了96名反社会型人格障碍患者和97名健康被试进行对照研究。诊断工具采用《精神障碍诊断与统计手册》(第四版)和巴斯—佩里(Buss-Perry)攻击问卷。基于犯罪模式，将反社会型人格障碍组分为“犯罪组”和“非犯罪组”两个亚组。诊断结束后第二天，要求被试禁食一夜，次日早上7:00～9:00采集被试的血液，并进行甲状腺功能测试以及其他与混杂变量相关的生物化学分析，最后比较实验组和对照组攻击评分和甲状腺激素水平的差异。结果发现，反社会型人格障碍犯罪组游离 T_3 水平显著高于非犯罪组；游离 T_3 水平较高的反社会型人格障碍患者，攻击行为的得分也较高；在反社会型人格障碍非犯罪组中，随着血清中游离 T_3 和游离 T_4 水平的升高，攻击行为的得分也增加；在反社会型人格障碍犯罪组中，甲状腺激素水平与攻击行为无明显相关(如表7.4和表7.5所示)。

表7.4 反社会型人格障碍患者和健康被试激素水平差异(均数±标准差)(Alper et al.，2016)

激素类型	反社会型人格障碍患者(n=96)	控制组(n=97)	t/z	p
甲状腺激素游离 T_3	3.52±0.47	3.86±0.36	−5.63t	0.004*
甲状腺激素游离 T_4	1.28±0.21	1.23±0.14	2.10t	0.044*

续 表

激素类型	反社会型人格障碍患者($n=96$)	控制组($n=97$)	t/z	p
促甲状腺激素	1.72±0.94	1.97±1.17	−1.78z	0.074

* $p<0.05$;t 表示 t 检验;z 表示曼-惠特尼 U 检验。

表 7.5 反社会型人格障碍犯罪组和非犯罪组激素水平差异(均数±标准差)(Alper et al.,2016)

激素类型	犯罪组($n=49$)	非犯罪组($n=47$)	t/z	p
甲状腺激素游离 T_3	3.60±0.37	3.44±0.55	1.62t	0.002*
甲状腺激素游离 T_4	1.31±0.26	1.25±0.13	1.44t	0.112
促甲状腺激素	1.72±0.79	1.72±1.08	−0.51z	0.61

* $p<0.05$;t 表示 t 检验;z 表示曼-惠特尼 U 检验。

参考文献

白学军，朱昭红，沈德立，刘楠.(2009).奖惩线索条件下内外倾个体的自主唤醒和行为反应.*心理学报*，*141*(6)，492－500.

邓文，徐彩霞，杨宇，黄史青.(2013).精神分裂症患者腰围、A 型人格与心率变异性相关分析.*中国健康心理学杂志*，*21*(4)，498－500.

丁妮，丁锦红，郭德俊.(2007).个体神经质水平对情绪加工的影响——事件相关电位研究.*心理学报*，*39*(4)，629－637.

范多芳.(2014).*边缘性人格倾向大学生的自主神经活动特点研究*.陕西师范大学硕士学位论文.

付梅，汪强.(2014).跨期决策的神经机制：基于体素形态学和弥散张量成像研究的证据.*心理科学进展*，*22*(04)，659－667.

关慕桢.(2015).*反社会人格障碍高危群体认知特点的脑机制研究*.第四军医大学博士学位论文.

郝磊，蒙杰，何颖，邱江，毕泰勇，陈旭.(2015).艾宾浩斯错觉的脑形态学机制及其与冲动性人格的关系.*中国科学*，*45*(7)，685－694.

蒋伟雄，廖坚，刘华生，唐艳，王维.(2012).反社会人格障碍患者说谎的功能磁共振分析.*中南大学学报*，*37*(11)，1141－1146.

［美］劳伦·B.阿洛伊，约翰·H.雷斯金德，玛格丽特·J.玛诺斯.(2005).*变态心理学*(第 9 版).汤震宇，等，译.上海：上海社会科学院出版社.

李梦姣，陈杰，李新影.(2012).非药物成瘾的遗传学和神经生物学机制研究述评.*心理科学进展*，*20*(10)，1623－1632.

廖坚，罗贤明，王维，吴大兴，柯铭，吕云霄，等.(2009).反社会人格障碍患者的脑灰质结构研究.*中华精神科杂志*，*42*(2)，89－91.

牟海刚.(2017).*反社会人格障碍高危群体情绪图片信息认知的眼动研究*.第四军医大学硕士学位论文.

彭聃龄.(2004).*普通心理学*(修订版).北京：北京师范大学出版社.

平媛，李虹.(2012).星座血型与人格特质之间关系的实证研究.第十五届全国心理学学术会议.

齐铭铭,张庆林,关丽丽,杨娟.(2011).急性心理性应激诱发的神经内分泌反应及其影响因素.*心理科学进展*,*19*(9),1347 - 1354.

单洪雪.(2016).中学生星座人格理论的实证研究.*中小学心理健康教育*,(2),11 - 15.

苏丹,郑涌.(2005).质疑星座决定人格特质的实证研究.*心理科学*,*28*(1),220 - 221.

孙晓雅.(2015).颅相学：两个世纪的魅影.*成都师范学院学报*,*31*(5),83 - 87.

王冬梅.(2013).四气质的前世今生.*百科知识*,(14),24 - 25.

王魏,赵德忠,王卫霞.(2004).应用 HPLC - ED 同时测定脑匀浆 8 种生物胺及其代谢产物含量.*中国药理学通报*,*20*(1),119 - 120.

徐建平,陈基越,张伟,李文雅,盛毓.(2015).应聘者在人格测验中作假的反应过程：基于工作赞许性的眼动证据.*心理学报*,*47*(11),1395 - 1404.

许晶,杨丽珠.(2002).感觉寻求与长潜伏期听觉诱发电位的相关性.*中华行为医学与脑科学杂志*,*11*(6),708 - 710.

严进.(2008).应激反应的特异性与非特异性.*心理科学进展*,*16*(3),363 - 370.

于凯,邢强.(2015).感觉寻求对风险决策影响的认知神经机制.*广州大学学报(社会科学版)*,*14*(4),22 - 28.

余佳.(2013).从颅相学到脑科学.*百科知识*,(16),17 - 19.

岳珍珠,张德玄,王岩.(2004).冲突控制的神经机制.*心理科学进展*,*12*,651 - 660.

张剑戈.(2007).*基于脑区的 PET 图像分析方法的初步研究*.上海交通大学博士学位论文.

张明,梅松丽.(2007).影响感觉寻求人格特质的生物遗传因素.*心理科学进展*,*15*(02),249 - 252.

张自强,李岩.(2015).质谱技术在临床生化检测中的应用.*检验医学*,*30*(5),407 - 409.

俎栋林,高家红.(2014).*核磁共振成像——物理原理和方法*.北京：北京大学出版社.

Abler, B., Walter, H., Erk, S., Kammerer, H., & Spitzer, M. (2006). Prediction error as a linear function of reward probability is coded in human nucleus accumbens. *Neuroimage, 31*(2), 790 - 795.

Abroad, K. C. (2015). Brockhaus and efron encyclopedic dictionary. *State Party*.

Adam, E. K., Doane, L. D., Zinbarg, R. E., Mineka, S., Craske, M. G., & Griffith, J. W. (2010). Prospective prediction of major depressive disorder from cortisol awakening responses in adolescence. *Psychoneuroendocrinology, 35*(6), 921 - 931.

Adamaszek, M., Agata, F. D., Ferrucci, R., Habas, C., Keulen, S., &

Kirkby, K. C. (2016). Consensus paper: Cerebellum and emotion. *Cerebellum, 16*(2), 1 - 25.

Aghajani, M., Veer, I. M., Aleman, A., Buchem, M. A., Veltman, D. J., Rombouts, S. A., & Wee, N. J. (2014). Neuroticism and extraversion are associated with amygdala resting-state functional connectivity. *Cognitive, Afective and Behavioral Neuroscience, 14*, 836 - 848.

Allaway, H. C., Bloski, T. G., Pierson, R. A., & Lujan, M. E. (2010). Digit ratios (2D : 4D) determined by computer-assisted analysis are more reliable than those using physical measurements, photocopies, and printed scans. *American Journal of Human Biology, 21*(3), 365 - 370.

Alper, E., Barış, Ö. Ü., & Aytekin, Ö. (2016). The relationship between aggression and serum thyroid hormone level in individuals diagnosed with antisocial personality disorder. *Archives of Neuropsychiatry, 53*, 120 - 125.

Aluja, A., & García, L. F. (2005). Sensation seeking, sexual curiosity and testosterone in inmates. *Neuropsychobiology, 51*(1), 28 - 33.

Aluja, A., Luis, F., & García, L. F. (2007). Role of sex hormone-binding globulin in the relationship between sex hormones and antisocial and aggressive personality in inmates. *Psychiatry Research, 152*, 189 - 196.

Aluja, A., & Torrubia, R. (2004). Hostility-aggressiveness, sensation seeking, and sex hormones in men: Re-exploring their relationship. *Neuropsychobiology, 50*(1), 102 - 107.

Alvarez, R. P., Chen, G., Bodurka, J., Kaplan, R., & Grillon, C. (2011). Phasic and sustained fear in humans elicits distinct patterns of brain activity. *Neuroimage, 55*, 389 - 400.

Alvergne, A., Jokela, M., Faurie, C., & Lummaa, V. (2010). Personality and testosterone in men from a high-fertility population. *Personality and Individual Differences, 49*, 840 - 844.

Amodio, D. M., & Frith, C. D. (2006). Meeting of minds: The medial frontal cortex and social cognition. *Nature Reviews Neuroscience, 7*, 268 - 277.

Antonova, E., Morris, R., Kumari, V., Halari, R., Anilkumar, A., Ravi, M., et al. (2005). The relationship of structural alterations to cognitive deficits in schizophrenia: A voxel-based morphometry study. *Biological Psychiatry, 258*(6), 457 - 467.

Archer, J., Graham-Kevan, N., & Davies, M. (2005). Testosterone and aggression: A reanalysis of Book, Starzyk, and Quinsey's (2001) study.

Aggression and Violent Behavior, 10, 241–261.

Aromaki, A. S., Lindman, R. E., & Eriksson, C. J. P. (1999). Testosterone, aggressiveness, and antisocial personality. *Aggressive Behavior, 25* (2), 113–123.

Aromaki, A. S., Lindman, R. E., & Eriksson, C. J. P. (2002). Testosterone, sexuality and antisocial personality in rapists and child molesters: A pilot study. *Psychiatry Research, 110* (3), 239–247.

Ashton, M. C., Lee, K., & Paunonen, S. V. (2002). What is the central feature of extraversion? Social attention versus reward sensitivity. *Journal of Personality and Social Psychology, 83*, 245–252.

Atmaca, M., Kaya, S., Taskent, I., Baykara, S., & Yildirim, H. (2017). Orbito-frontal cortex volumes in patients with antisocial personality disorder. *Asian Journal of Psychiatry, 28*, 131–132.

Auerbach, R. P., Tarlow, N., Bondy, E., Stewart, J. G., Aguirre, B., & Kaplan, C., et al. (2016). Electrocortical reactivity during self-referential processing in female youth with borderline personality disorder. *Biological Psychiatry Cognitive Neuroscience and Neuroimaging, 1*(4), 335–344.

Austin, E. J., Manning, J. T., Mcinroy, K., & Mathews, E. (2002). A preliminary investigation of the associations between personality, cognitive ability and digit ratio. *Personality and Individual Differences, 33*, 1115–1124.

Bailey, A. A., & Hurd, P. L. (2005). Finger length ratio (2D : 4D) correlates with physical aggression in men but not in women. *Biological Psychology, 68*(3), 215–222.

Balducci, T., González-Olvera, J. J., Angeles-Valdez, D., Espinoza-Luna, I., & Garza-Villarreal, E. A. (2018). Borderline personality disorder with cocaine dependence: Impulsivity, emotional dysregulation and amygdala functional connectivity. *Frontiers in Psychiatry, 9*, 328.

Banda, G. G., Chellew, K., Fornes, J., Perez, G., & Servera, M. (2014). Neuroticism and cortisol: Pinning down an expected effect. *International Journal of Psychophysiology, 91*, 132–138.

Barlow, D. H., Ellard, K. K., Sauer-Zavala, S., Bullis, J. R., & Carl, J. R. (2014). The origins of neuroticism. *Perspectives on Psychological Science, 9*, 481–496.

Bast, T., Zhang, W. N., & Feldon, J. (2003). Dorsal hippocampus and classical fear conditioning to tone and context in rats: Effects of local NMDA–receptor blockade and stimulation. *Hippocampus, 13*, 657–675.

Beauducel, A., Brocke, B., & Leue, A. (2006). Energetical bases of extraversion: Effort, arousal, EEG, and performance. *International Journal of Psychophysiology, 62*, 212 - 223.

Benderlioglu, Z., & Nelson, R. J. (2004). Digit length ratios predict reactive aggression in women, but not in men. *Hormones and Behavior, 46*(5), 558 - 564.

Berridge, K. C., & Robinson, T. E. (1998). What is the role of dopamine in reward: Hedonic impact, reward learning, or incentive salience? *Brain Research, 28*, 309 - 369.

Bertsch, K., Schmidinger, I., Neumann, I. D., & Herpertz, S. C. (2013). Reduced plasma oxytocin levels in female patients with borderline personality disorder. *Hormones and Behavior, 63*(3), 424 - 429.

Bexton, W. H., Heron, W., & Scott, T. H. (1954). Effects of decreased variation in the sensory environment. *Canadian Journal of Psychology, 8*(2), 70 - 76.

Bibbey, A., Carroll, D., Roseboom, T. J., Phillips, A. C., & Rooij, S. R. D. (2013). Personality and physiological reactions to acute psychological stress. *International Journal of Psychophysiology, 90*(1), 28 - 36.

Birmaher, B., Stanley, M., Greenhill, L., Twomey, J., Gavrilescu, A., & Rabinovich, H. (1990). Platelet imipramine binding inchildren and adolescents with impulsive behavior. *Journal of the American Academy of Child and Adolescents Psychiatry, 29*(6), 914 - 918.

Bjork, J. M., Knutson, B., & Hommer, D. W. (2008). Incentive-elicited striatal activation in adolescent children of alcoholics. *Addiction, 103*(8), 1308 - 1319.

Boccia, M., Dacquino, C., Piccardi, L., Cordellieri, P., Guariglia, C., Ferlazzo, F., et al. (2017). Neural foundation of human moral reasoning: An ALE meta-analysis about the role of personal perspective. *Brain Imaging and Behavior, 11*, 278 - 292.

Bøen, E., Westlye, L. T., Elvsåshagen, T., Hummelen, B., Hol, P. K., Boye, B., Andersson, S., Karterud, S., & Malt, U. F. (2014). Regional cortical thinning may be a biological marker for borderline personality disorder. *Acta Psychiatrica Scandinavica, 130*(3), 193 - 204.

Bogaert, A. F., & Fisher, W. A. (1995). Predictors of university men's number of sexual partners. *Journal of Sex Research, 32*(2), 119 - 130.

Bogg, T., Fukunaga, R., Finn, P. R., & Brown, J. W. (2012). Cognitive control links alcohol use, trait disinhibition, and reduced cognitive capacity: Evidence for medial prefrontal cortex dysregulation during reward-seeking behavior. *Drug and Alcohol Dependence, 122*(1-2), 112-118.

Bonne, O., Vythilingam, M., Inagaki, M., Wood, S., Neumeister, A., Nugent, A. C., Snow, J., Luckenbaugh, D. A., Bain, E. E., Drevets, W. C., & Charney, D. S. (2008). Reduced posterior hippocampal volume in posttraumatic stress disorder. *Journal of Clinical Psychiatry, 69*, 1087-1091.

Bozkurt, A., Zilles, K., Schleicher, A., Kamper, L., Arigita, E. S., Uylings, H. B., & Kötter, R. (2005). Distributions of transmitter receptors in the macaque cingulate cortex. *Neuroimage, 25*(1), 219-229.

Brancucci, A., Nuzzo, M., & Tommasi, L. (2009). Opposite hemispheric asymmetries for pitch identification in absolute pitch and non-absolute pitch musicians. *Neuropsychologia, 47*, 2937-2941.

Brebner, J. (1990). Psychological and neurophysiological factors in stimulus-response compatibility. *Advances in Psychology, 65*, 241-260.

Bremner, J. D., Narayan, M., Anderson, E. R., Staib, L. H., Miller, H. L., & Charney, D. S. (2000). Hippocampal volume reduction in major depression. *American Journal of Psychiatry, 157*, 115-118.

Brocke, B., Tasche, K. G., & Beauducel, A. (1997). Biopsychological foundations of extraversion: Differential effort reactivity and state control. *Personality and Individual Differences, 22*(4), 447-458.

Brown, W. M., Hines, M., Fane, B. A., & Breedlove, S. M. (2002). Masculinized finger length patterns in human males and females with congenital adrenal hyperplasia. *Hormones and Behavior, 42*(4), 380-386.

Bruehl, H., Preißler, S., Heuser, I., Heekeren, H. R., Roepke, S., & Dziobek, I. (2013). Increased prefrontal cortical thickness is associated with enhanced abilities to regulate emotions in PTSD-free women with borderline personality disorder. *PloS One, 8*(6), e65584.

Brüne, M., Ebert, A., Kolb, M., Tas, C., Edel, M. A., & Roser, P. (2013). Oxytocin influences avoidant reactions to social threat in adults with borderline personality disorder. *Human Psychopharmacology: Clinical and Experimental, 28*(6), 552-561.

Bruno, V., Adriaan, S., Ewout, H. M., & Henry, O. (2011). The ease of lying. *Consciousness and Cognition, 20*(3), 908-911.

Brydon, L., Wright, C. E., Donnell, K. O., & Zachary, I. (2008). Stress-induced cytokine responses and central adiposity in young women. *International Journal of Obesity, 32*, 443-450.

Buchsbaum, M., & Stevens, S. S. (1971). Neural events and psychophysical law. *Science, 172*(3982), 502.

Bullock, W. A., & Gilliland, K. (1993). Eysenck's arousal theory of introversion extraversion: A converging measures investigation. *Journal of Personality and Social Psychology, 64*, 113.

Buunk, B. P., & Dijkstra, P. (2005). A narrow waist versus broad shoulders: Sex and age differences in the jealousy-evoking characteristics of a rival's body build. *Personality and Individual Differences, 39*(2), 379 - 389.

Cahill, J. M., & Polich, J. (1992). P300, probability, and introverted/extroverted personality types. *Biological Psychology, 33*(1), 23 - 35.

Campbell, A. (2010). Oxytocin and human social behavior. *Personality and Social Psychology Review, 14*, 281 - 295.

Campbell, B. C., Dreber, A., Apicella, C. L., Eisenberg, D. T. A., Gray, P. B., Little, A. C., ... & Lum, J. K. (2010). Testosterone exposure, dopaminergic reward, and sensation-seeking in young men. *Physiology and Behavior, 99*(4), 451 - 456.

Campbell, J. B. (1983). Differential relationships of extraversion, impulsivity, and sociability to study habits. *Journal of Research in Personality, 17*(3), 308 - 314.

Canli, T., & Lesch, K. P. (2007). Long story short: The serotonin transporter in emotion regulation and social cognition. *Nature Neuroscience, 10*, 1103 - 1109.

Canli, T., Zhao, Z., Desmond, J. E., Kang, E., Gross, J., & Gabrieli, D. E. (2001). An fMRI study of personality influences on brain reactivity to emotional stimuli. *Behavioral Neuroscience, 115*, 33 - 42.

Carrasco, J. L., Saiz-Ruiz, J., Díaz-Marsá, M., Cesar, J., & López-Ibor, J. J. (1999). Low platelet monoamine oxidase activity in sensation-seeking bullfighters. *CNS Spectrums, 4*(12), 21 - 24.

Carré, J. M., & Mehta, P. H. (2011). Importance of considering testosterone-cortisol interactions in predicting human aggression and dominance. *Aggressive Behavior, 37*, 489 - 491.

Carré, J. M., Geniole, S. N., Ortiz, T. L., Bird, B. M., Videto, A., & Bonin, P. L. (2017). Exogenous testosterone rapidly increases aggressive behavior in dominant and impulsive men. *Biological Psychiatry, 82*(4), 249 - 256.

Carrillo-de-la-Peña, M. T. (1992). ERP augmenting/reducing and sensation seeking: A critical review. *International Journal of Psychophysiology, 12*(3), 211 - 220.

Carrillo-de-la-Peña, M. T. (2001). One-year test-retest reliability of auditory evoked potentials (AEPs) to tones of increasing intensity. *Psychophysiology, 38*(3), 417-424.

Carvalho, F. S. et al. (2013). Acute glucocorticoid effects on response inhibition in borderline personality disorder. *Psychoneuroendocrinology, 38*(11), 2780-2788.

Carver, C. S., Johnson, S. L., & Joormann, J. (2009). Two-mode models of self-regulation as a tool for conceptualizing effects of the serotonin system in normal behavior and diverse disorders. *Current Directions in Psychological Science, 18*(4), 195-199.

Caswell, N., & Manning, J. T. (2007). A comparison of finger 2D∶4D by self-report direct measurement and experimenter measurement from photocopy: Methodological issues. *Archives of Sexual Behavior, 38*(1), 143-148.

Cattell, R., Young, H., & Hundleby, J. (1964). Blood groups and personality traits. *American Journal of Human Genetics, 16*, 397-402.

Chan, S. W. Y., Goodwin, G. M., & Harmer, C. J. (2007). Highly neurotic never-depressed students have negative biases in information processing. *Psychological Medicine, 37*(9), 1281-1291.

Chavanon, M. L., Wacker, J., & Stemmler, G. (2010). Rostral anterior cingulate activity generates posterior versus anterior theta activity linked to agentic extraversion. *Cognitive, Affective, and Behavioral Neuroscience, 11*, 172-185.

Cheng, G. L. F., Liu, Y. P., Chan, C. C. H., So, K. F., Zeng, H., & Lee, T. M. C. (2015). Neurobiological underpinnings of sensation seeking trait in heroin abusers. *European Neuropsychopharmacology, 25*(11), 1968-1980.

Clark, L. A., Watson, D., & Mineka, S. (1994). Temperament, personality, and the mood and anxiety disorders. *Journal of Abnormal Psychology, 103*(1), 103-116.

Cloninger, C. R. (1993). A psychobiological model of temperament and character. *Archives of General Psychiatry, 50*(12), 975-990.

Coan, J. A., & Allen, J. J. (2004). Frontal EEG asymmetry as a moderator and mediator of emotion. *Biological Psychology, 67*(1-2), 7-50.

Coccaro, E. F., Kavoussi, R. J., Sheline, Y. I., Lish, J. D., & Csernansky, J. G. (1996). Impulsive aggression in personality disorder correlates with tritiated paroxetine binding in the platelet. *Archives of General Psychiatry, 53*, 531-536.

Coccaro, E. F., Lee, R., & Kavoussi, R. J. (2010). Inverse relationship between numbers of 5 - HT transporter binding sites and life history of aggression and intermittent explosive disorder. *Journal of Psychiatric Research, 44*(3), 137 - 142.

Cohen, M. X., Heller, A. S., & Ranganath, C. (2005). Functional connectivity with anterior cingulate and orbitofrontal cortices during decisionmaking. *Cognitive Brain Research, 23*, 61 - 70.

Cohen, M. X., Young, J., Baek, J. M., Kessler, C., & Ranganath, C. (2005). Individual differences in extraversion and dopamine genetics reflect reactivity of neural reward circuitry. *Cognitive Brain Research, 25*(3), 851 - 861.

Cole, K., Maia, P., Philip, D. C., Jean, D., David, S., Michael, K., et al. (2017). Impulsive-antisocial dimension of psychopathy linked to enlargement and abnormal functional connectivity of the striatum: Biological psychiatry. *Cognitive Neuroscience and Neuroimaging, 2*, 149 - 157.

Colin, G. et al. (2010). Testing predictions from personality neuroscience: Brain structure and the Big Five. *Psychological Science, 21*(6), 820 - 828.

Corr, P. J. (2016). Reinforcement sensitivity theory of personality questionnaires: Structural survey with recommendations. *Personality and Individual Differences, 89*, 60 - 64.

Corr, P. J., & McNaughton, N. (2012). Neuroscience and approach/avoidance personality traits: A two stage (valuation-motivation) approach. *Neuroscience and Biobehavioral Reviews, 36*, 2339 - 2354.

Costa, R. M., Correia, M., & Oliveira, R. F. (2015). Does personality moderate the link between women's testosterone and relationship status? The role of extraversion and sensation seeking. *Personality and Individual Differences, 76*, 141 - 146.

Costa, P. T., & McCrae, R. R. (1992). Revised NEO Personality Inventory (NEO-PI-RTM) and NEO Five Factor Inventory (NEO-FFI): Professional manual. Psychological Assessment Resources.

Costa, P. T., & McCrae, R. R. (1995). Domains and facets: Hierarchical personality assessment using the Revised NEO Personality Inventory. *Journal of Personality Assessment, 64*, 21 - 50.

Costa, P. T., & McCrae, R. R. (2000). Stability and change in personality assessment: The Revised NEO Personality Inventory in the year. *Journal of Personality Assessment, 68*, 86 - 94.

Costa, P. T., McCrae, R. R., & Dye, D. A. (1992). Facet scales for agreeableness and conscientiousness: A revision of the NEO Personality Inventory. *Personality and Individual Differences, 12*(9), 887 - 898.

Cox, S. M., Andrade, A., & Johnsrude, I. S. (2005). Learning to like: A role for human orbitofrontal cortex in conditioned reward. *The Journal of Neuroscience, 25*(10), 2733 - 2740.

Coutinho, J. F., Sampaio, A., Ferreira, M., Soares, J. M., & Gonçalves, O. F. (2013). Brain correlates of pro-social personality traits: A voxel-based morphometry study. *Brain Imaging and Behavior, 7*, 293 - 299.

Craig, R. J. (1979). Personality characteristics of heroin addicts: A review of the empirical literature with critique-part II. *International Journal of the Addictions, 14*(5), 607 - 626.

Cramer, K. M., & Imaike, E. (2002). Personality, blood type, and the five-factor model. *Personality and Individual Differences, 32*(4), 621 - 626.

Crane, N. A., Gorka, S. M., Phan, K. L., & Childs, E. (2018). Amygdala-orbitofrontal functional connectivity mediates the relationship between sensation seeking and alcohol use among binge-drinking adults. *Drug and Alcohol Dependence, 192*, 208 - 214.

Cremers, H. et al. (2011). Extraversion is linked to volume of the orbitofrontal cortex and amygdala. *PloS One, 6*(12), e28421.

Critchley, H. D., Elliott, R., Mathias, C. J., & Dolan, R. J. (2000). Neural activity relating to generation and representation of galvanic skin conductance responses: A functional magnetic resonance imaging study. *Neuroscience, 20*, 3033 - 3040.

Croissant, B., Demmel, R., Rist, F., & Olbrich, R. (2008). Exploring the link between gender, sensation seeking, and family history of alcoholism in cortisol stress-response dampening. *Biological Psychology, 79*(2), 268 - 274.

Csathó, A., Osváth, A., Bicsák, E., Karádi, K., & Kállai, J. (2003). Sex role identity related to the ratio of second to fourth digit length in women. *Biological Psychology, 62*(2), 147 - 156.

Cservenka, A., Herting, M. M., Seghete, K. L. M., Hudson, K. A., & Nagel, B. J. (2013). High and low sensation seeking adolescents show distinct patterns of brain activity during reward processing. *Neuroimage, 66*, 184 - 193.

Daitzman, R. J., Zuckerman, M., Sammelwitz, P., & Ganjam, V. (1978). Sensation seeking and gonadal hormones. *Journal of Biosocial Science, 10*(4), 401 - 408.

Daitzman, R., & Zuckerman, M. (1980). Disinhibitory sensation seeking, personality and gonadal hormones. *Personality and Individual Differences, 1*(2), 103 - 110.

Darby, R. R., Horn, A., Cushman, F., & Fox, M. D. (2018). Lesion network localization of criminal behavior. *Proceedings of the National Academy of Sciences, 115*, 601 - 606.

Davidson, R. J. (2000). Affective style, psychopathology, and resilience: Brain mechanisms and plasticity. *American Psychologist, 55*(11), 1196 - 1214.

Davidson, R. J. (2002). Anxiety and affective style: Role of prefrontal cortex and amygdala. *Biological Psychiatry, 51*, 68 - 80.

Debener, S., Ullsperger, M., Siegel, M., Fiehler, K., Von Cramon, D. Y., & Engel, A. K. (2005). Trial-by-trial coupling of concurrent electroencephalogram and functional magnetic resonance imaging identifies the dynamics of performance monitoring. *Journal of Neuroscience, 25*, 1730 - 1737.

Deckersbach, T. et al. (2006). Regional cerebral brain metabolism correlates of neuroticism and extraversion. *Depression and Anxiety, 23*, 133 - 138.

Dedovic, K., Duchesne, A., Andrews, J., Engert, V., & Pruessner, J. C. (2009). The brain and the stress axis: The neural correlates of cortisol regulation in response to stress. *Neuroimage, 47*(3), 864 - 871.

Demaree, H. A., Everhart, D. E., Youngstrom, E. A., & Harrison, D. W. (2005). Brain lateralization of emotional processing: Historical roots and a future incorporating dominance. *Behavioral and Cognitive Neuroscience Reviews, 4*, 3 - 20.

Denny, B. T., Fan, J., Liu, X., Guerreri, S., Mayson, S. J., Rimsky, L., et al. (2016). Brain structural anomalies in borderline and avoidant personality disorder patients and their associations with disorder-specific symptoms. *Journal of Affective Disorders, 200*, 266 - 274.

Depping, M. S., Wolf, N. D., Vasic, N., Sambataro, F., Thomann, P. A., & Wolf, R. C. (2016). Common and distinct structural network abnormalities in major depressive disorder and borderline personality disorder. *Progress in Neuro-Psychopharmacology and Biological Psychiatry, 65*, 127 - 133.

Depue, R. A. (2009). Genetic, environmental, and epigenetic factors in the development of personality disturbance. *Development and Psychopathology, 21*, 1031 - 1063.

Depue, R. A., & Collins, P. F. (1999). Neurobiology of the structure of personality: Dopamine, facilitation of incentive motivation, and extraversion. *Behavioral and Brain Sciences, 28* (3), 313 - 395.

DeSoto, M. C., Geary, D. C., Hoard, M. K., Sheldon, M., & Cooper, M. L. (2003). Estrogen variation, oral contraceptives, and borderline personality. *Psychoneuroendocrinology, 28*, 751 - 766.

DeSoto, M. C., & Salinas, M. (2015). Neuroticism and cortisol: The importance of checking for sex differences. *Psychoneuroendocrinology, 62*, 174 - 179.

Deyoung, C. G., Hirsh, J. B., Shane, M. S., Papademetris, X., Rajeevan, N., & Gray, J. R. (2010). Testing predictions from personality neuroscience: Brain structure and the big five. *Psychological Science, 21* (6), 820 - 828.

Dionne, M. M., & Davis, C. (2005). Body image variability: The influence of body-composition information and neuroticism on young women's body dissatisfaction. *Body Image, 1*(4), 335 - 349.

Ditraglia, G. M., & Polich, J. (1991). P300 and introverted/extraverted personality types. *Psychophysiology, 28*(2), 177 - 184.

O'Doherty, J., Kringelbach, M. L., Rolls, E. T., Hornak, J., & Andrews, C. (2001). Abstract reward and punishment representations in the human orbitofrontal cortex. *Neuroscience, 4* (1), 95 - 102.

Dombrovski, A. Y., Siegle, G. J., Szanto, K., Clark, L., Reynolds, C. F., & Aizenstein, H. (2012). The temptation of suicide: Striatal gray matter, discounting of delayed rewards, and suicide attempts in late-life depression. *Psychological Medicine, 42*, 1203 - 1215.

Donchin, E., Karis, D., Bashore, T., & Coles, M. G. (1986). Cognitive psychophysiology and human information processing. *Psychophysiology: Systems, Processing and Applications*, 244 - 267.

Donegan, N. H., Sanislow, C. A., Blumberg, H. P., Fulbright, R. K., Lacadie, C., Skudlarski, P., Gore, J. C., Olson, I. R., McGlashan, T. H., & Wexler, B. E. (2015). Amygdala hyperreactivity in borderline personality disorder: Implications for emotional dysregulation. *Biological Psychiatry, 54*, 1284 - 1293.

Doucet, C., & Stelmack, R. M. (2000). An event-related potential analysis of extraversion and individual differences in cognitive processing speed and response execution. *Journal of Personality and Social Psychology, 78*(5), 956 - 964.

Dreher, J. C., Schmidt, P. J., Kohn, P., Furman, D., Rubinow, D., & Berman, K. F. (2007). Menstrual cycle phase modulates reward related neural function in women. *Proceedings of the National Academy of Sciences of the United States of America, 104*, 2465 - 2470.

Eisenberg, D. T., Campbell, B., MacKillop, J., Lum, J. K., & Wilson, D. S. (2007). Season of birth and dopamine receptor gene associations with impulsivity, sensation seeking and reproductive behaviors. *PloS One, 2*(11), e1216.

Eisenberger, N. I., & Lieberman, M. D. (2004). Why rejection hurts: A common neural alarm system for physical and social pain. *Trends in Cognitive Sciences, 8*, 294 - 300.

Eisenlohrmoul, T. A., Dewall, C. N., Girdler, S. S., & Segerstrom, S. C. (2015). Ovarian hormones and borderline personality disorder features: Preliminary evidence for interactive effects of estradiol and progesterone. *Biological Psychology, 109*, 37 - 52.

Eres, R., Louis, W. R., & Molenberghs, P. (2018). Common and distinct neural networks involved in fMRI studies investigating morality: An ALE meta-analysis. *Social Neuroscience, 13*, 384 - 398.

Eriksen, B., & Eriksen, C. (1974). Effects of noise letters upon the identification of a target letter in a nonsearch task. *Perception and Psychophysics, 16*, 143 - 149.

Evardone, M., Alexander, G. M., & Morey, L. C. (2008). Hormones and borderline personality features. *Personality and Individual Differences, 44*(1), 278 - 287.

Eysenck, H. J., & Eysenck, M. (1985). *Personality and individual differences: A natural science approach*. New York: Plenum.

Eysenck, H. J. (1970). Personality structure and measurement. *Mental Health, 29*(Summer), 31 - 32.

Eysenck, H. J. (1990). Genetic and environmental contributions to individual differences: Three major dimensions of personality. *Journal of Personality, 58*, 245 - 261.

Eysenck, H. J. (1990). Biological dimensions of personality. In L. A. Pervin (Ed.), *Handbook of personality: Theory and research* (pp. 244 - 276). New York: Guilford Press.

Fink, B., Hamdaoui, A., Wenig, F., & Neave, N. (2010). Hand-grip strength and sensation seeking. *Personality and Individual Differences, 49*(7), 789 - 793.

Fink, B., Neave, N., Laughton, K., & Manning, J. T. (2006). Second to fourth digit ratio and sensation seeking. *Personality and Individual Differences, 41*(7), 1253 - 1262.

Fisak, B., Tantleffdunn, S., & Peterson, R. D. (2007). Personality information: Does it influence attractiveness ratings of various body sizes? *Body Image, 4*(2), 213 - 217.

Fishmana, I., & Ng, R. (2013) Error-related brain activity in extraverts: Evidence for altered response monitoring in social context. *Biological Psychology, 93*(1), 225 - 230.

Fiske, D. W., & Maddi, S. R. (1961). *Functions of varied experience.* Homewood: Dorsey.

Fjell, A. M., Aker, M., Bang, K. H., Bardal, J., Frogner, H., Gangås, O. S., ... & Walhovd, K. B. (2007). Habituation of P3a and P3b brain potentials in men engaged in extreme sports. *Biological Psychology, 75*(1), 87 - 94.

Forsmana, L. J. et al. (2012). Differences in regional brain volume related to the extraversion-introversion dimension: A voxel based morphometry study. *Neuroscience Research, 72*, 59 - 67.

Franks, S., Gilling-Smith, C., Gharani, N., & McCarthy, M. (2000). Pathogenesis of polycystic ovary syndrome: Evidence for a genetically determined disorder of ovarian androgen production. *Human Fertility, 3*(2), 77 - 79.

Freeman, H. D., & Beer, J. S. (2010). Frontal lobe activation mediates the relation between sensation seeking and cortisol increases. *Journal of Personality, 78*(5), 1497 - 1528.

Frenkel, M. O., Heck, R. B., & Plessner, H. (2018). Cortisol and behavioral reaction of low and high sensation seekers differ in responding to a sport-specific stressor. *Anxiety, Stress, and Coping, 31*(5), 580 - 593.

Fries, A. B. W., Ziegler, T. E., Kurian, J. R., Jacoris, S., & Pollak, S. D. (2005). Early experience in humans is associated with changes in neuropeptides critical for regulating social behavior. *Proceedings of the National Academy of Sciences, 102*, 17237 - 17240.

Fruyt, F. D., Wiele, L. V. D., & Heeringen, C. V. (2000). Cloninger's psychobiological model of temperament and character and the five-factor model of personality. *Personality and Individual Differences, 29*(3), 441 - 452.

Fumagalli, M., & Priori, A. (2012). Functional and clinical neuroanatomy of morality. *Brain, 135*, 2006 - 2021.

Furnham, A., Swami, V., & Shah, K. (2006). Body weight, waist-to-hip ratio and breast size correlates of ratings of attractiveness and health. *Personality and Individual Differences, 41*(3), 443 - 454.

Furnham, A., Tan, T., & Mcmanus, C. (1997). Waist-to-hip ratio and preferences for body shape: A replication and extension. *Personality and Individual Differences, 22*(4), 539-549.

Furnham, A., & Bradley, A. (1997). Music while you work: The differential distraction of background music on the cognitive test performance of introverts and extraverts. *Applied Cognitive Psychology, 11*(5), 445-455.

Furukawa, T. (1930). A study of temperament and blood-groups. *Journal of Social Psychology, 1*(4), 494-509.

Gallinat, J., Kunz, D., Lang, U. E., Neu, P., Kassim, N., Kienast, T., ... & Bajbouj, M. (2007). Association between cerebral glutamate and human behaviour: The sensation seeking personality trait. *Neuroimage, 34*(2), 671-678.

Galvan, A., Hare, T. A., Parra, C. E., Penn, J., Voss, H., Glover, G., & Casey, B. J. (2006). Earlier development of the accumbens relative to orbitofrontal cortex might underlie risk-taking behavior in adolescents. *Journal of Neuroscience, 26*(25), 6885-6892.

Gan, J., Yi, J., Zhong, M., Cao, X., Jin, X., Liu, W., & Zhu, X. (2016). Abnormal white matter structural connectivity in treatment-naïve young adults with borderline personality disorder. *Acta Psychiatrica Scandinavica, 134*(6), 494-503.

Gangestad, S. W., & Simpson, J. A. (1990). Toward an evolutionary history of female sociosexual variation. *Journal of Personality, 58*(1), 69-96.

Garpenstrand, H., Longato-Stadler, E., Af Klinteberg, B., Grigorenko, E., Damberg, M., Oreland, L., & Hallman, J. (2002). Low platelet monoamine oxidase activity in Swedish imprisoned criminal offenders. *European Neuropsychopharmacology, 12*(2), 135-140.

Garrigan, B., Adlam, A. L. R., & Langdon, P. E. (2017). The neural correlates of moral decision-making: A systematic review and meta-analysis of moral evaluations and response decision judgements. *Brain and Cognition, 111*, 104-106.

George, R. (1930). Human finger types. *Anatomical Record, 46*(2), 199-204.

Gerra, G., Avanzini, P., Zaimovic, A., Sartori, R., Bocchi, C., Timpano, M., ... & Brambilla, F. (1999). Neurotransmitters, neuroendocrine correlates of sensation-seeking temperament in normal humans. *Neuropsychobiology, 39*(4), 207-213.

Gingnell, M., Comasco, E., Oreland, L., Fredrikson, M., & Sundström-

Poromaa, I. (2010). Neuroticism-related personality traits are related to symptom severity in patients with premenstrual dysphoric disorder and to the serotonin transporter gene-linked polymorphism 5 - HTTPLPR. *Archives of Womens Mental Health, 13*, 417 - 423.

Gjedde, A., Kumakura, Y., Cumming, P., Linnet, J., & Møller, A. (2010). Inverted-U-shaped correlation between dopamine receptor availability in striatum and sensation seeking. *Proceedings of the National Academy of Sciences, 107*(8), 3870 - 3875.

Glenn, A. L., & Yang, Y. (2012). The potential role of the striatum in antisocial behavior and psychopathy. *Biological Psychiatry, 72*, 817 - 822.

Gray, J. A., & McNaughton, N. (2000). *The neuropsychology of anxiety: An enquiry into the functions of the septo-hippocampal system*. New York: Oxford University Press.

Guitart-Masip, M., Pascual, J. C., Carmona, S., Hoekzema, E., Berge, D., Perez, V., Soler, J., Soliva, J. C., Rovira, M., Bulbena, A., & Vilarroya, O. (2019). Neural correlates of impaired emotional discrimination in borderline personality disorder: An fMRI study. *Progress in Neuropsychopharmacology and Biological Psychiatry, 33*(8), 1537 - 1545.

Hagemanna, D., Hewig, Jo., Walterc, C., Schankin, A., Danner, D., & Naumann, E. (2009). Positive evidence for Eysenck's arousal hypothesis: A combined EEG and MRI study with multiple measurement occasions. *Personality and Individual Differences, 47*, 717 - 721.

Haines, D. E., Dietrichs, E., Mihailoff, G. A., & Mcdonald, E. F. (1997). The cerebellar-hypothalamic axis: Basic circuits and clinical observations. *International Review of Neurobiology, 41*(41), 83 - 107.

Hajcak, G. (2012). What we have learned from our mistakes: Insights from errorrelated brain activity. *Current Directions in Psychological Science, 21*(2), 101 - 106.

Hampson, E., Ellis, C. L., & Tenk, C. M. (2008). On the relation between 2D : 4D and sex-dimorphic personality traits. *Archives of Sexual Behavior, 37*(1), 133 - 144.

Han, H. (2017). Neural correlates of moral sensitivity and moral judgment associated with brain circuitries of selfhood: A meta-analysis. *Journal of Moral Education, 46*, 97 - 113.

Harden, K. P., & Tucker-Drob, E. M. (2011). Individual differences in the development of sensation seeking and impulsivity during adolescence: Further evidence for a dual systems model. *Developmental Psychology, 47*

(3), 739 - 746.

Hariri, A. R., & Gross, J. J. (2011). Experiential, autonomic, and neural responses during threat anticipation vary as a function of threat intensity and neuroticism. *Neuroimage, 55*, 401 - 410.

Hashimoto, T., Takeuchi, H., Taki, Y., Sekiguchi, A., Nouchi, R., Kotozaki, Y., et al. (2015). Neuroanatomical correlates of the sense of control: Gray and white matter volumes associated with an internal locus of control. *Neuroimage, 119*, 146 - 151.

Hawes, S. W., Chahal, R., Hallquist, M. N., Paulsen, D. J., Geier, C. F., & Luna, B. (2017). Modulation of reward-related neural activation on sensation seeking across development. *Neuroimage, 147*, 763 - 771.

He, S. Q., Chai, Y., He, J. B., Guo, Y. Y., & Ntnen, R. (2016). Differences in pre-attentive processes of sound intensity change between high-and low-sensation seekers: A mismatch negativity study. *Journal of Psychophysiology, 31*(1), 1 - 9.

Hegerl, U., Prochno, I., Ulrich, G., & Müller-Oerlinghausen, B. (1989). Sensation seeking and auditory evoked potentials. *Biological Psychiatry, 25*(2), 179 - 190.

Heils, A., Teufel, A., Petri, S., Stober, G., Riederer, P., Bengel, D., & Lesch, K. P. (1996). Allelic variation of human serotonin transporter gene expression. *Journal of Neurochemistry, 66*(6), 2621 - 2624.

Heim, C., Young, L. J., Newport, D. J., Mletzko, T., Miller, A. H., & Nemeroff, C. B. (2009). Lower CSF oxytocin concentrations in women with a history of childhood abuse. *Molecular Psychiatry, 14*, 954 - 958.

Heimer, L. (2003). A new anatomical framework for neuropsychiatric disorders and drug abuse. *American Journal of Psychiatry, 160*, 1726 - 1739.

Hellhammer, D. H., Wüst, S., & Kudielka, B. M. (2009). Salivary cortisol as a biomarker in stress research. *Psychoneuroendocrinology, 34* (2), 163 - 171.

Henss, R. (1995). Waist-to-hip ratio and attractiveness. Replication and extension. *Personality and Individual Differences, 19*(4), 479 - 488.

Herbort, M. C., Soch, J., Wüstenberg, T., Krauel, K., Pujara, M., Koenigs, M., et al. (2016). A negative relationship between ventral striatal loss anticipation response and impulsivity in borderline personality disorder. *Neuroimage Clinical, 12*(C), 724 - 736.

Heron, W., Doane, B. K., & Scott, T. H. (1956). Visual disturbances after prolonged perceptual isolation. *Canadian Journal of Psychology, 10*(1),

13 - 18.

Herpertz, S. C., Nagy, K., Ueltzhöffer, K., Schmitt, R., Mancke, F., Schmahl, C., et al. (2017). Brain mechanisms underlying reactive aggression in borderline personality disorder: Sex matters. *Biological Psychiatry, 82*(4), 257 - 266

Herrero, M. T., Barcia, C., & Navarro, J. M. (2002). Functional anatomy of thalamus and basal ganglia. *Child's Nervous System, 18*, 386 - 404.

Hewig, J., Hagemann, D., Seifert, J., Naumann, E., & Bartussek, D. (2006). The relation of cortical activity and BIS/BAS on the trait level. *Biological Psychology, 71*, 42 - 53.

Hidalgo-Munoz, A. R., Pereira, A. T., López, M. M., Galvao-Carmona, A., Tomé, A. M., & Vázquez-Marrufo, M. (2013). Individual EEG differences in affective valence processing in women with low and high neuroticism. *Clinical Neurophysiology, 124*(9), 1798 - 1806.

Hill, E. M., Billington, R., & Krägeloh, C. (2013). The cortisol awakening response and the big five personality dimensions. *Personality and Individual Differences, 55*, 600 - 605.

Hiraishi, K., Sasaki, S., Shikishima, C., & Ando, J. (2012). The second to fourth digit ratio (2D : 4D) in a Japanese twin sample: Heritability, prenatal hormone transfer, and association with sexual orientation. *Archives of Sexual Behavior, 41*(3), 711 - 724.

Hofmann, S. G., Ellard, K. K., & Siegle, G. J. (2012). Neurobiological correlates of cognitions in fear and anxiety: A cognitive-neurobiological information-processing model. *Cognition and Emotion, 26*, 282 - 299.

Holmes, A. J., Hollinshead, M. O., Roffman, J. L., Smoller, J. W., & Buckner, R. L. (2016). Individual differences in cognitive control circuit anatomy link sensation seeking, impulsivity, and substance use. *Journal of Neuroscience, 36*(14), 4038 - 4049.

Hönekopp, J., Manning, J. T., & Müller, C. (2006). Digit ratio (2D : 4D) and physical fitness in males and females: Evidence for effects of prenatal androgens on sexually selected traits. *Hormons and Behavior, 49*, 545 - 549.

Horn, N. R., Dolan, M., Elliott, R., Deakin, J. F., & Woodruff, P. W. (2003). Response inhibition and impulsivity: An fMRI study. *Neuropsychologia, 41*, 1959 - 1966.

Hostinar, C. E., & Gunnar, M. R. (2013). Future directions in the study of social relationships as regulators of the HPA axis across development. *Journal of Clinical Child and Adolescent Psychology, 42*(4), 564 - 575.

Hoyle, R. H., Stephenson, M. T., Palmgreen, P., Lorch, E. P., & Donohew, R. L. (2002). Reliability and validity of a brief measure of sensation seeking. *Personality and Individual Differences, 32*(3), 401 - 414.

Huang, Y., Zhou, R., Cui, H., Wu, M., Wang, Q., & Zhao, Y. (2015). Variations in resting frontal alpha asymmetry between high and low neuroticism females across the menstrual cycle. *Psychophysiology, 52*(2), 182 - 191.

Hughes, A. E., Crowell, S. E., Uyeji, L., & Coan, J. A. (2012). A developmental neuroscience of borderline pathology: Emotion dysregulation and social baseline theory. *Journal of Abnormal Child Psychology, 40*(1), 21 - 33.

Imperatori, C., Farina, B., Adenzato, M., Valenti, E. M., Murgia, C., Marca, G. D., et al. (2019). Default mode network alterations in individuals with high-trait-anxiety: An EEG functional connectivity study. *Journal of Affective Disorders, 246*, 611 - 618.

Inoue, A., Oshita, H., Maruyama, Y., Tanaka, Y., Ishitobi, Y., Kawano, A., et al. (2015). Gender determines cortisol and alpha-amylase responses to acute physical and psychosocial stress in patients with borderline personality disorder. *Psychiatry Research, 228*(1), 46 - 52.

Jackson, J., Balota, D., & Head, D. (2009). Exploring the relationship between personality and regional brain volume in healthy aging. *Neurobiology of Aging, 32*(12), 2162 - 2171.

Jankord, R., & Herman, J. P. (2010). Limbic regulation of hypothalamo-pituitary-adrenocortical function during acute and chronic stress. *Annals of the New York Academy of Sciences, 1148*(1), 64 - 73.

Janssen, S. M., Roelofs, K., Van Pelt, J., Spinhoven, P., Zitman, F. G., Penninx, B. W., & Giltay, E. J. (2015). Salivary testosterone is consistently and positively associated with extraversion: Results from the Netherlands study of depression and anxiety. *Neuropsychobiology, 71*, 76 - 84.

Jensen, J., McIntosh, A. R., Crawley, A. P., Mikulis, D. J., Remington, G., & Kapur, S. (2003). Direct activation of the ventral striatum in anticipation of aversive stimuli. *Neuron, 40*, 1251 - 1257.

Jiang, W., Liu, H., Liao, J., Ma, X., Rong, P., Tang, Y., & Wang, W. (2013). A functional MRI study of deception among offenders with antisocial personality disorders. *Neuroscience, 244*, 90 - 98.

Jiang, Y., Lianekhammy, J., Lawson, A., Guo, C., Lynam, D., Joseph,

J. E., ... & Kelly, T. H. (2009). Brain responses to repeated visual experience among low and high sensation seekers: Role of boredom susceptibility. *Psychiatry Research: Neuroimaging, 173*(2), 100 - 106.

Jogawar, V. V. (1983). Personality correlates of human blood groups. *Personality and Individual Differences, 4*(2), 215 - 216.

John, O. P. (1990). The "Big Five" factor taxonomy: Dimensions of personality in the natural language and in questionnaires. In L. A. Pervin (Ed.), *Handbook of personality: Theory and research* (pp. 66 - 100). New York: Guilford.

Johnson, D. L., Wiebe, J. S., Gold, S. M., Andreason, N. C., Hichwa, R. D., & Watkins, G. L. (1999). Biological bases of extraversion: A positron emission tomographical study. *American Journal of Psychiatry, 156*, 252 - 257.

Johnson, S. C., Baxter, L. C., Wilder, L. S., Pipe, J. G., Heiserman, J. E., & Prigatano, G. P. (2002). Neural correlates of self-reflection. *Brain, 125*, 1808 - 1814.

Jokinen, J., Chatzittofis, A., Hellström, C., Nordström, P., Uvnäs-Moberg, K., & Asberg, M. (2012). Low CSF oxytocin reflects high intent in suicide attempters. *Psychoneuroendocrinology, 37*, 482 - 490.

Jones, B. C., DeBruine, L. M., Little, A. C., Conway, C. A., Welling, L. L. M., & Smith, F. (2007). Sensation seeking and men's face preferences. *Evolution and Human Behavior, 28*(6), 439 - 446.

Joseph, J. E., Liu, X., Jiang, Y., Lynam, D., & Kelly, T. H. (2009). Neural correlates of emotional reactivity in sensation seeking. *Psychological Science, 20*(2), 215 - 223.

Kampe, K. K. W., Frith, C. D., & Frith, U. (2003). "Hey John": Signals conveying communicative intention toward the self activate brain regions associated with "mentalizing," regardless of modality. *Journal of Neuroscience, 23*, 5258 - 5263.

Kamphausen, S., Schröder, P., Maier, S., Bader, K., Feige, B., & Kaller, C. P., et al. (2013). Medial prefrontal dysfunction and prolonged amygdala response during instructed fear processing in borderline personality disorder. *World Journal of Biological Psychiatry, 14*(4), 12.

Kapogiannis, D., Sutin, A., Davatzikos, C., Costa, P., & Resnick, S. (2013). The five factors of personality and regional cortical variability in the baltimore longitudinal study of aging. *Human Brain Mapping, 34*(11), 2829 - 2840.

Kelly, T. H., Robbins, G., Martin, C. A., Fillmore, M. T., Lane, S. D.,

Harrington, N. G., & Rush, C. R. (2006). Individual differences in drug abuse vulnerability: D-amphetamine and sensation-seeking status. *Psychopharmacology, 189*(1), 17-25.

Kendler, K. S., Gatz, M., Gardner, C. O., & Pedersen, N. L. (2006). Personality and major depression: A Swedish longitudinal, population-based twin study. *Archives of General Psychiatry, 63*(10), 1113-1120.

Kircher, T. T. J., Senior, C., Phillips, M. L., Rabe-Hesketh, S., Benson, P. J., Bullmore, E. T., Brammer, M., Simmons, A., Bartels, M., & David, A. S. (2001). Recognizing one's own face. *Cognition, 78*, 1-15.

Knobloch, H. S., Charlet, A., Hoffmann, L. C., Eliava, M., Khrulev, S., Cetin, A. H., Osten, P., Schwarz, M. K., Seeburg, P. H., Stoop, R., & Grinevich, V. (2012). Evoked axonal oxytocin release in the central amygdala attenuates fear response. *Neuron, 73*, 553-566.

Knyazev, G. G., Slobodskaya, H. R., Safronova, M. V., Sorokin, O. V., Goodman, R., & Wilson, G. D. (2003). Personality, psychopathology and brain oscillations. *Personality and Individual Differences, 35*, 1331-1349.

Koehler, S. et al. (2011). Resting posterior minus frontal EEG slow oscillations is associated with extraversion and DRD2 genotype. *Biological Psychology, 87*, 407-413.

Kolla, N. J., Chiuccariello, L., Wilson, A. A., Houle, S., Links, P., Bagby, R. M., et al. (2014). Elevated monoamine oxidase-A distribution volume in borderline personality disorder is associated with severity across mood symptoms, suicidality, and cognition. *Biological Psychiatry, 79*(2), 117-126.

Kolla, N. J. et al. (2016). Association of ventral striatum monoamine oxidase-A binding and functional connectivity in antisocial personality disorder with high impulsivity: A positron emission tomography and functional magnetic resonance imaging study. *European Neuropsychopharmacology, 26*, 777-786.

Korjus, K., Uusberg, A., & Uusberg, H. (2015). Personality cannot be predicted from the power of resting state EEG. *Frontiers in Human Neuroscience, 9*, 63-69.

Kornienko, D. (2014). Sensation seeking, salivary cortisol, smoking and alcohol habits. *Personality and Individual Differences, 60*, S69-S70.

KováŘík, J., BraÑas-Garza, P., Davidson, M. W., Haim, D. A., Carcelli, S., & Fowler, J. H. (2017). Digit ratio (2D : 4D) and social integration:

An effect of prenatal sex hormones. *Network Science*, 1 - 14.

Kreibig, S. D. (2010). Autonomic nervous system activity in emotion: A review. *Biological Psychology, 84*(3), 394 - 421.

Kreisel, S. H., Labudda, K., Kurlandchikov, O., Beblo, T., Mertens, M., Thomas, C., et al. (2015). Volume of hippocampal substructures in borderline personality disorder. *Psychiatry Research: Neuroimaging, 231*(3), 218 - 226.

Kruschwitz, J. D., Simmons, A. N., Flagan, T., & Paulus, M. P. (2012). Nothing to lose: Processing blindness to potential losses drives thrill and adventure seekers. *Neuroimage, 59*(3), 2850 - 2859.

Kudielka, B. M., Gierens, A., Hellhammer, D. H., Wüst, S., & Schlotz, W. (2012). Salivary cortisol in ambulatory assessment some dos, some don'ts, and some open questions. *Psychosomatic Medicine, 74*(4), 418 - 431.

Kuhlmann, A., Bertsch, K., Schmidinger, I., Thomann, P. A., & Herpertz, S. C. (2013). Morphometric differences in central stress-regulating structures between women with and without borderline personality disorder. *Journal of Psychiatry and Neuroscience, 38*(2), 129 - 137.

Labudda, K., Kreisel, S., Beblo, T., Mertens, M., Kurlandchikov, O., Bien, C. G., & Woermann, F. G. (2013). Mesiotemporal volume loss associated with disorder severity: A VBM study in borderline personality disorder. *PloS One, 8*(12), e83677.

Lacerda, A. L., Keshavan, M. S., Hardan, A. Y., Yorbik, O., Brambilla, P., & Sassi, R. B. (2004). Anatomic evaluation of the orbitofrontal cortex in major depressive disorder. *Biological Psychiatry, 55*(4), 353 - 358.

Lahey, B. B. (2009). Public health significance of neuroticism. *American Psychologist, 64*(4), 241 - 256.

Landgraf, R., & Neumann, I. D. (2004). Vasopressin and oxytocin release within the brain: A dynamic concept of multiple and variable modes of neuropeptide communication. *Frontiers in Neuroendocrinology, 25*(3 - 4), 150 - 176.

LaRowe, S. D., Patrick, C. J., Curtin, J. J., & Kline, J. P. (2006). Personality correlates of startle habituation. *Biological Psychology, 72*(3), 257 - 264.

Larsson, C. A., Gullberg, B., L Råstam, Lindblad, U. (2009). Salivary cortisol differs with age and sex and shows inverse associations with WHR in Swedish women: A cross-sectional study. *BMC Endocrine Disorders, 9* (1), 16.

Lawrence, E. J., Shaw, P., Giampietro, V. P., Surguladze, S., Brammer, M. J., David, A., et al. (2006). The role of shared representations' in social perception and empathy: An fMRI study. *Neuroimage, 29* (4), 1173 - 1184.

Lawson, A. L., Gauer, S., & Hurst, R. (2012). Sensation seeking, recognition memory, and autonomic arousal. *Journal of Research in Personality, 46*(1), 19 - 25.

Lawson, A. L., Liu, X., Joseph, J., Vagnini, V. L., Kelly, T. H., & Jiang, Y. (2012). Sensation seeking predicts brain responses in the old-new task: Converging multimodal neuroimaging evidence. *International Journal of Psychophysiology, 84*(3), 260 - 269.

LeDoux, J. (2007). The amygdala. *Current Biology, 17*, R868 - R874.

Lee, I. H., Cheng, C. C., & Yang, Y. K. (2005). Correlation between striatal dopamine D2 receptor density and neuroticism in community volunteers. *Psychiatry Research: Neuroimaging, 138*, 259 - 264.

Lee, R., Ferris, C. F., Vande Kar, L. D., & Coccaro, E. F. (2009). Cerebrospinal fluid oxytocin, life history of aggression, and personality disorder. *Psychoneuroendocrinology, 34*, 1567 - 1573.

Lei, X., Zhong, M., Liu, Y., Jin, X., Zhou, Q., Xi, C., et al. (2017). A resting-state fMRI study in borderline personality disorder combining amplitude of low frequency fluctuation, regional homogeneity and seed based functional connectivity. *Journal of Affective Disorders, 218*, 299 - 305.

Lester, D., & Gatto, J. L. (1987). Personality and blood group. *Personality and Individual Differences, 8*(2), 267.

Leuthold, H., & Sommer, W. (1998). Postperceptual effects and P300 latency. *Psychophysiology, 35*, 34 - 46.

Leyton, M., Boileau, I., Benkelfat, C., Diksic, M., Baker, G., & Dagher, A. (2002). Amphetamine-induced increases in extracellular dopamine, drug wanting, and novelty seeking: A PET/[11C] raclopride study in healthy men. *Neuropsychopharmacology, 27*(6), 1027 - 1035.

Lippa, R. A. (2003). Are 2D : 4D finger-length ratios related to sexual orientation? Yes for men, no for women. *Journal of Personality and Social Psychology, 85*(1), 179.

Lippa, R. A. (2006). Finger lengths, 2D : 4D ratios, and their relation to gender-related personality traits and the big five. *Biological Psychology,*

71(1), 116 - 121.

Lisman, J. E., & Grace, A. A. (2005). The hippocampal-VTA loop: Controlling the entry of information into long-term memory. *Neuron, 46*(5), 703 - 713.

Liu, W. Y., Weber, B., Reuter, M., Markett, S., Chu, W. C., & Montag, C. (2013). The big five of personality and structural imaging revisited: A VBM-DARTEL study. *Neuroreport, 24*, 375 - 380.

Lonsdorf, T. B., Menz, M. M., Andreatta, M., Fullana, M. A., Golkar, A., Haaker, J., & Merz, C. J. (2017). Don't fear "fear conditioning": Methodological considerations for the design and analysis of studies on human fear acquisition, extinction, and return of fear. *Neuroscience and Biobehavioral Reviews, 77*, 247 - 285.

Lorberbaum, J. P., Newman, J. D., Horwitz, A. R., Dubno, J. R., Lydiard, R. B., & Hamner, M. B. (2002). A potential role for thalamocingulate circuitry in human maternal behavior. *Biological Psychiatry, 51*(6), 431 - 445.

Lou, H. C., Luber, B., Crupain, M., Keenan, J. P., Nowak, M., Kjaer, T. W., et al. (2004). Parietal cortex and representation of the mental self. *Proceedings of the National Academy of Sciences, 101*(17), 6827 - 6832.

Lu, F., Huo, Y., Li, M., Chen, H., Liu, F., Wang, Y., Long, Z., Duan, X., Zhang, J., Zeng, L., & Chen, H. (2014). Relationship between personality and gray matter volume in healthy young adults: A voxel-based morphometric study. *PloS One,* 9(2), e88763.

Lutchmaya, S., Baron-Cohen, S., Raggatt, P., Knickmeyer, R., & Manning, J. T. (2004). 2nd to 4th digit ratios, fetal testosterone and estradiol. *Early Human Development, 77*(1 - 2), 23 - 28.

Lyen, D. T. (1957). A study of anxiety in the sociopathic personality. *Journal of Abnormal and Social Psychology, 55*, 6 - 10.

Lykken, D. T. (1982). Fearfulness: Its carefree charms and deadly risks. *Psychology Today, 16*, 20 - 28.

Määttänen, I. et al. (2013). Testosterone and temperament traits in men: Longitudinal analysis. *Psychoneuroendocrinology, 38*, 2243 - 2248.

Madsen, K. S., Jernigan, T. L., Iversen, P., Frokjaer, V. G., Mortensen, E. L., & Knudsen, G. M. (2012). Cortisol awakening response and negative emotionality linked to asymmetry in major limbic fibre bundle architecture. *Psychiatry Research Neuroimaging, 201*(1), 63 - 72.

Magliero, A., Bashore, T. R., Coles, M. G., & Donchin, E. (1984). On the dependence of P300 latency on stimulus evaluation processes. *Psychophysiology, 21*, 171-186.

Maier-Hein, K. H., Brunner, R., Lutz, K., Henze, R., Parzer, P., Feigl, N., Kramer, J., Meinzer, H., Resch, F., & Stieltjes, B. (2014). Disorder-specific white matter alterations in adolescent borderline personality disorder. *Biological Psychiatry, 75*(1), 81-88.

Malas, M. A., Dogan, S., Evcil, E. H., & Desdicioglu, K. (2006). Fetal development of the hand, digits and digit ratio (2d : 4d). *Early Human Development, 82*(7), 469-475.

Manning, J. T., Scutt, D., Wilson, J., & Lewisjones, D. I. (1998). The ratio of 2nd to 4th digit length: A predictor of sperm numbers and concentrations of testosterone, luteinizing hormone and oestrogen. *Human Reproduction, 13*(11), 3000-3004.

Manning, J. T., & Robinson, S. J. (2003). 2nd to 4th digit ratio and a universal mean for prenatal testosterone in homosexual men. *Medical Hypotheses, 61*(2), 303-306.

Manning, J. T., Baron-Cohen, S., Wheelwright, S., & Fink, B. (2010). Is digit ratio (2D : 4D) related to systemizing and empathizing? Evidence from direct finger measurements reported in the BBC internet survey. *Personality and Individual Differences, 48*(6), 767-771.

Manning, J. T., Fink, B., Neave, N., & Caswell, N. (2005). Photocopies yield lower digit ratios (2D : 4D) than direct finger measurements. *Archives of Sexual Behavior, 34*(3), 329-333.

Marazziti, D., Rotondo, A., Presta, S., Pancioliguadagnucci, M., Palego, L., & Conti, L. (1993). Role of serotonin in human aggressive behavior. *Aggress Behavior, 9*, 347-353.

Marion, T., Haang, J., Ruth, S., Sabrina, B., Freitag, B., & Sabine, C. (2017). Oxytocin improves facial emotion recognition in young adults with antisocial personality disorder. *Psychoneuroendocrinology, 85*, 158-164.

Markowitsch, H. J. (1999). Differential contribution of right and left amygdala to affective information processing. *Behavioural Neurology, 11*, 233-244.

Martin, S. B., Covell, D. J., Joseph, J. E., Chebrolu, H., Smith, C. D., Kelly, T. H., ... & Gold, B. T. (2007). Human experience seeking correlates with hippocampus volume: Convergent evidence from manual tracing and voxel-based morphometry. *Neuropsychologia, 45*(12), 2874-2881.

Marutham, P., & Prakash, I. J. (1990). A study of the possible relationship of blood types to certain personality variables. *Indian Journal of Clinical Psychology, 17*, 79-81.

Matthews, G. (1999). Personality and skill: A cognitive-adaptive framework. In P. L. Ackerman, P. C. Kyllonen & R. D. Roberts (Eds.), *Learning and individual differences: Process, trait, and content determinants* (pp. 251-273). Washington, DC: APA.

Mazur, A. (1995). Biosocial models of deviant behavior among male army veterans. *Biological Psychology, 41*(3), 271-293.

McCrae, R. R., & Costa, P. T. (1999). A five-factor theory of personality. In L. A. Pervin & O. P. John (Eds.), *Handbook of personality: Theory and research* (pp. 139-153). New York: Guilford.

McEwen, B. (2002). Estrogen actions throughout the brain. *Recent Progress in Hormone Research, 57*, 357-384.

McEwen, B. S., & Wingfield, J. C. (2010). What is in a name? Integrating homeostasis, allostasis and stress. *Hormone and Behavior, 57* (2), 105-111.

Medland, S. E., Zayats, T., Glaser, B., Nyholt, D. R., Gordon, S. D., Wright, M. J., et al. (2010). A variant in lin28b is associated with 2D : 4D finger-length ratio, a putative retrospective biomarker of prenatal testosterone exposure. *American Journal of Human Genetics, 86*(4), 519-525.

Medland, S. E., & Loehlin, J. C. (2008). Multivariate genetic analyses of the 2D : 4D ratio: Examining the effects of hand and measurement technique in data from 757 twin families. *Twin Research and Human Genetics, 11*, 335-341.

Mehta, P. H., Welker, K. M., Zilioli, S., & Carré, J. M. (2015). Testosterone and cortisol jointly modulate risk-taking. *Psychoneuroendocrinology, 56*, 88-99.

Meyer-Lindenberg, A., Domes, G., Kirsch, P., & Heinrichs, M. (2011). Oxytocin and vasopressin in the human brain: Social neuropeptides for translational medicine. *Nature Reviews Neuroscience, 12*(9), 524-538.

Mikolajczak, M., Roy, E., Luminet, O., Fillée, C., & Timary, P. D. (2007). The moderating impact of emotional intelligence on free cortisol responses to stress. *Psychoneuroendocrinology, 32*(8-10), 1000-1012.

Milad, M. R., & Rauch, S. L. (2007). The role of the orbitofrontal cortex in anxiety disorders. *Annals of the New York Academy of Sciences, 1121*, 546-561.

Millet, K., & Dewitte, S. (2007). Digit ratio (2D : 4D) moderates the impact of an aggressive music video on aggression. *Personality and Individual Differences, 43*(2), 289 - 294.

Minzenberg, M. J., Fan, J., New, A. S., Tang, C. Y., & Siever, L. J. (2007). Fronto-limbic dysfunction in response to facial emotion in borderline personality disorder: An event-related fMRI study. *Psychiatry Research, 155*, 231 - 243.

Morandotti, N. et al. (2013). Childhood abuse is associated with structural impairment in the ventrolateral prefrontal cortex and aggressiveness in patients with borderline personality disorder. *Psychiatry Research: Neuroimaging, 213*(1), 18 - 23.

Munafo, M. R., Clark, T. G., Roberts, K. H., & Johnstone, E. C. (2006). Neuroticism mediates the association of the serotonin transporter gene with lifetime major depression. *Neuropsychobiology, 53*, 1 - 8.

Musser, E. D., Kaiserlaurent, H., & Ablow, J. C. (2012). The neural correlates of maternal sensitivity: An fMRI study. *Developmental Cognitive Neuroscience, 2*(4), 428 - 436.

Mutschler, I., Ball, T., Kirmse, U., Wieckhorst, B., Pluess, M., & Klarhöfer, M. (2016). The role of the subgenual anterior cingulate cortex and amygdala in environmental sensitivity to infant crying. *PloS One, 11*(8), e0161181.

Netter, P., Hennig, J., & Roed, I. S. (1996). Serotonin and dopamine as mediators of sensation seeking behavior. *Neuropsychobiology, 34*(3), 155 - 165.

Neuman, J. K., Shoaf, F. B., Harvill, L. M., & Jones, E. (1992). Personality traits and blood type in duodenal ulcer patients and healthy controls: Some preliminary results. *Medical Psychotherapy, 5*, 83 - 88.

New, A. S., Carpenter, D. M., Perez-Rodriguez, M. M., Ripoll, L. H., Avedon, J., Patil, U., Hazlett, E. A., & Goodman, M. (2013). Developmental differences in diffusion tensor imaging parameters in borderline personality disorder. *Journal of Psychiatric Research, 47*(8), 1101 - 1109.

New, A. S., Goodman, M., Triebwasser, J., & Siever, L. J. (2008). Recent advances in the biological study of personality disorders. *The Psychiatric Clinics of North America, 31*(3), 441 - 461.

New, A. S., Hazlett, E. A., Newmark, R. E., Zhang, J., Triebwasser, J., Meyerson, D., Lazarus, S., Trisdorfer, R., Goldstein, K. E., Goodman, M., Koenigsberg, H. W., Flory, J. D., Siever, L. J., &

Buchsbaum, M. S. (2009). Laboratory induced aggression: A positron emission tomography study of aggressive individuals with borderline personality disorder. *Biological Psychiatry, 66*, 1107 - 1114.

Ni, X., Bismil, R., Chan, K., Sicard, T., Bulgin, N., McMain, S., & Kennedy, J. L. (2006). Serotonin 2A receptor gene is associated with personality traits, but not to disorder, in patients with borderline personality disorder. *Neuroscience Letters, 408*(3), 214 - 219.

Norbury, A., & Husain, M. (2015). Sensation seeking: Dopaminergic modulation and risk for psychopathology. *Behavioural Brain Research, 288*, 79 - 93.

Norbury, A., Kurth-Nelson, Z., Winston, J. S., Roiser, J. P., & Husain, M. (2015). Dopamine regulates approach-avoidance in human sensation-seeking. *International Journal of Neuropsychopharmacology, 18*, 10.

Norbury, A., Manohar, S., Rogers, R. D., & Husain, M. (2013). Dopamine modulates risk-taking as a function of baseline sensation-seeking trait. *Journal of Neuroscience, 33*(32), 12982 - 12986.

Norris, C. J., Larsen, J. T., & Cacioppo, J. T. (2007). Neuroticism is associated with larger and more prolonged electrodermal responses to emotionally evocative pictures. *Psychophysiology, 44*(5), 823 - 826.

Northoff, G., Walter, M., Schulte, R., Beck, J., Dydak, U., Henning, A., Boeker, H., Grimm, S., & Boesiger, P. (2007). GABA concentrations in the human anterior cingulate cortex predict negative BOLD responses in fMRI. *Nature Neuroscience, 10*, 1515 - 1517.

O'Doherty, J. P. (2007). Lights, camembert, action! The role of human orbitofrontal cortex in encoding stimuli rewards and choices. *Annals of the New York Academy of Sciences, 1121*, 254 - 272.

O'Neill, A., D'Souza, A., Carballedo, A., Joseph, S., Kerskens, C., & Frodl, T. (2013). Magnetic resonance imaging in patients with borderline personality disorder: A study of volumetric abnormalities. *Psychiatry Research: Neuroimaging, 213*(1), 1 - 10.

Ochsner, K. N., & Gross, J. J. (2005). The cognitive control of emotion. *Trends in Cognitive Sciences, 9*, 242 - 249.

O'Gorman, R. L., Kumari, V., Williams, S. C. R., Zelaya, F. O., Connor, S. E. J., & Alsop, D. C. (2006). Personality factors correlate with regional cerebral perfusion. *Neuroimage, 31*(2), 489 - 495.

O'kane, G., Insler, R. Z., & Wagner, A. D. (2005). Conceptual and perceptual novelty effects in human medial temporal cortex. *Hippocampus, 15*(3), 326 - 332.

ÖKten, A., Kalyoncu, M., & Nilgün, Y. (2002). The ratio of second-and fourth-digit lengths and congenital adrenal hyperplasia due to 21 - hydroxylase deficiency. *Early Human Development, 70*(1-2), 47-54.

Oquendo, M. A., & Mann, J. J. (2000). The biology of impulsivity and suicidality. *Psychiatric Clinics of North America, 23*, 11-25.

Ormel, J., Bastiaansen, A., Riese, H., Bos, E. H., Servaas, M., Ellenbogen, M., et al. (2013). The biological and psychological basis of neuroticism: Current status and future directions. *Neuroscience and Biobehavioral Reviews, 37*(1), 59-72.

Ortiz, T., & Maojo, V. (1993). Comparison of the P300 wave in introverts and extraverts. *Personality and Individual Differences, 15*(1), 109-112.

Panitza, C., Matthias, F. J. S., Hennigb, J., Kluckenc, T., Hermannb, C., & Mueller, E. M. (2018). Fearfulness, neuroticism/anxiety, and COMT Val158Met in long-term fear conditioning and extinction. *Neurobiology of Learning and Memory, 155*, 7-20.

Papez, J. W. (1937). A proposed mechanism of emotion. *Archives of Neurology and Psychiatry, 38*(1), 103-112.

Parssinen, T. M. (1974). Popular science and society: The phrenology movement in early victorian britain. *Journal of Social History, 8*(1), 1-20.

Parvez, S., Nagatsu, T., Nagatsu, I., & Parvez, H. (1983). *Methods in biogenic amine research*. Elsevier.

Pascalis, V. D., Sommer, K., & Scacchia, P. (2018). Extraversion and behavioural approach system in stimulus analysis and motor response initiation. *Biological Psychology, 137*, 91-106.

Paul, S. N., Kato, B. S., Cherkas, L. F., Andrew, T., & Spector, T. D. (2006). Heritability of the second to fourth digit ratio (2D : 4D): A twin study. *Twin Research and Human Genetics, 9*(2), 215-219.

Pavlov, I. P. (1927). *Conditioned reflexes: An investigation of the physiological activity of the cerebral cortex*. New York: Oxford University Press.

Pellionisz, A. J. (1984). Tensorial brain theory in cerebellar modelling. In J. Bloedel, J. Dichgans & W. Precht (Eds.), *Cerebellar functions* (pp. 201-229). Springer Berlin Heidelberg.

Perini, T., Ditzen, B., Hengartner, M., & Ehlert, U. (2012). Sensation seeking in fathers: The impact on testosterone and paternal investment. *Hormones and Behavior, 61*(2), 191-195.

Peterson, E., Gjedde, A., Rodell, A., Cumming, P., Moller, A., &

Linnet, J. (2006). High sensation seeking men have increased dopamine binding in the right putamen during gambling, determined from raclopride binding potentials. *Neuroimage, 31*(2), T168.

Petty, F. (1995). GABA and mood disorders: A brief review and hypothesis. *Journal of Affective Disorders, 34*, 275 - 281.

Phan, K. L., Wager, T., Taylor, S. F., & Liberzon, I. (2002). Functional neuroanatomy of emotion: A meta-analysis of emotion activation studies in PET and fMRI. *Neuroimage, 16*, 331 - 348.

Phelps, V. R. (1952). Relative index finger length as a sex-influenced trait in man. *American Journal of Human Genetics, 4*(2), 72 - 89.

Phelps, E. A., LeDoux, J. E. (2005). Contributions of the amygdala to emotion processing, from animal models to human behavior. *Neuron, 48*, 175 - 187.

Picton, T. W. (1992). The P300 wave of the human event-related potential. *Journal of Clinical Neurophysiology, 9*, 456 - 479.

Polich, J., & Martin, S. (1992). P300, cognitive capability, and personality: A correlational study of university undergraduates. *Personality and Individual Differences, 13*(5), 533 - 543.

Porges, S. W., Doussard-Roosevelt, J. A., & Maiti, A. K. (2010). Vagal tone and the physiological regulation of emotion. *Monographs of the Society for Research in Child Development, 59*(2 - 3), 167 - 186.

Price, J. L., & Drevets, W. C. (2010). Neurocircuitry of mood disorders. *Neuropsychopharmacology, 35*(1), 192 - 216.

Puig-Perez, S., Villada, C., Pulopulos, M. M., Hidalgo, V., & Salvador, A. (2016). How are neuroticism and depression related to the psychophysiological stress response to acute stress in healthy older people. *Physiology and Behavior, 156*, 128 - 136.

Rademacher, L., Krach, S., Kohls, G., Irmak, A., Gründer, G., & Spreckelmeyer, K. (2010). Dissociation of neural networks for anticipation and consumption of monetary and social rewards. *Neuroimage, 49* (4), 3276 - 3285.

Raine, A., Todd, L., Susan, B., Lori, L., & Patrick, C. (2000). Reduced prefrontal gray matter volume and reduced autonomic activity in antisocial personality disorder. *Lancet, 359*(9306), 545 - 550.

Raine, A., Venables, P. H., & Williams, M. (1990). Relationships between central and autonomic measures of arousal at age 15 years and criminality at age 24 years. *Archives of General Psychiatry, 47*, 1003 - 1007.

Rammsayer, T. H. (1998). Extraversion and dopamine: Individual differences in response to changes in dopaminergic activity as a possible biological basis of extraversion. *European Psychologist, 3*, 37 - 50.

Rausch, J., Gäbel, A., Nagy, K., Kleindienst, N., Herpertz, S. C., & Bertsch, K. (2015). Increased testosterone levels and cortisol awakening responses in patients with borderline personality disorder: Gender and trait aggressiveness matter. *Psychoneuroendocrinology, 55*, 116 - 127.

Rauch, S. L., Milad, M. R., Orr, S. P., Quinn, B. T., Fischl, B., & Pitman, R. K. (2005). Orbitofrontal thickness, retention of fear extinction, and extraversion. *Neuroreport, 16*, 1909 - 1912.

Remijnse, P. L., Nielen, M. M., Uylings, H. B., & Veltman, D. J. (2005). Neural correlates of a reversal learning task with an affectively neutral baseline: An event-related fMRI study. *Neuroimage, 26*, 609 - 618.

Richter, J., Brunner, R., Parzer, P., Resch, F., Stieltjes, B., & Henze, R. (2014). Reduced cortical and subcortical volumes in female adolescents with borderline personality disorder. *Psychiatry Research: Neuroimaging, 221*(3), 179 - 186.

Ridderinkhof, K. R., Van den Wildenberg, W. P., Segalowitz, S. J., & Carter, C. S. (2004). Neurocognitive mechanisms of cognitive control: The role of prefrontal cortex in action selection, response inhibition, performance monitoring, and reward-based learning. *Brain and Cognition, 56* (2), 129 - 140.

Riem, M. M. E., Kranenburg, B., Pieper, S., Tops, M., Boksem, M. A. S., & Vermeiren, R. R. (2011). Oxytocin modulates amygdala, insula, and inferior frontal gyrus responses to infant crying: A randomized controlled trial. *Biological Psychiatry, 70*(3), 291 - 297.

Ripoll, L. H., Triebwasser, J., & Siever, L. J. (2011). Evidence-based pharmacotherapy for personality disorders. *International Journal of Neuropsychopharmacology, 14*(09), 1257 - 1288.

Robert, M., Royce, L., Emil, F., & Coccaro, E. F. (2012). Inter-relationship between different platelet measures of 5 - HT and their relationship to aggression in human subjects. *Progress in Neuro-Psychopharmacology and Biological Psychiatry, 36*(2), 277 - 281.

Roberts, B. W., Walton, K. E., & Viechtbauer, W. (2006). Patterns of mean-level change in personality traits across the life course: A meta-analysis of longitudinal studies. *Psychological Bulletin, 132*(1), 1 - 25.

Rogers, M., & Glendon, I. (2003). Blood type and personality. *Personality and Individual Differences, 34*(7), 1099 - 1112.

Roppongi, T., Nakamura, M., Asami, T., Hayano, F., Otsuka, T., & Uehara, K. (2010). Posterior orbitofrontal sulcogyral pattern associated with orbitofrontal cortex volume reduction and anxiety trait in panic disorder. *Psychiatry and Clinical Neurosciences, 64*(3), 318-326.

Rosenblitt, J. C., Soler, H., Johnson, S. E., & Quadagno, D. M. (2001). Sensation seeking and hormones in men and women: Exploring the link. *Hormones and behavior, 40*(3), 396-402.

Rossi, R., Lanfredi, M., Pievani, M., Boccardi, M., Rasser, P. E., Thompson, P. M., & Frisoni, G. B. (2015). Abnormalities in cortical gray matter density in borderline personality disorder. *European Psychiatry: The Journal of the Association of European Psychiatrists, 30*(2), 221-227.

Rozmus-Wrzesinska, M., & Pawlowski, B. (2005). Men's ratings of female attractiveness are influenced more by changes in female waist size compared with changes in hip size. *Biological Psychology, 68*(3), 299-308.

Rylands, A. J., Hinz, R., Jones, M., Holmes, S. E., Feldmann, M., Brown, G., McMahon, A. W., & Talbot, P. S. (2012). Pre- and postsynaptic serotonergic differences in males with extreme levels of impulsive aggression without callous unemotional traits: A positron emission tomography study using ^{11}C-DASB and ^{11}C-MDL100907. *Biological Psychiatry, 72*, 1004-1011.

Sadeghnejad, A., Karmaus, W., Arshad, S. H., Kurukulaaratchy, R., Huebner, M., & Ewart, S. (2008). IL13 gene polymorphisms modify the effect of exposure to tobacco smoke on persistent wheeze and asthma in childhood, a longitudinal study. *Respiratory Research, 9*(1), 2.

Samson, D., Apperly, I., & Humphreys, G. (2004). Left temporoparietal junction is necessary for representing someone else's belief. *Nature Neuroscience, 7*, 499-500.

Sandnes, F. E. (2014). Measuring 2D : 4D finger length ratios with Smartphone cameras. *IEEE International Conference on Systems*, 1697-1701.

Santesso, D. L., Segalowitz, S. J., Ashbaugh, A. R., Antony, M. M., McCabe, R. E., & Schmidt, L. A. (2008). Frontal EEG asymmetry and sensation seeking in young adults. *Biological Psychology, 78*(2), 164-172.

Schaefer, M., Heinze, H. J., & Rotte, M. (2012). Embodied empathy for tactile events: Interindividual differences and vicarious somatosensory responses during touch observation. *Neuroimage, 60*, 952 - 957.

Scherpiet, S., Brühl, A. B., Opialla, S., Roth, L., Jäncke, L., & Herwig, U. (2014). Altered emotion processing circuits during the anticipation of emotional stimuli in women with borderline personality disorder. *European Archives of Psychiatry and Clinical Neuroscience, 264* (1), 45 - 60.

Schienle, A., Leutgeb, V., & Wabnegger, A. (2015). Symptom severity and disgust-related traits in borderline personality disorder: The role of amygdala subdivisions. *Psychiatry Research: Neuroimaging, 232* (3), 203 - 207.

Schneider, H. J., Pickel, J., & Stalla, G. K. (2006). Typical female 2nd - 4th finger length (2D : 4D) ratios in male-to-female transsexuals-possible implications for prenatal androgen exposure. *Psychoneuroendocrinology, 31* (2), 265 - 269.

Schooler, C., Zahn, T. P., Murphy, D. L., & Buchsbaum, M. S. (1978). Psychological correlates of monoamine oxidase activity in normals. *The Journal of Nervous and Mental Disease, 166*(3), 177 - 186.

Schulze, L., Lischke, A., Greif, J., Herpertz, S. C., Heinrichs, M., & Domes, G. (2011). Oxytocin increases recognition of masked emotional faces. *Psychoneuroendocrinology, 36*, 1378 - 1382.

Schutter, D. J. L. G., Meuwese, R., Bos, M. G. N., Crone, E. A., & Peper, J. S. (2017). Exploring the role of testosterone in the cerebellum link to neuroticism: From adolescence to early adulthood. *Psychoneuroendocrinology, 78*, 203 - 212.

Segebladh, B., Borgstrom, A., Nyberg, S., & Bixo, M. (2009). Evaluation of different add-back estradiol and progesterone treatments to gonadotropin-releasing hormone agonist treatment in patients with premenstrual dysphoric disorder. *American Journal of Obstetrics and Gynecology, 201*(139), 1 - 8.

Semyanov, A. (2003). Cell type specifically of GABA - A receptor mediated signaling in the hippocampus. *Current Drug Targets-CNS and Neurological Disorders, 2*(4), 241 - 249.

Servaas, M. N., Velde, J. van der., Costafreda, S. G., Horton, P., Ormel, J., Riese, H., & Aleman, A. (2013). Neuroticism and the brain: A quantitative meta-analysis of neuroimaging studies investigating emotion processing. *Neuroscience and Biobehavioral Reviews, 37*(8), 1518 - 1529.

Shabani, S., Dehghani, M., Hedayati, M., & Rezaei, O. (2011). Relationship of serum serotonin and salivary cortisol with sensation seeking. *International Journal of Psychophysiology, 81*(3), 225 - 229.

Shagass, C., & Schwartz, M. (1965). Age, personality, and somatosensory cerebral evoked responses. *Science, 148*, 1359 - 1361.

Sharma, M., Modi, S., Khushu, S., & Manas, K. M. (2010). Neural activation pattern in self-deceivers. *Psychological Studies, 55*(1), 71 - 76.

Sheldon, W. H. (1943). The varieties of temperament. *American Journal of the Medical Sciences, 8*, 205.

Siddle, D. A., Morrish, R. B., White, K. D., & Mangan, G. L. (1969). Related of visual sensitivity to extraversion.

Silverman, M. H., Jedd, K., & Luciana, M. (2015). Neural networks involved in adolescent reward processing: An activation likelihood estimation meta-analysis of functional neuroimaging studies. *Neuroimage, 122*, 427 - 439.

Silvers, J. A., Hubbard, A. D., Biggs, E., Shu, J., & Stanley, B. (2016). Affective lability and difficulties with regulation are differentially associated with amygdala and prefrontal response in women with borderline personality disorder. *Psychiatry Research: Neuroimaging, 254*, 74 - 82.

Simplicio, M. D., Costoloni, G., Western, D., Hanson, B., Taggart, P., & Harmer, C. J. (2012). Decreased heart rate variability during emotion regulation in subjects at risk for psychopathology. *Psychological Medicine, 42*, 1775 - 1783.

Sinai, C., Hirvikoski, T., Nordström, A. L., Nordström, P., Nilsonne, Å., Wilczek, A., et al. (2015). Thyroid hormones and adult interpersonal violence among women with borderline personality disorder. *Psychiatry Research, 227*(2 - 3), 253 - 257.

Singh, D., & Young, R. K. (1995). Body weight, waist-to-hip ratio, breasts, and hips: Role in judgments of female attractiveness and desirability for relationships. *Ethology and Sociobiology, 16*(6), 483 - 507.

Slovic, P. (1987). Perception of risk. *Science, 236*(4799), 280 - 285.

Smith, R. E., Ptacek, J. T., & Smoll, F. L. (1992). Sensation seeking, stress, and adolescent injuries: A test of stress-buffering, risk-taking, and coping skills hypotheses. *Journal of Personality and Social Psychology, 62*(6), 1016 - 1024.

Soloff, P. H., Chiappetta, L., Mason, N. S., Becker, C., & Price, J. C. (2014). Effects of serotonin - 2a receptor binding and gender on personality traits and suicidal behavior in borderline personality disorder. *Psychiatry Research: Neuroimaging, 222*(3), 140 - 148.

Soloff, P. H., Kelly, T. M., Strotmeyer, S. J., Malone, K. M., & Mann, J. J. (2003). Impulsivity, gender, and response to fenfluramine challenge in borderline personality disorder. *Psychiatry Research, 119*, 11 - 24.

Soloff, P. H., White, R., Omari, A., Ramaseshan, K., & Diwadkar, V. A. (2015). Affective context interferes with brain responses during cognitive processing in borderline personality disorder: fMRI evidence. *Psychiatry Research: Neuroimaging, 233*(1), 23 - 35.

Sowell, E. R., Thompson, P. M., Leonard, C. M., Welcome, S. E., Kan, E., & Toga, A. W. (2004). Longitudinal mapping of cortical thickness and brain growth in normal children. *The Journal of Neuroscience, 24*, 8223 - 8231.

Spear, L. P. (2011). Rewards, aversions and affect in adolescence: Emerging convergences across laboratory animal and human data. *Developmental Cognitive Neuroscience, 1*(4), 390 - 403.

Speed, B. C., Nelson, B. D., Levinson, A. R., Perlman, G., Klein, D. N., Kotov, R., & Hajcak, G. (2018). Extraversion, neuroticism, and the electrocortical response to monetary rewards in adolescent girls. *Biological Psychology, 136*, 111 - 118.

Stanley, B., & Siever, L. J. (2010). The interpersonal dimension of borderline personality disorder: Toward a neuropeptide model. *The American Journal of Psychiatry, 167*, 24 - 39.

Stansbury, K., & Gunnar, M. R. (1994). Adrenocortical activity and emotion regulation. *Monographs of the Society for Research in Child Development, 59*(2/3), 108 - 134.

Stauffer, W. R., Armin, L., Shunsuke, K., & Schultz, W. (2012). Components and characteristics of the dopamine reward utility signal. *The Journal of Comparative Neurology, 524*(8), 1699 - 1711.

Steinberg, L., Albert, D., Cauffman, E., Banich, M., Graham, S., & Woolard, J. (2008). Age differences in sensation seeking and impulsivity as indexed by behavior and self-report: Evidence for a dual systems model. *Developmental Psychology, 44*(6), 1764 - 1778.

Stelmack, R. M., & Houlihan, M. (1995). Event-related potentials, personality, and intelligence. In D. H. Saklofske & M. Zeidner(Eds.), *International handbook of personality and intelligence* (pp. 349 - 365). New York: Springer.

Stelmack, R. M., & Michaud, A. (1985). Extraversion, attention, and habituation of the auditory evoked response. *Journal of Research in Personality, 19*, 416 - 428.

Stoff, D. M., Pollock, L., Vitiello, B., Behar, D., & Bridger, W. H. (1987). Reduction of (3h) - imipramine binding sites on platelets of conduct-disordered children. *Neuropsychopharmacology, 1*(1), 55 - 62.

Straube, T., Preissler, S., Lipka, J., Hewig, J., Mentzel, H. J., & Miltner, W. H. (2010). Neural representation of anxiety and personality during exposure to anxiety-provoking and neutral scenes from scary movies. *Human Brain Mapping, 31*(1), 36 - 47.

Subramaniam, P., DiMuzio, J., McGlade, E., & Yurgelun-Todd, D. (2018). Association between caudate volume and sensation seeking behavior in marijuana using adolescents. *Biological Psychiatry, 83* (9), S451.

Suls, J., & Martin, R. (2010). The daily life of the garden-variety neurotic: Reactivity, stressor exposure, mood spillover, and maladaptive coping. *Journal of Personality, 73*(6), 1485 - 1510.

Sundram, F., Deeley, Q., Sarkar, S., Daly, E., Latham, R., & Craig, M., et al. (2012). White matter microstructural abnormalities in the frontal lobe of adults with antisocial personality disorder. *Cortex, 48* (2), 216 - 229.

Sundstrom, I., Nyberg, S., Bixo, M., Hammarback, S., & Backstrom, T. (1999). Treatment of premenstrual syndrome with gonadotropin releasing hormone agonist in a low dose regimen. *Acta Obstet Gynecol Scand, 78*, 891 - 899.

Suridjan, I., Boileau, I., Bagby, M., Rusjan, P. M., Wilson, A., Houle, S., & Mizrahi, R. (2012). Dopamine response to psychosocial stress in humans and its relationship to individual differences in personality traits. *Journal of Psychiatric Research, 46*, 890 - 897.

Swami, V., Buchanan, T., Furnham, A., & Tovée, M. J. (2008). Five-factor personality correlates of perceptions of women's body sizes. *Personality and Individual Differences, 45*, 697 - 699.

Swami, V., Chamorropremuzic, T., Bridges, S., & Furnham, A. (2009). Acceptance of cosmetic surgery: Personality and individual difference predictors. *Body Image, 6*(1), 7 - 13.

Swami, V., Furnham, A., Balakumar, N., Williams, C., Canaway, K., & Stanistreet, D. (2008). Factors influencing preferences for height: A replication and extension. *Personality and Individual Differences, 45*(5), 395 - 400.

Swami, V., Hadji-Michael, M., & Furnham, A. (2008). Personality and individual difference correlates of positive body image. *Body Image, 5*

(3), 322 - 325.

Swami, V., Jones, J., Einon, D., & Furnham, A. (2009). Men's preferences for women's profile waist-to-hip ratio, breast size, and ethnic group in Britain and South Africa. *British Journal of Psychology, 100*(2), 313 - 325.

Swami, V., Pietschnig, J., Stieger, S., Tovee, M. J., & Voracek, M. (2010). An investigation of weight bias against women and its associations with individual difference factors. *Body Image, 7*(3), 194 - 199.

Tanaka, S. (2008). Dysfunctional gabaergic inhibition in the prefrontal cortex leading to "psychotic" hyperactivation. *BMC Neuroscience, 9*(1), 1 - 13.

Tayoshi, S., Sumitani, S., Ueno, S., Harada, M., & Ohmori, T. (2008). Lithium effects on brain glutamatergic and GABA ergic systems of healthy volunteers as measured by proton magnetic resonance spectroscopy. *Progress in Neuropsychopharmacology Biological Psychiatry, 32*, 249 - 256.

Thayer, J. F., & Brosschot, J. F. (2005). Psychosomatics and psychopathology: Looking up and down from the brain. *Psychoneuroendocrinology, 30*(10), 1050 - 1058.

Toufexis, D., Rivarola, M. A., Lara, H., & Viau, V. (2014). Stress and the reproductive axis. *Journal of Neuroendocrinology, 26*(9), 573 - 586.

Tran, M. D., Holly, R. G., Lashbrook, J., & Amsterdam, E. A. (2001). Effects of Hatha Yoga practice on the health-related aspects of physical fitness. *Preventive Cardiology, 4*(4), 165 - 170.

Treloar, S. A., Heath, A. C., & Martin, N. G. (2002). Genetic and environmental influences on premenstrual symptoms in an Australian twin sample. *Psychological Medicine, 32*(1), 25 - 38.

Tsuchimine, S., Saruwatari, J., Kaneda, A., & Yasui-Furukori, N. (2015). ABO blood type and personality traits in healthy Japanese subjects. *PloS One, 10*(5), e0126983.

Tsui, E. Y., Kanady, J. S., & Agapie, T. (2013). Synthetic cluster models of biological and heterogeneous manganese catalysts for O_2 evolution. *Inorganic Chemistry, 52*(24), 13833 - 13848.

Tuominen, L., Salo, J., Hirvonen, J., Någren, K., Laine, P., Melartin, T., et al. (2013). Temperament trait harm avoidance associates with μ-opioid receptor availability in frontal cortex: A PET study using [11C] carfentanil. *Neuroimage, 61*, 670 - 676.

Tyler, L. E. (1965). *The psychology of human differences* (3rd ed.). New York: Appleton-Century-Crofts.

Uziel, L., & Baumeister, R. F. (2012). The effect of public social context on self-control: Depletion for neuroticism and restoration for impression management. *Personality and Social Psychology Bulletin, 38*(3), 384 - 396.

Van Tol, M. et al. (2010). Regional brain volume in depression and anxiety disorders. *Archives of General Psychiatry, 67*(10), 1002 - 1011.

Vang, F. J., Ryding, E., Traskman-Bendz, L., Westen, D., & Lindstrom, M. B. (2010). Size of basal ganglia in suicide attempters, and its association with temperament and serotonin transporter density. *Psychiatry Research: Neuroimaging, 183*(2), 177 - 179.

Ventura, T., Gomes, M. C., Pita, A., Neto, M. T., & Taylor, A. (2013). Digit ratio (2D : 4D) in newborns: Influences of prenatal testosterone and maternal environment. *Early Human Development, 89*(2), 107 - 112.

Verleger, R. (1997). On the utility of P3 latency as an index of mental chronometry. *Psychophysiology, 34*, 131 - 156.

Virkkunen, M., & Linnoila, M. (1993). Brain serotonin, type II alcoholism and impulsive violence. *Journal of Studies of Alcohol, 11*, 163 - 169.

Visintin, E., De Panfilis, C., Amore, M., Balestrieri, M., Wolf, R. C., & Sambataro, F. (2016). Mapping the brain correlates of borderline personality disorder: A functional neuroimaging meta-analysis of resting state studies. *Journal of Affective Disorders, 204*, 262 - 269.

Volman, I., Toni, I., Verhagen, L., & Roelofs, K. (2011). Endogenous testosterone modulates prefrontal-amygdala connectivity during social emotional behavior. *Cerebral Cortex, 21*, 2282 - 2290.

Voracek, M., & Dressler, S. G. (2007). Digit ratio (2D : 4D) in twins: Heritability estimates and evidence for a masculinized trait expression in women from opposite-sex pairs. *Human Reproduction, 100*, 115 - 126.

Voracek, M., Reimer, B., & Dressler, S. G. (2010). Digit ratio (2D : 4D) predicts sporting success among female fencers independent from physical, experience, and personality factors. *Scandinavian Journal of Medicine and Science in Sports, 20*(6), 853 - 860.

Voytek, B., & Knight, R. T. (2010). Prefrontal cortex and basal ganglia contributions to visual working memory. *Proceedings of the National Academy of Sciences of the United States of America, 107*, 18167 - 18172.

Wacker, J., Chavanon, M. L., & Stemmler, G. (2006). Investigating the dopaminergic basis of extraversion in humans: A multilevel approach. *Journal of Personality and Social Psychology, 91*, 171 - 187.

Wacker, J., Dillon, D. G., & Pizzagalli, D. A. (2009). The role of the nucleus accumbens and rostral anterior cingulate cortex in anhedonia:

Integration of resting EEG, fMRI, and volumetric techniques. *Neuroimage, 46*, 327 - 337.

Waller, R., Dotterer, H. L., Murray, L., Maxwell, A. M., & Hyde, L. W. (2017). White-matter tract abnormalities and antisocial behavior: A systematic review of diffusion tensor imaging studies across development. *Neuroimage Clinical, 14*, 201 - 215.

Wang, G. Y., Van Eijk, J., Demirakca, T., Sack, M., Krause-Utz, A., Cackowski, S., Schmahlb, C., & Ende, G. (2017). ACC GABA levels are associated with functional activation and connectivity in the fronto-striatal network during interference inhibition in patients with borderline personality disorder. *Neuroimage, 147*, 164 - 174.

Wang, H., Wen, B., Cheng, J., & Li, H. (2017). Brain structural differences between normal and obese adults and their links with lack of perseverance, negative urgency, and sensation seeking. *Scientific Reports, 7*, 40595.

Wang, M., Du, W. C., Shen, J., Dong, Y., & Wei, W. S. (2013). Determination of amino acid neurotransmitters in mouse brain tissue using high-performance liquid chromatography with fluorescence detection. *Journal of Chinese Pharmaceutical Sciences, 1003*(10573), 239 - 243.

Wang, S., Mason, J., Charney, D., Yehuda, R., Riney, S., & Southwick, S. (1997). Relationships between hormonal profile and novelty seeking in combat-related posttraumatic stress disorder. *Biological Psychiatry, 41*(2), 145 - 151.

Weiland, B. J., Welsh, R. C., Yau, W. Y. W., Zucker, R. A., Zubieta, J. K., & Heitzeg, M. M. (2013). Accumbens functional connectivity during reward mediates sensation-seeking and alcohol use in high-risk youth. *Drug and Alcohol Dependence, 128*(1 - 2), 130 - 139.

Weinberg, A., Riesel, A., & Hajcak, G. (2012). Integrating multiple perspectives on error-related brain activity: The ERN as a neurobehavioral trait. *Motivation and Emotion, 36* (1), 84 - 100.

Weitzman, E. D., Fukushima, D., Nogeire, C., Roffwarg, H., Gallagher, T. F., & Hellman, L. (1971). Twenty-four hour pattern of the episodic secretion of cortisol in normal subjects. *Journal of Clinical Endocrinology and Metabolism, 33*(1), 14 - 22.

Weixiong, J., Gang, L., Huasheng, L., Feng, S., Tao, W., Celina, S., et al. (2015). Reduced cortical thickness and increased surface area in antisocial personlity disorder. *Neuroscience, 337*, 143 - 152.

Whalley, H. C., Nickson, T., Pope, M., Nicol, K., Romaniuk, L.,

Bastin, M. E., et al. (2015). White matter integrity and its association with affective and interpersonal symptoms in borderline personality disorder. *Neuroimage Clinical, 7*, 476 - 481.

Wilson, G. D. (1983). Finger-length as an index of assertiveness in women. *Personality and Individual Differences*, *4*(1), 111 - 112.

Wilson, M. C., Zilioli, S., Ponzi, D., Henry, A., Kubicki, K., & Nickels, N. (2015). Cortisol reactivity to psychosocial stress mediates the relationship between extraversion and unrestricted sociosexuality. *Personality and Individual Differences, 86*, 427 - 431.

Wingenfeld, K., Spitzer, C., Rullkötter, N., & Löwe, B. (2010). Borderline personality disorder: Hypothalamus pituitary adrenal axis and findings from neuroimaging studies. *Psychoneuroendocrinology, 35* (1), 154 - 170.

Wright, C. I., Feczko, E., Dickerson, B., & Williams, D. (2007). Neuroanatomical correlates of personality in the elderly. *Neuroimage, 35*, 263 - 272.

Wu, K., Lindsted, K. D., & Lee, J. W. (2005). Blood type and the five factors of personality in Asia. *Personality and Individual Differences, 38* (4), 797 - 808.

Wu, X. L., Yang, D. Y., Chai, W. H., Jin, M. L., Zhou, X. C., Li, P., et al. (2013). The ratio of second to fourth digit length (2D : 4D) and coronary artery disease in a han Chinese population. *International Journal of Medical Sciences, 10*(11), 1584 - 1588.

Xhyheri, B., Manfrini, O., Mazzolini, M., Pizzi, C., & Bugiardini, R. (2012). Heart rate variability today. *Progress in Cardiovascular Diseases, 55*, 321 - 331.

Xu, Y., & Zheng, Y. (2016). The relationship between digit ratio (2D : 4D) and sexual orientation in men from China. *Archives of Sexual Behavior, 45* (3), 735 - 741.

Xuan, P., Sun, C., Chen, X., Edwin, J. C. G., Neale, M. C., Kendler, K. S., et al. (2009). Association study between GABA receptor genes and anxiety spectrum disorders. *Depression and Anxiety, 26* (11), 998 - 1003.

Yang, Y., & Raine, A. (2009). Prefrontal structural and functional brain imaging findings in antisocial violent and psychopathic individuals: A meta-analysis. *Psychiatry Research: Neuroimaging, 174*, 81 - 88.

Yonelinas, A. P. (2002). The nature of recollection and familiarity: A review of 30 years of research. *Journal of Memory and Language, 46*(3), 441 - 517.

Zheng, Y., & Liu, X. (2015). Blunted neural responses to monetary risk in high sensation seekers. *Neuropsychologia, 71*, 173 - 180.

Zheng, Y., Li, Q., Tian, M., Nan, W., Yang, G., Liang, J., & Liu, X. (2017). Deficits in voluntary pursuit and inhibition of risk taking in sensation seeking. *Human Brain Mapping, 38*(12), 6019 - 6028.

Zheng, Y., Tan, F., Xu, J., Chang, Y., Zhang, Y., & Shen, H. (2015). Diminished p300 to physical risk in sensation seeking. *Biological Psychology, 107*, 44 - 51.

Zheng, Y., Xu, J., Jia, H., Tan, F., Chang, Y., Zhou, L., ... & Qu, B. (2011). Electrophysiological correlates of emotional processing in sensation seeking. *Biological Psychology, 88*(1), 41 - 50.

Zheng, Y., Xu, J., Jin, Y., Sheng, W., Ma, Y., Zhang, X., & Shen, H. (2010). The time course of novelty processing in sensation seeking: An ERP study. *International Journal of Psychophysiology, 76*(2), 57 - 63.

Zhou, Q., Zhong, M., Yao, S., Jin, X., Liu, Y., Tan, C., et al. (2017). Hemispheric asymmetry of the frontolimbic cortex in young adults with borderline personality disorder. *Acta Psychiatrica Scandinavica, 136*(6), 637 - 647.

Zou, L. W., Su, L. Z., Qi, R. M., Zheng, S. S., & Wang, L. S. (2018). Relationship between extraversion personality and gray matter volume and functional connectivity density in healthy young adults: An fMRI study. *Psychiatry Research: Neuroimaging, 281*, 19 - 23.

Zuckerman, M. (1984). Sensation seeking: A comparative approach to a human trait. *Behavioral and Brain Sciences, 7*(3), 413 - 434.

Zuckerman, M. (1985). Sensation seeking, mania, and monoamines. *Neuropsychobiology, 13*(3), 121 - 128.

Zuckerman, M. (1990). The psychophysiology of sensation seeking. *Journal of Personality, 58*(1), 313 - 345.

Zuckerman, M. (1994). *Behavioral expressions and biosocial bases of sensation seeking*. Cambridge: Cambridge University Press.

Zuckerman, M. (2005). *Psychobiology of personality* (2nd ed.). New York: Cambridge University Press.

Zuckerman, M., & Kuhlman, D. M. (2000). Personality and risk-taking: Common bisocial factors. *Journal of Personality, 68*(6), 999 - 1029.

Zuckerman, M., Kolin, E. A., Price, L., & Zoob, I. (1964). Development of a sensation-seeking scale. *Journal of Consulting Psychology, 28*(6), 477 - 482.

Zuckerman, M., Murtaugh, T., & Siegel, J. (1974). Sensation seeking and cortical augmenting-reducing. *Psychophysiology, 11*(5), 535 - 542.

Zuckerman, M., Simons, R. F., & Como, P. G. (1988). Sensation seeking and stimulus intensity as modulators of cortical, cardiovascular, and electrodermal response: A cross-modality study. *Personality and Individual Differences, 9*(2), 361 - 372.

Zutphen, L. V., Siep, N., Jacob, G. A., Goebel, R., & Arntz, A. (2015). Emotional sensitivity, emotion regulation and impulsivity in borderline personality disorder: A critical review of fMRI studies. *Neuroscience and Biobehavioral Reviews, 51*, 64 - 76.

图书在版编目（CIP）数据

人格的生理基础 / 贺金波著. — 上海：上海教育出版社，2022.9
（人格心理研究丛书 / 郭永玉主编）
ISBN 978-7-5720-1237-2

Ⅰ. ①人… Ⅱ. ①贺… Ⅲ. ①人格心理学－研究 Ⅳ. ①B848.9

中国版本图书馆CIP数据核字(2022)第141080号

责任编辑　徐凤娇
书籍设计　陆　弦

人格心理研究丛书
郭永玉　主编
Renge De Shengli Jichu
人格的生理基础
贺金波　著

出版发行　上海教育出版社有限公司
官　　网　www.seph.com.cn
地　　址　上海市闵行区号景路159弄C座
邮　　编　201101
印　　刷　上海展强印刷有限公司
开　　本　640×965　1/16　印张 21　插页 3
字　　数　300 千字
版　　次　2022年11月第1版
印　　次　2022年11月第1次印刷
书　　号　ISBN 978-7-5720-1237-2/B·0033
定　　价　65.00 元

如发现质量问题，读者可向本社调换　电话：021-64373213